国际热带农业与科技发展系列丛书 · 科技篇

江苏省农业科学院　中国热带农业科学院科技信息研究所

全球热带作物科技发展态势分析

任　妮　黄贵修　郭　婷　李玉萍　等　编著

中国农业科学技术出版社

图书在版编目（CIP）数据

全球热带作物科技发展态势分析 / 任妮等编著. --北京：中国农业科学技术出版社，2022.9

ISBN 978-7-5116-5933-0

Ⅰ. ①全… Ⅱ. ①任… Ⅲ. ①热带作物—科技发展—研究—世界 Ⅳ. ① S59

中国版本图书馆 CIP 数据核字（2022）第 175984 号

责任编辑 倪小勋 史咏竹
责任校对 王 彦
责任印制 姜义伟 王思文

出 版 者 中国农业科学技术出版社
北京市中关村南大街 12 号 邮编：100081
电 话 （010）82105169（编辑室）
（010）82109702（发行部）
（010）82109709（读者服务部）
网 址 https://castp.caas.cn
经 销 者 各地新华书店
印 刷 者 北京建宏印刷有限公司
开 本 185 mm×260 mm 1/16
印 张 15
字 数 260 千字
版 次 2022 年 9 月第 1 版 2022 年 9 月第 1 次印刷
定 价 96. 00 元

《全球热带作物科技发展态势分析》

编著人员

主　　编： 任　妮　黄贵修　郭　婷　李玉萍

副主编（按姓氏笔画排序）：

于　佳　邓　颂　陆学文　贵淑婷　薛　刚　戴红君

编写人员（按姓氏笔画排序）：

马剑凤　王小芳　王丹阳　王　强　尹　峰　邓春梅
叶　露　白菊仙　冯　韵　刘　倩　刘燕群　许力丹
孙艺伟　阳庆玲　李　娜　杨　丹　吴　湾　陈　华
林紫华　罗　瑞　周　琴　周瑶婵　赵松林　徐小俊
黄家健　崔丽虹　符晴雅　梁伟红　彭　莎　曾安逸
虞德容　魏　艳

序

Preface

我国是全球热带作物生产和消费大国，热带作物品种丰富、种类繁多、功能多样。2020 年，我国主要热带作物种植面积 6 895.7 万亩（459.7 万公顷），总产值 1 966.9 亿元，热带作物产业发展质量总体向好，成为热区乡村振兴的农业支柱产业和农民脱贫致富的重要收入来源。我国热带作物产业正加速向现代化全产业链转型，向高质量高效益阶段迈进。然而，热带农业科技也面临着研究布局不尽合理、某些重要热带作物产业升级关键技术有待突破等发展瓶颈。因此，全面深入地分析热带作物科技领域的发展态势，从而对我国热带作物的科技发展进行科学布局，优化热带作物科技资源配置，积极开展具有宏观性、战略性和前瞻性问题的研究，具有很强的现实意义。

《全球热带作物科技发展态势分析》首次较为系统地从科技情报研究的角度，基于文献计量、知识图谱和主题挖掘等方法进行全球热带作物科技发展态势分析，针对全球范围内热带作物的研究概况、研究重点与热点、研究前沿等进行可视化展示和深入分析、评价及解读。全面系统地采集、梳理与分析了全球热带作物特别是主要热带经济作物领域的研究现状、前沿分布、发展态势，解读出领域内值得关注的科学研究内容、有前景的发展方向，总结归纳了全球热带作物科技发展的现状，并提出了我国热带作物发展的相关对策建议，以期为热带作物的科技创新和管理决策提供一定的数据参考和情报支撑。

该书凝聚着热带农业科技情报分析人员和产业专家的智慧和思考，为未来热带作物产业发展进一步指明了方向。“十四五”时期，是乘势而上开启全面建设社会主义现代化国家新征程、向第二个百年奋斗目标进军的第一个五年，也是全面推进乡村振兴、加快农业农村现代化的关键五年，希望他们坚持从大局出发，践行科技兴农重大使命，强化国家热带农业科技战略力量，为实现高水平热带农业科技自立自强作出新的更大贡献。

中国农业科学院农业信息研究所
副所长

2022年8月

目录

Contents

1 概　述

1.1 研究背景、目的和意义

热带农业是世界农业和中国农业的重要组成部分。热带农业的内涵有广义和狭义之分，广义的热带农业是指依托热带地区（热区）特有的自然、气候资源，利用动物、植物和微生物生长发育规律，通过人工培育获得产品的农业产业；狭义的热带农业主要指热带作物产业，也就是在热带地区栽种的特种经济作物产业。本研究所涉及的全球热带作物科技发展态势分析主要针对狭义的热带农业。热带作物种质资源非常丰富，全球热带作物多达 500 多种，占全球农产品种类的 89.50%，主要的热带作物有天然橡胶、油棕、椰子、木薯、胡椒、槟榔、香草兰、咖啡、可可、香蕉、杧果、菠萝、番木瓜、油梨、腰果等。全球有 138 个国家和地区地处热区，热区的陆地面积有 5 360 万 km^2，占全球陆地面积的 36%；海洋面积有 14 938 万 km^2，占全球海洋面积的 41%。我国热区主要分布在海南、台湾全省，香港、澳门特别行政区，福建、广东、广西①、云南、湖南、江西等省（区）的部分地区，四川攀枝花和凉山彝族自治州金沙江干热河谷段、贵州干热河谷地带，西藏②墨脱、察隅、波密的低海拔地区。我国热区的陆地面积约 54 万 km^2，占全国陆地面积的 5.6%；热区的海洋面积约 263 万 km^2，占全国海洋面积的 56%。

热带作物涉及主题范围广、经济效益高、发展潜力大，且我国热带作物产业发展是热区农业现代化发展、社会主义现代化建设的重要一环，长期以来在发展过程中受到政府部门的高度重视。1951 年 8 月 31 日，中央人民政府政务院③做出“关于扩大培植橡胶树的决定”“一定要建立自己的橡胶科研生产基地”等战略决策；我国几乎从零开始，探索总结出一整套初加工技术体系，形成了独具特色的中国天然橡胶产业。1986 年，中共中央、国务院做出“大规模开发热带作物资源”的决定，印发《关于成立发展南亚热带作物指导小组的通知》。2007 年，

① 广西壮族自治区，全书简称广西。

② 西藏自治区，全书简称西藏。

③ 中华人民共和国中央人民政府政务院，简称中央人民政府政务院，是 1949 年 10 月 1 日中华人民共和国成立至 1954 年 9 月 15 日第一届全国人民代表大会召开前中国国家政务的最高执行者。

农业部[①]出台了《主要热带作物区域布局规划（2007—2015年）》，明确了推进热带作物区域布局的战略意义，并提出了主要热带作物发展总体思路。2010年，印发《关于促进我国热带作物产业发展的意见》，要求把热带作物产业作为现代农业建设的重要内容；我国热区各地大力发展热带水果、瓜菜、畜产品、水产品、花卉、深海养殖和远洋捕捞等现代特色农业，热带农业得以全面快速发展。2013年4月，习近平总书记提出“使热带特色农业真正成为优势产业和海南经济的一张王牌”。2016年，中共中央、国务院出台《关于落实发展新理念加快农业现代化　实现全面小康目标的若干意见》，将热作产业作为大力发展的产业之一。2018年4月，习近平总书记再次提出“使热带特色农业真正成为优势产业和海南经济的一张王牌”的殷切期望，并作出“打造国家热带农业科学中心”的重要战略部署；2020年6月，中共中央、国务院出台《海南自由贸易港建设总体方案》，提出“建设全球热带农业中心”。2021年4月6日，农业农村部办公厅印发《热带作物种质资源保护与利用工作方案（2021—2025年）》，要求全面加强新时代热带作物种质资源保护与利用工作，推动热作产业高质量发展。我国热带作物发展快速，并逐步形成引领全球热带作物高质量发展的局面。

科学技术是传统农业向现代农业过渡的重要支撑，只有不断提高热带作物的科技水平，才能实现热带作物产业的跨越式发展。为了推动热带作物科技发展，以科技进步振兴热带作物产业，有必要全面深入地分析热带作物科技领域的发展态势，从而对我国热带作物的科技发展进行科学布局，优化热带作物科技资源配置，为现代热带农业产业发展提供有力支撑。但目前，我国科技情报研究领域缺乏对全球热带作物科技全面系统动态的跟踪分析，对热带作物科技发展趋势、研究前沿、关键核心技术等掌握得不够全面。

基于此，本研究从科技情报研究的角度，基于文献计量、知识图谱和主题挖掘等方法进行全球热带作物科技发展态势分析，针对全球范围内热带作物的研究概况、研究重点与热点、研究前沿等进行可视化展示和深入分析、评价及解读。全面系统地采集、梳理与分析了全球热带作物领域的研究现状、前沿分布、发展态势，解读出领域内值得关注的科学研究内容、有前景的发展方向，总结归纳了全球热带作物科技发展的现状，并提出了我国热带作物发展的相关对策建议，以期为热带作物的科技创新和管理决策提供一定的数据参考和情报支撑。

① 中华人民共和国农业部，简称农业部。2018年国务院机构改革，将农业部职责融合，组建中华人民共和国农业农村部，简称农业农村部。

1.2 研究方法概述

1.2.1 技术路线

本研究以 Science Citation Index（SCI）、Social Science Citation Index（SSCI）、Derwent Innovation（DI）、Incopat 等数据库为数据源，检索获得全球热带作物领域期刊论文数据和专利数据，借助于 Derwent Data Analyzer（DDA）、Excel、Netdraw、VOSviewer、Xmind、Python 等工具，综合利用文献计量、专利计量、知识图谱等方法，针对全球热带作物领域的研究概况、研究重点、发展趋势、研究前沿等进行深入研究和可视化展示，深入分析国际、国内基础研究和技术创新的热点和前沿，剖析中国热带作物科技与国际先进国家的水平差距，为我国热带作物科研创新布局和产业振兴发展提供科技情报支撑。主要包括：确定研究对象、构建数据集、数据分析—基础研究态势、数据分析—技术创新态势、数据解读与报告撰写 5 个过程，技术路线如图 1-1 所示。

（1）确定研究对象

通过文献调研、专家访谈、网络调研等方式对热带作物、热带水果、热带花卉等概念范围及具体物种进行了界定，明确了研究对象。

（2）构建数据集

依托 SCI、SSCI、DI、Incopat 等数据库，根据热带作物领域的关键词集合构建检索式，通过学科、分类号、研究方向等限定及人工判断的方法构建全球热带作物领域论文及专利数据集；借助于 DDA 工具和 Python 程序语言对国家、机构、学者、关键词、学科等数据进行清洗和结构化处理，构建研究所需的数据集。

（3）数据分析—基础研究态势

以全球热带作物领域及主要热带作物为研究对象。①基于论文量的变化趋势，对其基础研究概况进行分析；②借助于 Netdraw 和 VOSviewer 等多种可视化工具，

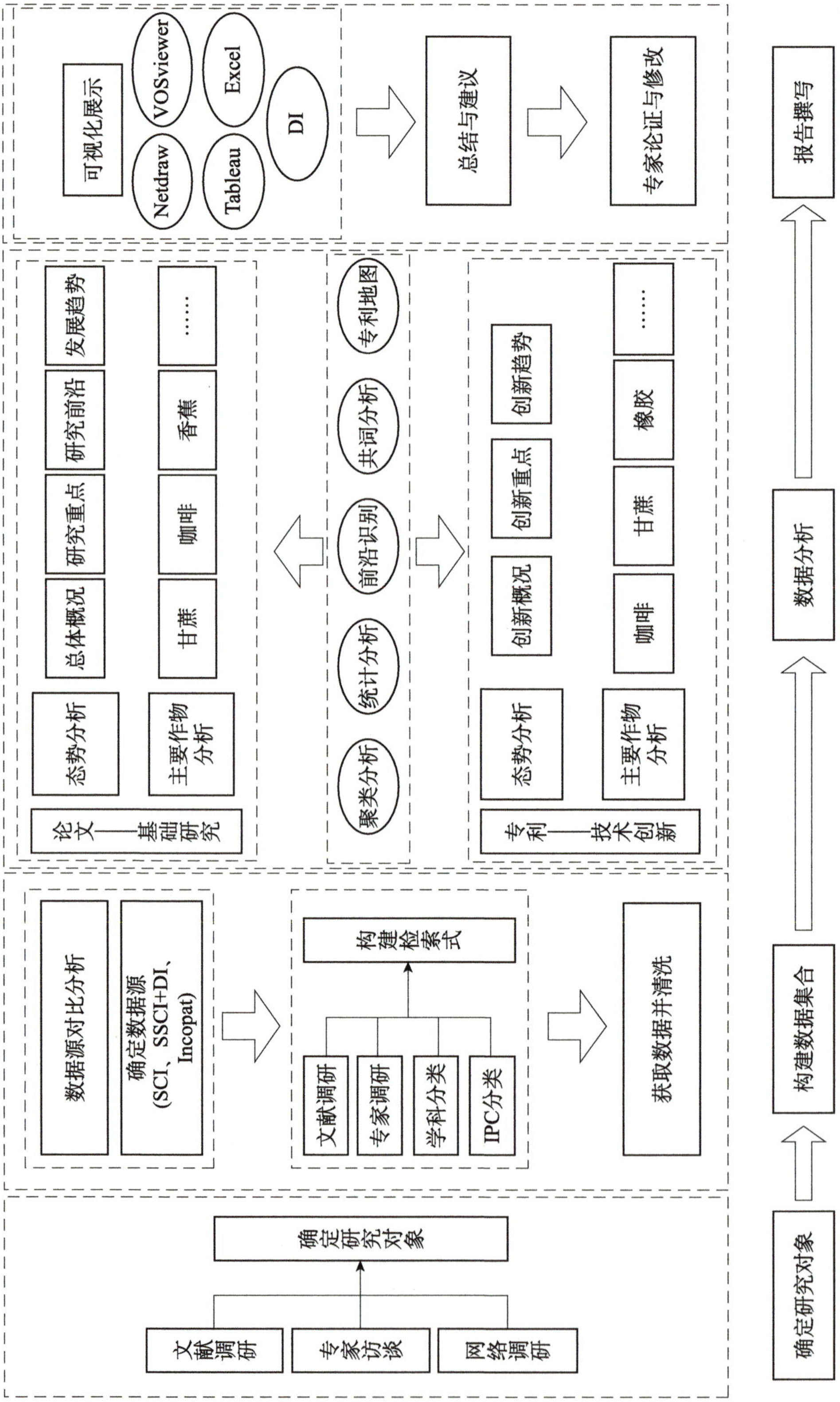

图 1-1 全球热带作物科技发展态势分析技术路线

利用共词分析和聚类分析等技术构建主题聚类图，以可视化的形式展现并分析基础研究的研究重点；③在主题聚类图的基础上，分析各研究主题基础研究的发展变化趋势；④利用DDA识别基础研究的研究前沿，并对其进行深入解读与挖掘。

（4）数据分析—技术创新态势

以全球热带作物领域及主要热带作物为研究对象。①基于专利申请量的变化趋势，对其技术创新概况进行分析；②根据专利分类号确定关键技术创新领域，借助于DI数据库的ThemeScape工具对关键技术构建专利地图，挖掘各关键技术领域的研发重点和发展趋势；③对各技术类别的专利申请量、活跃度进行分析，挖掘技术创新的重点与热点；④对重要和核心专利进行解读，揭示其值得重点关注的专利技术内容。

（5）数据解读与报告撰写

基于数据分析过程的指标数据和可视化图表，结合热带作物领域实际情况，对数据分析的结果进行解读，并总结提炼关键结论，开展研究报告的撰写；在研究分析的基础上，针对我国热带作物领域的研究定位、布局与发展等提出对策与建议；并组织专家对研究结果进行论证，根据专家论证结果修改并完善报告。

1.2.2 构建数据集

1.2.2.1 检索式构建

本研究以全球热带作物领域为研究对象，首先，通过广泛阅读国内外热带作物领域的论文、专利、政策、专著等相关文献，初步梳理了热带作物领域的范围及包含的主要作物种类。热带作物的范围主要包括热带经济作物、热带水果、热带草药、热带森林、热带农场、热带花卉等领域，主要作物种类包括天然橡胶、木薯、澳洲坚果、百香果、槟榔、菠萝、菠萝蜜、番荔枝、番石榴、甘蔗、红掌、红毛丹、胡椒、黄皮、火龙果等经济作物，并查阅对应作物的中文名、英文名、拉丁名。然后，通过调研热带作物领域的专家，对初步梳理的作物种类及中外文关键词进行修改完善，构建热带作物领域的关键词集合。最后，根据关键词集合，构建热带作物领域的检索式。确定检索式如下：

TS=(((Tropic* or Subtropic*) and (agricultur* or crop* or cereal* or fruit* or orchard* or farm* or flower* or herb* or plant*)) or macadamia* OR Passion-fruit* or

Passionfruit* or Passiflora OR areca* OR pineapple or Ananas-comosus OR jackfruit or jack-fruit or Artocarpus-heterophyllus OR sugar-apple or soursop or sugarapple or custard-apple or sweetsop or Annona-squamosa OR guava* or psidium* OR sugarcane* or Saccharum-officinarum OR Anthurium* OR rambutan* or Nephelium-lappaceum* OR black-pepper* or blackpepper or Piper-nigrum* OR Clausena-lansium or wampee OR pitaya* or dragon-fruit or dragonfruit or Hylocereus OR sisal-hemp or henequen or Agave-sisalana OR coffee* OR leechee or Litchi-chinensis* OR Waxapple or Syzygium-samarangense OR Durian* or Durio-ibethinus OR longan OR mango or mangostana or Mangifera-indica OR tapioca* or cassava* or cassawa or manioc or manihoc or manihot* or mandioca* or tapioca* OR mangosteen or Garcinia-angostana* OR yam or Dioscorea-opposita OR Dendrobii OR vanilla* OR banana or Musa-nana OR rubber* or Hevea-brasiliensis OR carambola* OR Anacardium-occidentale or cashew* OR coconut* or Cocos-nucifera OR avocado* or Persea-americana* or aguacate* OR oil-palm* or oilpalm* or Elaeis-guineensis* OR Brazilian-Lucerne or Stylosanthes-guianensis OR papaya or pawpaw or papaw* OR cocoa* or cacao* OR Cinnamomum-cassia* or cinnamon* OR passionflower OR vanilla* OR shaddock or pomelo* or grapefruit OR star-anise* or Illicium-verum OR fructus-amomi or Amomum-villosum OR Moringa* OR Alpinia-oxyphylla OR morinda-fficinalis* OR pseudo-ginseng* OR agave* OR lemongrass* or citronella* OR surinam-grass* or Brachiaria-decumbens OR Panicum-maximum* OR water-fennel* or cress or Oenanthe-javanica* OR aquilaria-sinensis* OR Katsumadai*)

1.2.2.2 数据获取

论文方面，本研究选择 Web of Science 的 SCI-Expanded、SSCI-Expanded 数据库作为全球热带作物领域基础研究分析的数据源，该数据库在全面性、准确性、可获取性等方面具有优势。限定的时间范围为 1900—2020 年，限定的研究方向为农艺学、植物科学等学科，检索日期为 2021 年 2 月 23 日，经过对文献标题和摘要的人工判断、筛选与清洗，最终获取 122 937 篇英文论文文献作为最终的论文数据集。

专利方面，本研究选择了 DI、Incopat 数据库作为全球热带作物领域技术创新分析的数据源，上述数据库在字段设置、标引质量、专利收录完整性、检索便利性等方面都具有优势。限定的时间范围为 1900—2020 年，限定的专利分类号为 A01（农业；林业；畜牧业；狩猎；诱捕；捕鱼）和 A23（其他类不包含的食品或食料；及其处理），检索日期为 2021 年 2 月 22 日，经过对文献标题和摘要的人工判断、筛选与清洗，最终确定 33 814 件专利文献作为最终的专利数据集。

1.2.2.3 数据清洗及预处理

本研究利用 DDA 软件进行数据清洗，DDA 软件支持 Web of Science、DI 和 Excel 存储格式数据的直接导入，用户可根据需求建立不同的列表进行数据清洗和分析。本研究中主要开展了以下数据清洗及预处理工作。

（1）年份、国家、学科字段清洗

论文：DDA 中 Publication Year、Research Area、Countries 等字段的数据比较规范，清理比较简单，用内置的叙词表直接清洗便可使用。

专利：将优先权国字段作为该领域的技术原创国，将同族专利国家代号和公开国家 / 地区代号两个字段进行合并作为该领域的技术市场国，利用基础叙词表和人工清洗相结合的方式进行国家字段清洗。

（2）机构、作者、期刊字段清洗

论文：Author Affiliations (Organization Only)、Authors (Full Name)、Source 等字段因存在机构名称缩写、学者重名、期刊改名等多种名称不规范的现象，首先用 DDA 软件内置的叙词表和自定义的叙词表对 3 个字段进行简单清洗，然后通过人工进行最终的判断、合并和筛选。

专利：申请人和发明人的清洗方式基本一致，依据大型公司名称进行代码化管理等；首先用 DDA 软件内置的叙词表和自定义的叙词表进行自动清洗，然后通过人工进行最终的判断、合并和筛选。

（3）主题词字段和技术分类清洗

论文：首先利用 DDA 软件内置的叙词表及自定义的叙词表对主题词集合进行自动清洗；然后对数据集中未清洗到的缩减写、同义词、近义词、上下位词、无意义词等情况进行人工词义消歧、清理与标注化处理。例如“维生素 C”和“L- 抗坏血酸”指代同一种物质，应该合并；“mango fruit”是“mango”的下位词，合并到“杧果（mango）”；“抗氧化能力”和“抗氧化性”含义相近，合并到“抗氧化性”；

删除“一个”“两种”等无实意的词。

专利：参考前期部分研究结果及国际 IPC 分类号，根据实际分析需求，通过人工逐一判读的方式对全部专利进行技术分类标注。

1.2.3 方法工具

1.2.3.1 研究方法

（1）文献调研与专家调研法

文献调研是根据科研工作或科研课题的需要，有计划、有组织地调查、收集有关文献资料的工作过程。专家调研法是围绕某一主题或问题，征询有关专家或权威人士的意见和看法的调查方法。

本研究广泛阅读和调研有关学科态势分析关键技术与方法的文献，确定研究的具体指标与方法；通过阅读热带作物领域的相关文献以及走访调研相关领域专家，梳理确定检索关键词及构建检索式；通过专家访谈、专家咨询对分析结果进行分析、调整与解读。

（2）文献计量方法

文献计量学是以文献体系和文献计量特征为研究对象，采用数学、统计学等计量方法，研究文献的分布结构、数量关系、变化规律和定量管理，进而探讨科学技术的某些结构、特征和规律的一门学科。

本研究综合利用文献计量中的发文量、总被引频次、篇均被引频次等方法，分别从研究国家、机构、学者等视角，利用 Excel 和 Tableau 软件对生产力、影响力等评价指标进行计量分析。

（3）专利计量方法

专利计量方法是以专利中的定量信息作为分析研究的基础，将数学和统计学方法运用于专利信息定量研究，以探索和挖掘其分布结构、数量关系、变化规律等内在价值的研究方法。

本研究综合利用专利计量中的专利申请量、总被引频次、平均被引频次等指标，分别从原创国、市场国、申请人、发明人等视角，利用 Excel 软件对生产力、影响力等评价指标进行分析。

（4）知识图谱法

知识图谱是把应用数学、图形学、信息可视化技术、信息科学等学科的理论方法与科学计量学中的引文分析、共现分析等方法相结合，用可视化的图谱形象地展示学科的核心结构、发展历史、前沿领域及整体知识架构，以揭示学科领域的动态发展规律的一种研究方法。

本研究以 DDA、Excel 和 Python 为数据清洗工具，从作者关键词中抽取、清洗主题词集合；以 Netdraw、VOSviewer 为数据分析工具，利用共词分析和聚类分析等技术构建主题聚类图谱；通过对主题聚类的分析，可了解某一基础研究领域的研究重点、热点与前沿。

（5）专利地图法

专利地图是一种专利情报分析方法，通过分析、加工专利情报的手段，利用各种可视化图表的表达形式，反映蕴涵在专利数据中的信息，从而使复杂的专利情报易于理解，为专利战略等决策提供情报支持。

本研究利用 DI 生成了总体专利地图和各技术方向的专利地区，通过对专利地图的分析，可了解某一技术创新领域的技术主题分布、研究重点与热点等信息。

1.2.3.2 软件工具

本研究利用 DDA、DI、Excel、Ucinet、PyCharm 等工具进行数据处理和统计分析，利用 Excel、Netdraw、VOSviewer、Tableau 等软件进行辅助绘图。

2 全球热带作物基础研究态势分析

2.1 基础研究概况

2.1.1 总体研究概况

全球关于热带作物领域的基础研究始于20世纪初，截至2020年年底已累计发表122 937篇论文，可划分为萌芽期、波动发展期、稳步发展期、快速发展期4个阶段（图2-1）。

第一阶段：萌芽期（1900—1960年）。该时期总论文量为1 294篇，年均增长量不足1篇，基础研究成果数量少且增长速度缓慢；相关研究每年涉及的作物种类在2~20种范围内波动变化，其中有关可可、咖啡的研究最多，其次是菠萝、香蕉，再次是天然橡胶、椰子、甘蔗、柚子、香草兰、鳄梨等。论文量排名前十的热带作物（以下简称TOP10作物）的总论文量占比大幅度波动。

第二阶段：波动发展期（1961—1990年）。该时期总论文量为12 349篇，年均增长量为23篇左右，基础研究成果数量呈明显的波动增长状态；相关研究每年涉及的作物种类在17~37种范围内波动增长，其中有关甘蔗、咖啡的研究最多，其次是可可、木薯、香蕉，再次是椰子、杧果、天然橡胶、鳄梨、油棕等。TOP10作物的总论文量占比在65.22%~78.22%范围内波动下降。

第三阶段：稳步发展期（1991—2006年）。该时期总论文量为28 551篇，年均增长量为96篇左右，基础研究成果数量增长速度加快且保持稳定增长状态；相关研究每年涉及的作物种类在39~46种范围内稳步增长，其中有关咖啡、甘蔗的研究最多，其次是木薯、香蕉、椰子，再次是可可、杧果、柚子、天然橡胶、番木瓜等。TOP10作物的总论文量占比稳定在57.72%~62.86%。

第四阶段：快速发展期（2007—2020年）。该时期总论文量为80 743篇，年均增长量为400篇左右，年均增长速率为8.02%，基础研究成果数量呈快速增长状态。相关研究每年涉及的作物种类稳定在45~49种，其中有关甘蔗、咖啡的研究最多，其次是香蕉、木薯、椰子，再次是可可、杧果、油棕、番木瓜、天然橡胶等。TOP10作物的总论文量占比稳定在57.34%~59.38%。

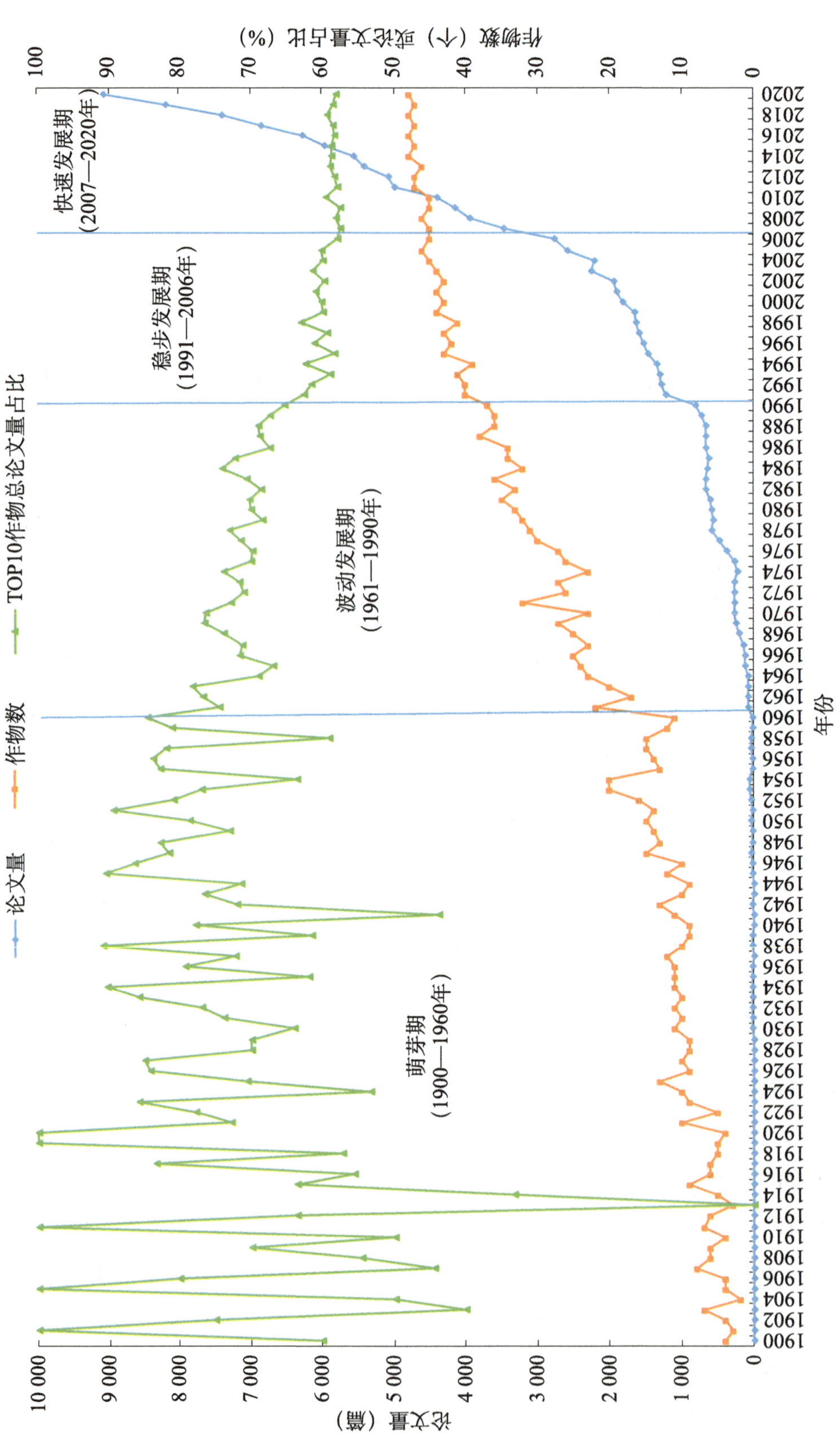

图 2-1 全球热带作物基础研究领域论文量年度分布

从整体发展来看，全球热带作物领域的基础研究目前处于快速发展时期，早期相关研究涉及的作物种类不多，且研究尚未形成明显的聚焦态势；随着基础研究涉及的作物种类越来越多，大部分研究聚焦在TOP10作物上，但TOP10作物的研究总占比降低并趋于稳定。可见，主要热带作物基础研究趋于稳定且小宗作物基础研究得到关注。

2.1.2 主要热带作物研究概况

全球热带作物领域基础研究主要聚焦在热带经济作物、经济林木与热带水果上，不同作物的研究热度和影响力差异明显，其中甘蔗、咖啡研究热度和影响力均远超其他作物，其次是香蕉、木薯、可可、椰子、杧果、油棕、番木瓜、天然橡胶等作物；而益智、草豆蔻、莲雾、砂仁、铁皮石斛、三七、巴戟等热带药用植物的研究热度和影响力都很低（表2-1）。

表2-1 全球热带作物基础研究领域论文量对比

作物名称	论文量（篇）	总被引频次（次）	篇均被引频次（次）	作物名称	论文量（篇）	总被引频次（次）	篇均被引频次（次）
甘蔗	14 792	243 210	16.44	番荔枝	731	10 631	14.54
咖啡	13 177	308 662	23.42	俯仰臂形草	730	10 281	14.08
香蕉	8 826	174 445	19.76	澳洲坚果	712	15 241	21.41
木薯	8 800	164 168	18.66	山竹	652	16 478	25.27
可可	7 077	150 763	21.30	菠萝蜜	618	11 058	17.89
椰子	7 066	123 572	17.49	火龙果	575	8 329	14.49
杧果	6 023	109 296	18.15	荔枝	564	10 508	18.63
油棕	4 286	76 252	17.79	龙眼	534	12 163	22.78
番木瓜	3 916	73 471	18.76	红掌	431	5 148	11.94
天然橡胶	3 887	66 330	17.06	阳桃	364	6 954	19.10
菠萝	3 318	62 061	18.70	榴莲	316	5 531	17.50
柚子	3 315	96 750	29.19	柱花草	306	4 383	14.32
鳄梨	2 970	61 831	20.82	八角	268	5 936	22.15
番石榴	2 815	51 220	18.20	红毛丹	238	4 797	20.16
肉桂	2 758	75 504	27.38	白木香	159	2 648	16.65
薯蓣	2 728	43 041	15.78	剑麻	154	2 867	18.62

续表

作物名称	论文量（篇）	总被引频次（次）	篇均被引频次（次）	作物名称	论文量（篇）	总被引频次（次）	篇均被引频次（次）
百香果	2 416	39 823	16.48	黄皮	113	2 309	20.43
辣木	2 116	41 803	19.76	益智	105	2 259	21.51
腰果	2 003	36 350	18.15	草豆蔻	87	1 998	22.97
胡椒	1 518	31 424	20.70	莲雾	76	902	11.87
香茅	1 481	35 643	24.07	砂仁	59	694	11.76
番麻	1 403	22 953	16.36	铁皮石斛	38	455	11.97
香草兰	1 379	29 492	21.39	三七	15	323	21.53
坚尼草	1 125	13 426	11.93	巴戟	1	17	17.00
槟榔	821	18 349	22.35				

注：除了与具体热带作物相关的研究外，还有部分与“热带作物”“热带水果”“热带花卉”等相关的研究，由于这类研究没有涉及具体热带作物物种，因此未在表中列出。

2.2 重点研究方向

本研究从全球热带作物领域论文数据集中抽取重点主题词（论文量≥ 60 篇）构建主题词共现矩阵，将矩阵导入 VOSviewer 中绘制主题词共现网络图，通过参数调整实现自动聚类，以挖掘全球热带作物基础研究的重点主题领域（一级主题）；在总体主题聚类图谱的基础上，分别绘制各主题领域的聚类图谱，以挖掘全球热带作物基础研究各重点主题领域的主要研究方向（二级主题）。

全球热带作物基础研究领域的研究分为种质资源与遗传育种、生长调控与田间管理、贮藏加工与功能成分、副产品开发与综合利用 4 个主题领域（图 2-2），其中，贮藏加工与功能成分领域（69 043 篇）的基础研究最多；其次是生长调控与田间管

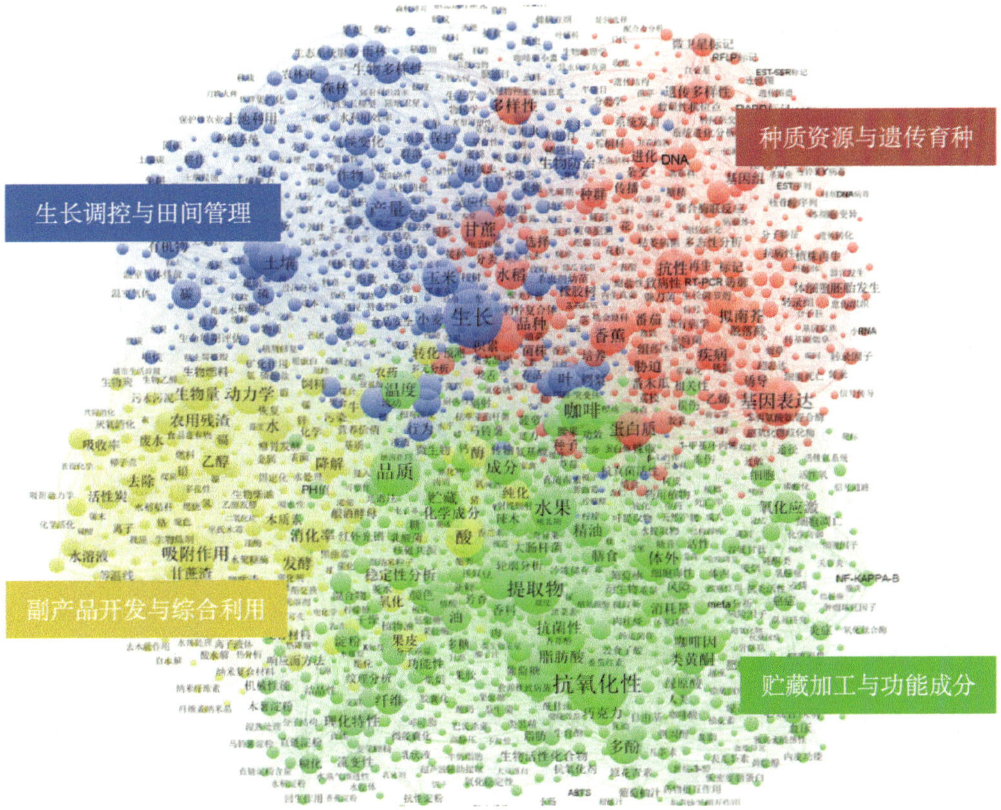

图 2-2 全球热带作物基础研究领域总体主题聚类分析

理（58 517 篇）、种质资源与遗传育种（56 695 篇），两者的基础研究成果量相当；而副产品开发与综合利用领域（39 557 篇）的基础研究最少（表 2-2）。

表2-2 全球热带作物基础研究领域一级及二级主题论文量及排名

一级主题	论文量（篇）	排名	二级主题	论文量（篇）	排名
种质资源与遗传育种	56 695	3	种质资源抗病性及改良创新	24 460	5
			种质资源抗逆性及改良创新	28 160	4
			育种技术与遗传多样性分析	23 385	6
			转基因育种及植株再生技术	6 325	14
生长调控与田间管理	58 517	2	生态环境及生物多样性分析	18 760	11
			生长机理及栽培技术	37 718	2
			病虫草害防控技术	20 579	9
贮藏加工与功能成分	69 043	1	功能成分提取测定及其生物活性	31 566	3
			功能成分的营养保健作用	21 461	8
			淀粉制备及其品质特性分析	15 282	12
			贮藏保鲜及食品加工技术	44 217	1
副产品开发与综合利用	39 557	4	复合材料制备及利用	22 862	7
			生物燃料开发及利用	19 921	10
			饲料产品开发及利用	7 235	13

注：由于各主题之间有交叉研究，因此会出现一级主题总论文量多于领域总论文量，二级主题总论文量多于一级主题总论文量的现象。

2.2.1 种质资源与遗传育种

种质资源与遗传育种领域主要利用杂交育种、基因表达、基因克隆、基因测序、分子标记、基因编辑、转基因技术、组织培养等技术进行热带作物种质资源的收集、评价、遗传改良、创制、品种选育及遗传多样性研究。通过聚类分析，可以分为以下 4 个研究方向（图 2-3）。

（1）育种技术与遗传多样性分析

分子育种、杂交育种等是培育热带作物新品种最常用的方法，主要是利用种内杂交、种间杂交、原位杂交、渐渗杂交等技术实现热带作物新品种的选育；利用基因组、序列分析、微卫星标记、RAPD 标记、AFLP 标记、数量性状位点、RFLP 标

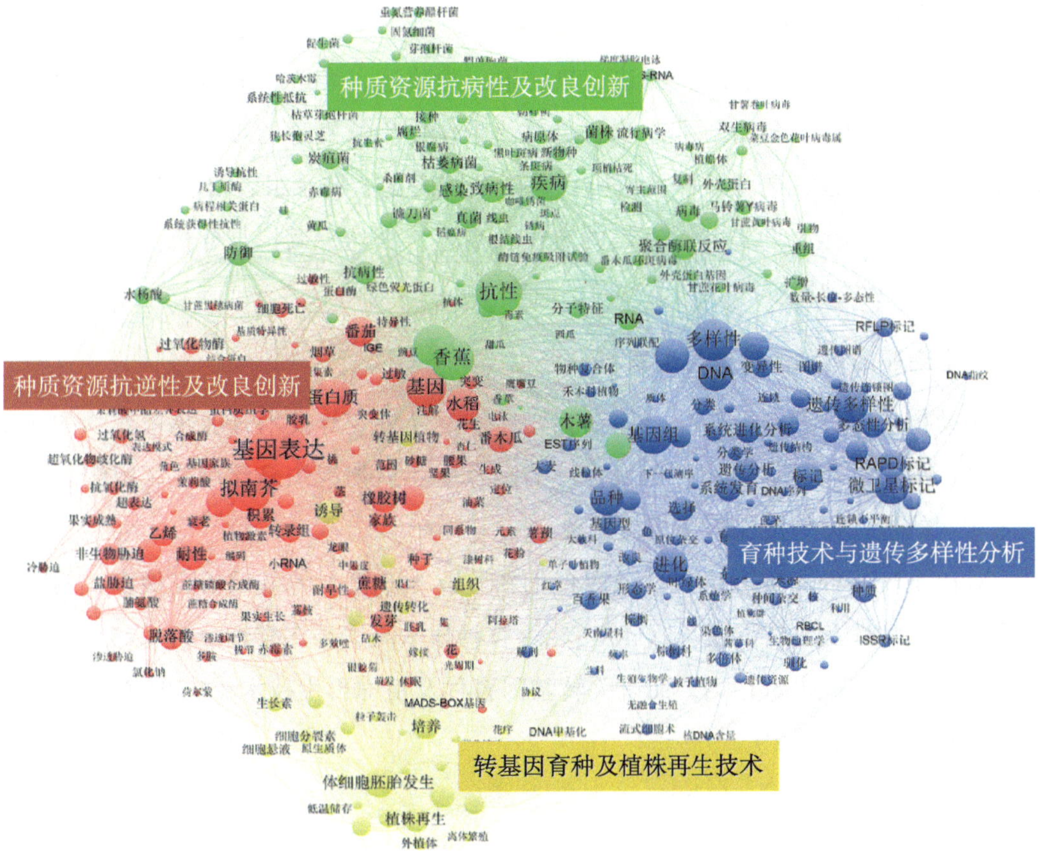

图 2-3 全球热带作物种质资源与遗传育种主题聚类分析

记、SNP 标记等技术开展不同组织的基因定位、表达与克隆等相关研究，以实现热带作物种质资源的遗传变异与转化、多倍体等新品种的创制与选育；利用分子标记、连锁图等技术开展种质资源的亲缘关系、遗传多样性、系统进化等分析，以实现热带作物种质资源收集、鉴定、管理和利用，也为核心种质的开发与创制提供了理论依据。

（2）种质资源抗病性及改良创新

枯萎病菌、炭疽菌、花叶病毒、镰刀菌、双生病毒、马铃薯 Y 病毒、晚疫病菌、内生菌、番木瓜环斑病毒、灰葡萄球菌等是为害热带作物的主要病原体，炭疽病、黑叶斑病、根腐病、花叶病、条斑病、丛枝病、白叶枯病、赤霉病、青枯病、病毒病等是为害热带作物的主要病害。具体开展的研究主要有热带作物主要病原体及疾病的感染、传播、致病机理及诊断防控；抗病性种质资源的引进、选育及评价研究；基于聚合酶链式反应、基因克隆等技术的抗病性种质资源改良与创制等。

（3）种质资源抗逆性及改良创新

盐胁迫、干旱胁迫、水分胁迫、热胁迫、冷胁迫、渗透胁迫等非生物胁迫严重危害热带作物的生长发育。非生物胁迫对热带作物生长发育的影响机理研究；耐逆性种质资源的引进、选育及评价研究；基于基因表达、转录组、RNA 测序、分子克隆等技术开展非生物胁迫相关基因的定位、克隆、表达、调控与分析，改良、创制热带作物耐逆性种质资源等是该方向的研究重点。

（4）转基因育种及植株再生技术

借助根癌农杆菌介导转化、体细胞变异、诱导突变等技术开展热带作物的转基因育种研究，并利用体细胞胚胎发生、器官发生、愈伤组织悬浮培养、组织培养等技术实现热带作物的植株再生与微繁殖。

对比发现，种质资源抗逆性及改良创新（28 160 篇）的基础研究最多，其次是种质资源抗病性及改良创新（24 460 篇）、育种技术与遗传多样性分析（23 385 篇），两者的基础研究成果量相当，而有关转基因育种及植株再生技术（6 325 篇）的基础研究相对较少（表 2-2）。

2.2.2 生长调控与田间管理

生长调控与田间管理领域主要围绕热带作物的生长、发育、产量与品质等开展有关生长机理、土壤条件、气候变化、耕作制度、水肥技术、生物防治、生物多样性、农业经济等方面的研究。通过聚类分析，可以分为以下 3 个研究方向（图 2-4）。

（1）生长机理及栽培技术

开展不同土壤条件、耕作制度、土地覆盖、水肥条件等对热带作物根系生长、光合作用、蒸腾作用、气体交换、叶绿素荧光、气孔导度、叶面积指数、果实成熟等生长发育的调控机理及其对热带作物产量与品质的影响研究，通过利用不同的施肥、灌溉、喷药、耕作方式等栽培技术提高热带作物对碳、氮、磷等养分和水分的利用效率，并构建最适合热带作物生长的种植系统以促进作物的生长发育，提高作物的产量和品质。

（2）病虫草害防控技术

果蝇、象甲、螨虫、根结线虫、烟粉虱、甘蔗螟虫、螟蛾、咖啡果小蠹、夜蛾、

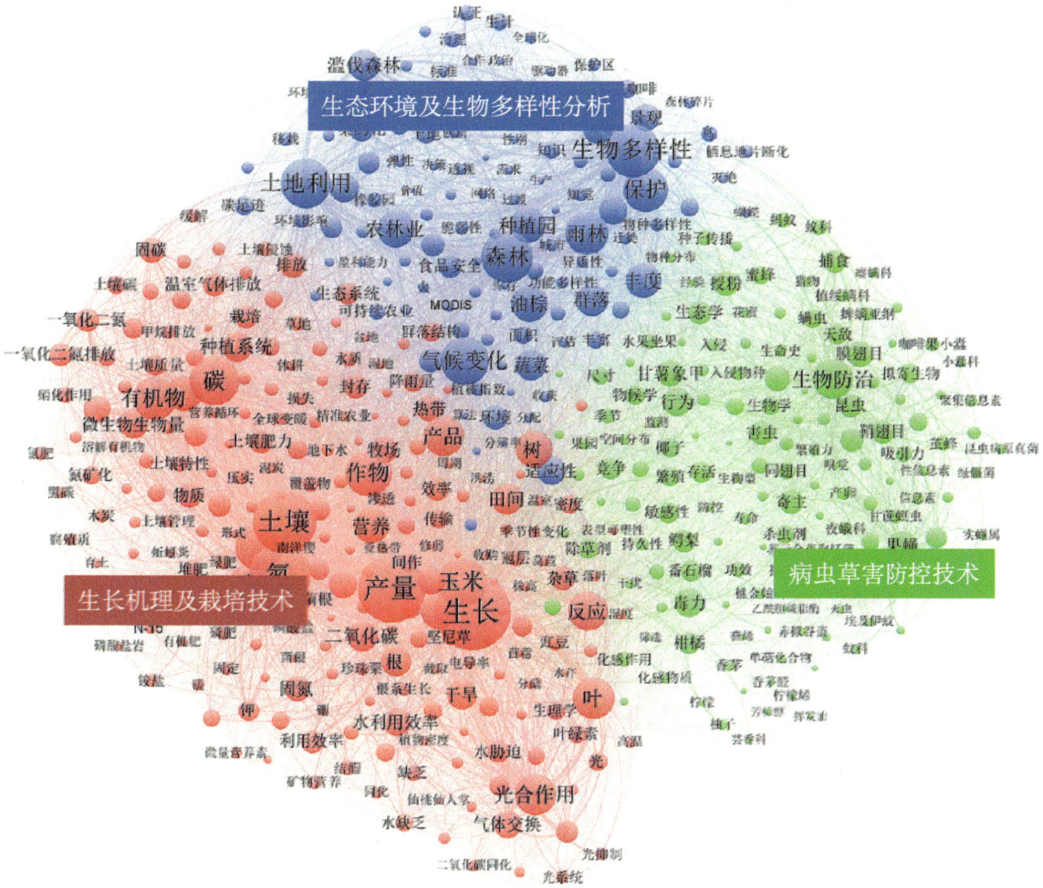

图 2-4　全球热带作物生长调控与田间管理主题聚类分析

蛀心虫、甲虫、蚜虫等是为害热带作物的主要害虫。研究重点是主要害虫的种群动态与分布、行为特点、发生及传播规律、繁殖特性及对热带作物的为害特征；杀虫剂 / 驱避剂等化学防控措施对主要害虫的毒力测定与效应；基于杀虫剂 / 驱避剂等农药、微生物拮抗剂、捕食性天敌、寄生性天敌等措施的害虫管理及生物防控；利用除草剂开展热带作物田间杂草防控等。

（3）生态环境及生物多样性分析

一方面，通过研究种植环境、不同土地利用方式、气候变化、生物（微生物、植物、动物等）多样性对热带作物生长发育及产量的影响，为热带作物生长构建最适宜的生态系统；另一方面，研究热带作物种植对种植环境生物丰度、群落结构等的影响，以实现对生物多样性的丰富与保护；另外，围绕经济、政策对热带作物生产的影响，热带作物种植对农民生计、经济效益的影响等也开展了一些研究。

对比发现，生长机理及栽培技术（37 718 篇）的基础研究最多，其次是病虫草害防控技术（20 579 篇）和生态环境及生物多样性分析（18 760 篇），两者的基础研究成果量相差不大（表 2-2）。

2.2.3 贮藏加工与功能成分

贮藏加工与功能成分领域主要开展热带作物的成熟机理、贮藏保鲜技术、食品加工技术、淀粉制备及品质特性等研究，并开展多酚、类黄酮、咖啡因、类胡萝卜素、植物油等功能性成分的提取与测定、生物活性、人体及动物的营养保健作用等方面的研究。通过聚类分析，可以分为以下 4 个研究方向（图 2-5）。

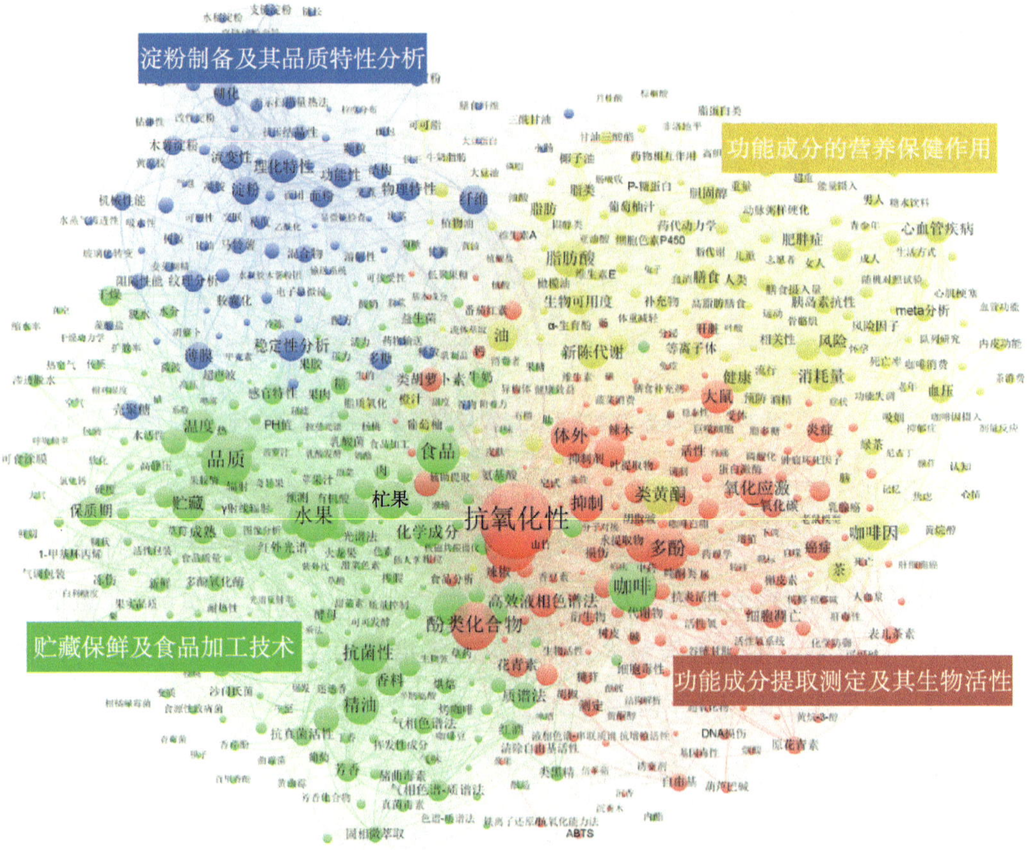

图 2-5 全球热带作物贮藏加工与功能成分主题聚类分析

（1）贮藏保鲜及食品加工技术

对热带作物的成熟机理及采后的硬度、颜色、纹理、果肉质、营养成分等品质及感官特性进行评估与研究；利用热处理、可食涂膜、冷冻储存等多种工艺开展采后作物的贮藏保鲜，以维持品质、延长保质期；借助干燥、辐射、微波、超声波、高静压等加工工艺制备水果汁、牛奶、酸奶、食用油等食品；利用主成分分析、感官评价、轮廓分析等方法对加工食品的品质进行研究；基于质谱法、色谱法等技术对热带作物挥发性芳香化合物进行测定与分析等是主要研究内容。

（2）淀粉制备及其品质特性分析

以木薯淀粉、杧果淀粉、薯蓣淀粉、香蕉淀粉等为研究对象，对淀粉的稳定性、理化特性、功能性、物理特性、流变性、糊化性、回生作用、结晶性等品质特性及直链淀粉与支链淀粉的结构特征进行分析；基于淀粉开展面粉、面包、饼干等产品制备及抗性淀粉的研制；另外，还开展薄膜、凝胶、胶囊、乳液等复合材料的制备研究。

（3）功能成分提取测定及其生物活性

围绕从热带作物叶、果实、果皮、种子等部位提取的酚类化合物、咖啡因、绿原酸、花青素、类胡萝卜素、表儿茶素、咖啡酸、槲皮素、胡椒碱、糖苷等功能成分，利用高效液相色谱法、液相色谱—串联质谱、固相微萃取、核磁共振、光谱法等方法对其进行提取与定量测定，并通过化学计量学、统计学等方法分析功能成分的特性；另外，还对其抗氧化性、抗菌性、抗炎活性、清除自由基活性等生物活性，及其对体外氧化应激、细胞凋亡、脂质过氧化、DNA 损伤等的调节作用进行了研究。

（4）功能成分的营养保健作用

研究酚类化合物、脂类化合物、花青素、咖啡因、植物油、可可脂、黄烷醇、膳食纤维、维生素 E、维生素 A 等热带作物功能成分对人体或动物新陈代谢、心血管疾病、糖尿病、胆固醇、高血压、肥胖症、冠心病、高血脂、动脉粥样硬化、阿尔茨海默病、癌症、心脏病、心肌梗死等多种疾病的调节、预防及治疗作用。

对比发现，贮藏保鲜及食品加工技术（44 217 篇）的基础研究最多，且远超其他方向；其次是功能成分提取测定及其生物活性（31 566 篇）、功能成分的营养保健作用（21 461 篇），两者的基础研究成果量相差 1 万篇以上，而有关淀粉制备及其品质特性分析（15 282 篇）的基础研究相对较少（表 2-2）。

2.2.4 副产品开发与综合利用

副产品开发与综合利用领域主要围绕热带作物残渣、秸秆、果皮、果壳等副产物开展生物材料、复合材料、饲料等副产品的开发与综合利用技术。通过聚类分析，可以分为以下 3 个研究方向（图 2-6）。

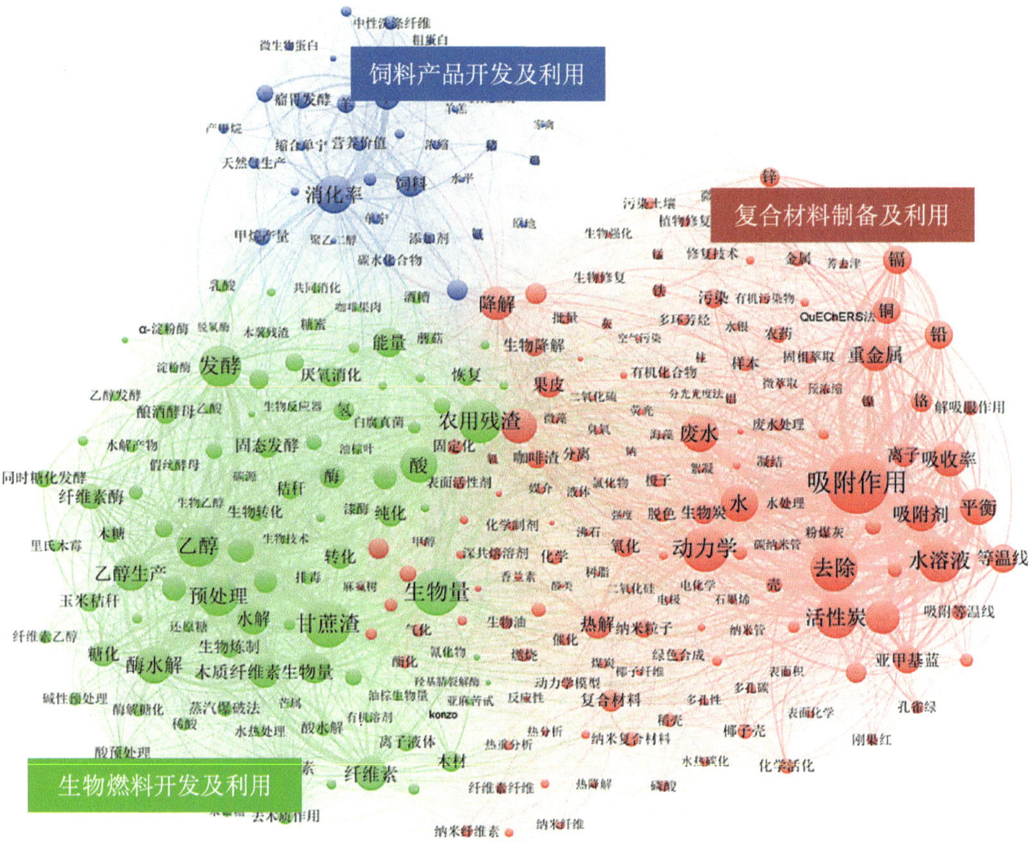

图 2-6 全球热带作物副产品开发与综合利用主题聚类分析

（1）生物燃料开发及利用

围绕甘蔗渣、咖啡渣、油棕空果串、木薯渣、甘蔗秸秆、油棕叶、咖啡壳等农用废弃物，通过纯化、发酵、水解、热解、生物转化、生物炼制等一系列技术实现乙醇、氢、沼气、生物柴油等生物燃料的开发与利用；另外，还开展热带作物木质素、半纤维素、纤维素的溶解、提取、降解、测定及开发利用研究等。

（2）复合材料制备及利用

利用热带作物残渣、果皮等副产物制备活性炭等生物吸附剂，并研究其对废水、重金属（铜、镉、铅、铬等）、污水污泥、污染土壤、农药、亚甲基蓝、染料等的吸附与去除作用；利用热带作物副产物开展胶黏剂、纳米粒子、纳米纤维素、碳纳米管、纳米晶、塑料纤维、涂料等复合材料的制备技术研究等。

（3）饲料产品开发及利用

开展热带作物及其副产物的饲料制备技术研究，并通过研究其对牛、羊、猪、鸡等动物的消化率、瘤胃发酵、采食量等生长发育状况及胴体品质、肉质等的影响，揭示饲料的理化特性及营养价值。

对比发现，复合材料制备及利用（22 862 篇）的基础研究最多，其次是生物燃料开发及利用（19 921 篇），两者的基础研究成果量相差不大，而有关饲料产品开发及利用（7 235 篇）的基础研究相对较少（表 2-2）。

2.3 研究趋势与前沿分析

2.3.1 研究趋势分析

本研究绘制了全球热带作物基础研究领域的主题聚类热力图（图 2-7），并统计了 1991—2020 年一级主题论文量及一级、二级主题论文量占比随时间的发展变化趋势（图 2-8 和图 2-9）。

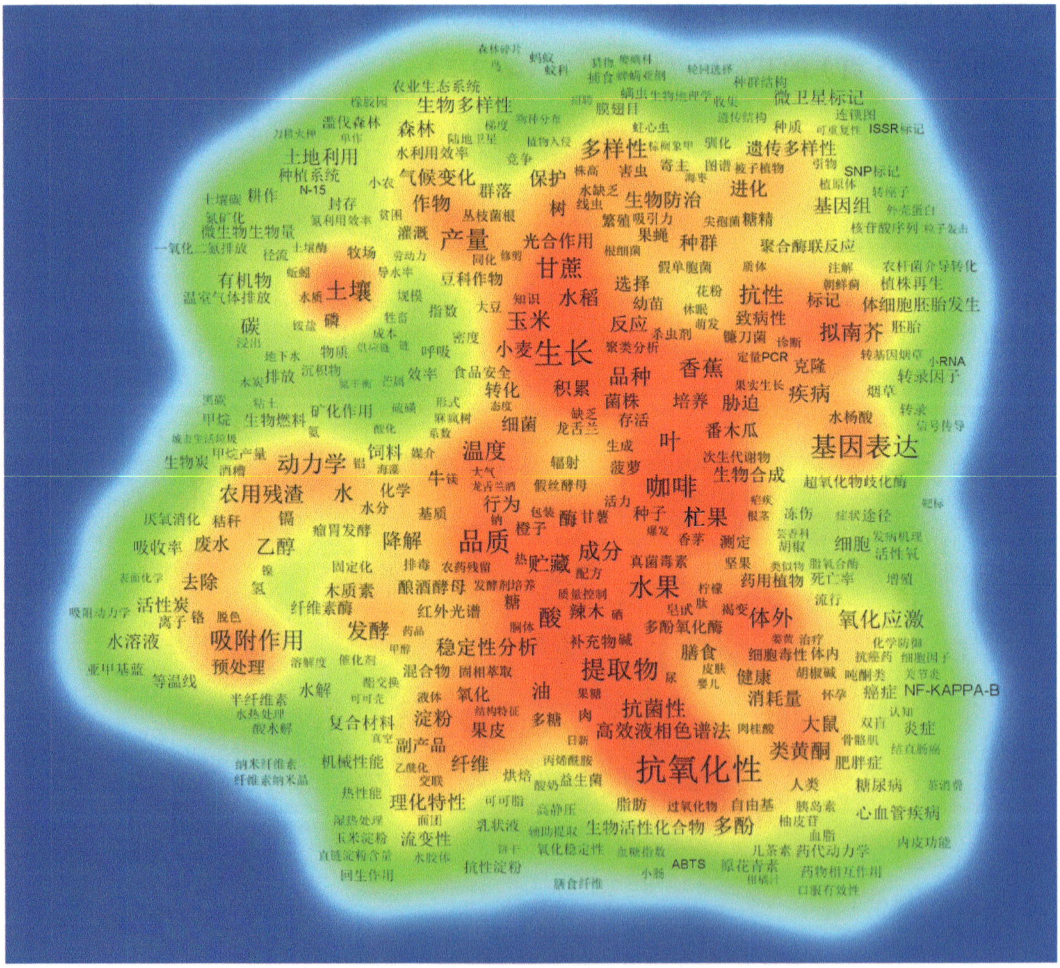

图 2-7 全球热带作物基础研究领域总体主题聚类热力图

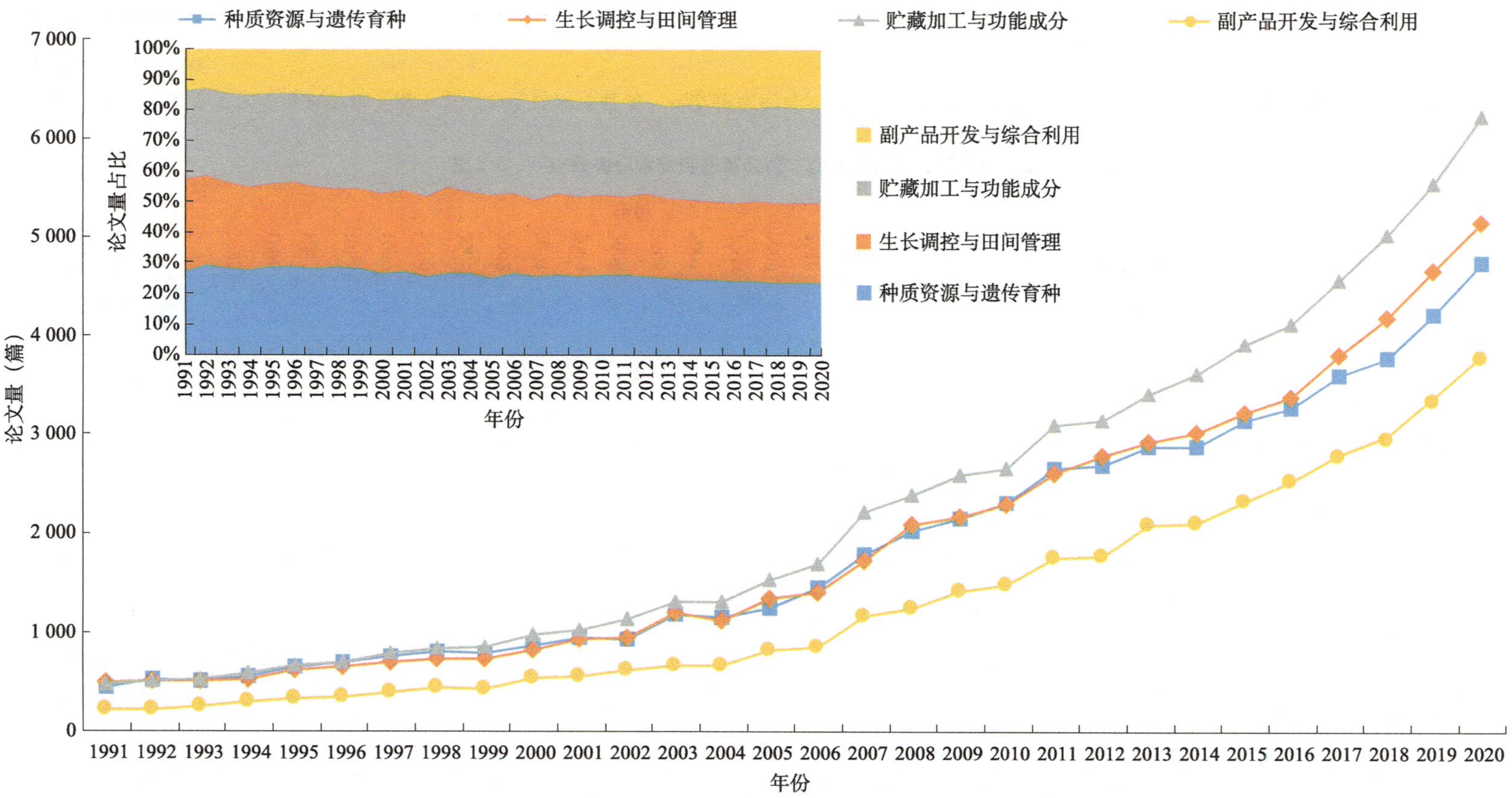

图 2-8　全球热带作物基础研究领域一级主题论文量及其占比年度变化

注：主题论文量变化（堆积面积）图中某一颜色的高度越高，代表该颜色对应主题在当年的论文量占比越高；高度越低，代表该颜色对应主题在当年的论文量占比越低。

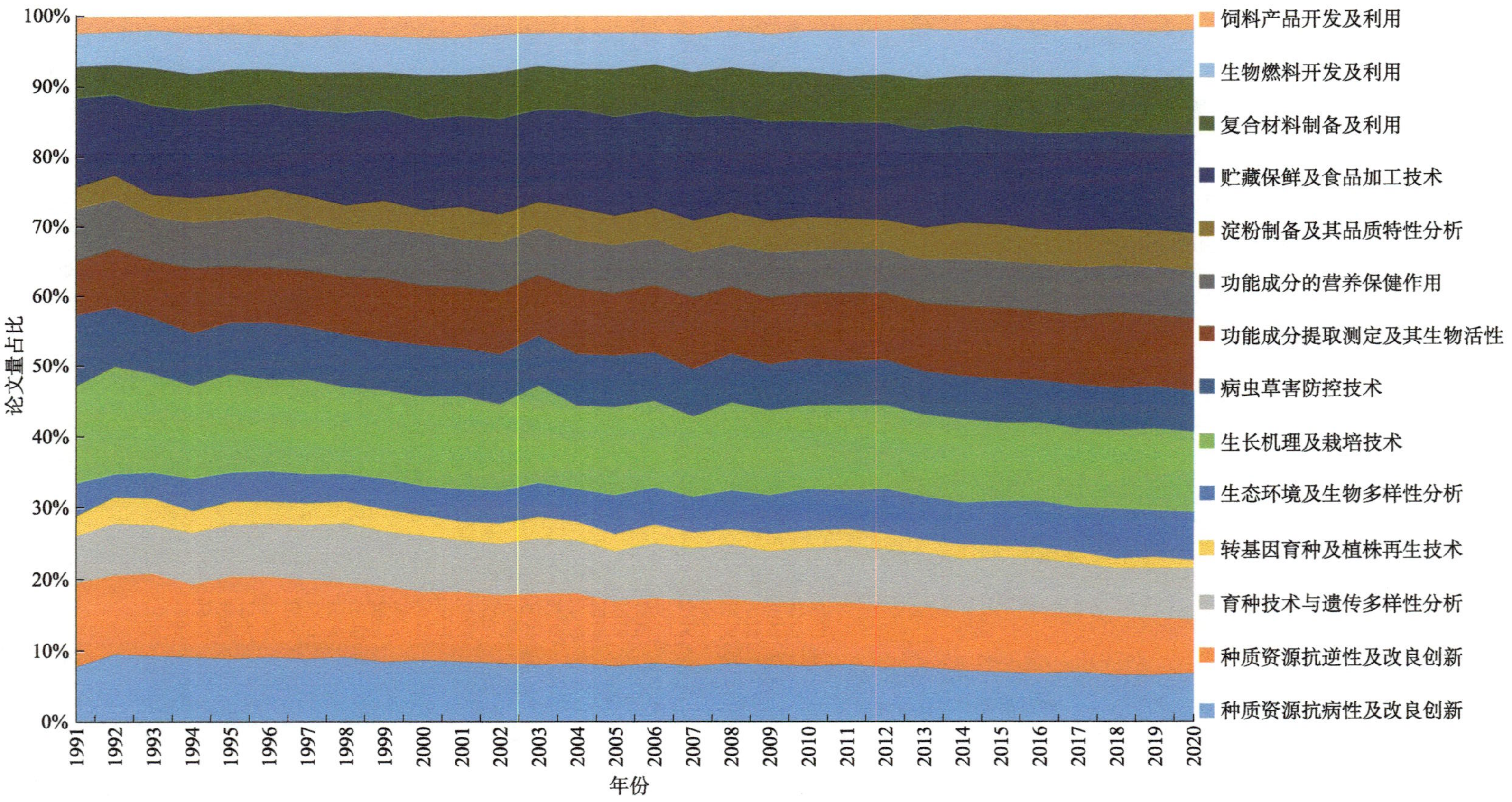

图 2-9 全球热带作物基础研究领域二级主题论文量占比年度变化

注：主题论文量变化（堆积面积）图中某一颜色的高度越高，代表该颜色对应主题在当年的论文量占比越高；高度越低，代表该颜色对应主题在当年的论文量占比越低。

从主题聚类热力图可以看出，近年来全球热带作物基础研究领域主要围绕咖啡、甘蔗、香蕉、杧果、木薯、可可、油棕等热带作物，开展促进作物生长、提升品质与产量的土壤质量、疾病防控、水肥控制、遗传育种等方面的研究；另外，水果采后贮藏与保鲜研究，功能成分的提取、测定及活性分析，食品及材料加工与利用等也是近年来的研究热点。

从一级主题来看，全球热带作物基础研究领域4个主题领域的研究趋势基本一致，总体呈波动上升趋势。对比发现，生长调控与田间管理、种质资源与遗传育种在1991—1992年的论文量及其占比均排在首位，但1993年之后两者的论文量占比逐年下降，其中种质资源与遗传育种的论文量占比下降趋势更明显；贮藏加工与功能成分的论文量及其占比从1993年之后均排在首位，且论文量占比波动上升，近年来已稳定在31%左右；副产品开发与综合利用的论文量及其占比均排在末位，但论文量占比逐年上升，近年来已稳定在19%左右。可见，近年来贮藏加工与功能成分、副产品开发与综合利用的研究热度逐年上升，种质资源与遗传育种、生长调控与田间管理的研究热度有所下降，贮藏加工与功能成分是全球热带作物基础研究领域的热点研究领域。

从二级主题来看，二级主题的论文量均呈现逐年增多的趋势，其中生长机理及栽培技术、贮藏保鲜及食品加工技术的论文量及其占比一直排在前两位，是全球热带作物基础研究领域的热点研究方向。对比发现，近年来有如下研究趋势：①复合材料制备及利用的研究热度上升最明显，其次是淀粉制备及其品质特性分析、功能成分提取测定及其生物活性、生态环境及生物多样性分析，生物燃料开发及利用、贮藏保鲜及食品加工技术的研究热度略有上升；②病虫草害防控技术的研究热度下降最明显，其次是种质资源抗逆性及改良创新、生长机理及栽培技术，种质资源抗病性及改良创新、转基因育种及植株再生技术的研究热度略有下降；③育种技术与遗传多样性分析、饲料产品开发及利用、功能成分的营养保健作用的研究热度相对稳定。

2.3.2 研究前沿识别

本研究利用DDA的Emerging Indicators指标识别全球热带作物基础研究领域的新兴主题词（表2-3），该指标通过文献计量学的手段对标题和摘要的主题词进行分析和挖掘，主要从Novelty（新颖性）、Persistence（持久性）、Growth（成长

表2-3 全球热带作物基础研究领域新兴主题词

关键词英文	关键词中文	Emerging Indicators
Bioactive Compounds	生物活性物质	14.277
Biochar	生物炭	7.325
Nanoparticles	纳米粒子	7.254
Gut Microbiota	肠道菌群	4.913
Unmanned Aerial Vehicle	无人机	3.845
Porous Carbon	多孔碳	3.513
Metabolomics	代谢组学	2.983
Deep Learning	深度学习	2.821
Cinnamon Essential Oil	肉桂精油	2.731
Pyrolysis Temperature	热解温度	2.730
Dark Fermentation	暗发酵	2.413
Primer Sets	引物套装	2.394
Carboxymethyl Cellulose	羧甲基纤维素	2.386
Machine Learning	机器学习	2.382
Support Vector Machine	支持向量机	2.377
Biorefinery	生物炼制	2.359
Biogas	沼气	2.321
Nanocomposites	纳米复合材料	2.210
Cocoa Beans	可可豆	2.184
Sodium Alginate	海藻酸钠	2.178
Convolutional Neural Network	卷积神经网络	2.009
Nanocellulose	纳米纤维素	1.960
Polylactic Acid	聚乳酸	1.808
Surface Modification	表面改性	1.778

注：Emerging Indicators 值越高，代表该主题词所在研究方向的新颖性越高。

性）和 Community（研究群体参与度）4 个维度来进行 Emerging Indicators 值测度，Emerging Indicators 值越高，代表该主题词所在研究方向的新颖性越高。通过解读新兴主题词，发现全球热带作物基础研究领域的研究前沿如下。

（1）咖啡、杧果、可可、辣木等热带作物功能成分提取与生物活性研究

开展咖啡、杧果、可可、辣木等热带作物及其副产物中酚类化合物等功能成分的提取、测定技术及其抗氧化性等生物活性研究，提高热带作物的营养与应用价值。相关研究有：基于 HPLC-DAD-QTOF-MS 的番石榴叶酚类化合物测定[1]；常规 / 非常规提取方法对辣木叶片非目标酚类成分的影响[2]；脉冲电场辅助从可可豆壳和咖啡银皮中提取生物活性物质[3]；多响应面法优化辣木叶片中酚类化合物的微波辅助和加压液相萃取工艺[4]；甘蔗渣酚类化合物的抗氧化 / 降血糖活性及 UHPLC-HR-TOFMS 鉴定[5]；高速逆流色谱法分离提取可可豆原花青素[6]；乙醇—水二元溶剂体系提取杧果种仁中的生物活性物质[7] 等。

（2）咖啡、杧果、可可、辣木等热带作物功能成分对疾病的调节及抑制作用研究

开展可可黄烷醇、多酚化合物等热带作物功能成分对慢性病、肠道性疾病、肥胖症、癌症等疾病的调节及抑制作用研究，提高热带作物功能成分的医用价值。相关研究有：辣木叶片中的生物活性成分对慢性病的预防作用研究[8]；可可黄烷醇改善代谢综合征及相关疾病的机制研究[9]；茶和咖啡中生物活性成分减肥作用的分子机制研究[10]；荔枝果肉酚提取物通过减轻肠道菌群失调、肠道屏障功能障碍和肝脏炎症，对小鼠酒精性肝损伤具有保护作用[11]；废咖啡渣提取物对人结肠癌细胞的抗增殖作用[12]；杧果及其副产物天然生物活性提取物的抗血小板活性[13] 等。

（3）基于甘蔗渣、椰子壳、咖啡渣等副产物的生物吸附剂制备及其吸附作用研究

通过研究基于甘蔗渣、咖啡渣、香蕉皮、椰子壳、油棕空果束等副产物的生物炭等吸附剂制备关键技术及其对污水、染料、重金属、抗生素等的吸附作用，以提高生物炭的产量、质量及利用价值。相关研究有：使用香蕉皮粉作为吸附剂从水溶液中去除阴离子染料[14]；菠萝皮生物炭对 Cr（Ⅵ）的吸附作用研究[15]；甘蔗渣酶制备的生物炭对 2,4,6- 三氯苯酚的吸附去除特性及机理研究[16]；甘蔗秸秆生物炭对两种热带土壤中镉和锌的吸附和解吸研究[17]；热解温度对化学改性椰子纤维生物炭固定化铅的影响研究[18]；基于油棕空果束纤维、纤维素和木棉磁性的生物吸附剂的制备与表征[19]；将废咖啡渣大规模转化为高效吸附有机染料的功能炭材料[20]；新型柚皮生物炭去除猪场废水中四环素类抗生素的可行性研究[21] 等。

（4）基于甘蔗、咖啡、木薯等热带作物的纳米材料制备技术研究

基于甘蔗、咖啡、木薯等热带作物及其副产物开展纳米粒子、纤维素纳米晶等复合材料的制备技术、抗氧化性、抗菌性等研究，以提高热带作物的经济价值。相关研究有：红毛丹果皮提取物对 ZnO 纳米粒子的生物合成及其对甲基橙染料的光催化活性研究[22]；两种不同氧化方法从漂白蔗渣浆中提取羧化纤维素纳米晶的比较研究[23]；木薯根渣和果皮中纤维素纳米纤维的分离与表征[24]；超声辅助TEMPO氧化油棕木质纤维素生物质以分离纳米晶纤维素[25]；木瓜皮提取物对银纳米粒子（AgNPs）的生物合成及其抗氧化和抗菌活性的评价[26]等。

（5）遥感技术在甘蔗、油棕、香蕉等热带作物生产管理中的应用研究

利用雷达、无人机、高光谱、多光谱等遥感技术开展甘蔗、油棕、香蕉等热带作物的品种分类、空中施药、病害检测、面积监测、产量预测等研究，为种植者的生产决策提供参考。相关研究有：整合全波激光雷达和高光谱数据以增强茶叶和槟榔的分类[27]；不同气象条件下无人机对菠萝施药的飘移和沉降研究[28]；基于无人机评估的果园规模杧果产量制图[29]；基于 U-Net 的高分辨率卫星图像检测棕榈树[30]；利用GPU加速尺度空间滤波的无人机图像检测木瓜树[31]；基于无人机遥感的香蕉枯萎病识别[32]；基于多源遥感数据的深度学习干旱监测模型构建[33]；利用高光谱影像估算甘蔗中的氮含量[34]；鳄梨白根腐病的遥感检测技术研究[35]等。

（6）人工智能技术在油棕、甘蔗、杧果、香蕉等热带作物生产及加工中的应用研究

随着农业与现代信息技术的深度融合，深度学习、机器学习、支持向量机、深度神经网络等人工智能技术正逐步被应用于油棕、甘蔗、杧果、香蕉等热带作物研究领域，利用人工智能技术实现作物病虫害检测、成熟度预测、品种识别及分类、品质评价等研究，以提高热带作物生产和加工的效率。相关研究有：基于深度学习的高分辨率遥感图像油棕榈树检测与计数[36]；基于深度学习的木薯病害图像检测[37]；支持向量机与红外光谱联用技术在青咖啡地理分类中的应用研究[38]；利用数字图像和随机森林预测番木瓜果实成熟度[39]；基于模糊实时分类器的甘蔗田除草机器人[40]；基于人工神经网络（ANN）的电子鼻系统和气相色谱 / 质谱测定可可豆的烘焙度[41]；基于人工智能的香蕉病害与害虫检测技术研究[42]；基于深度学习的荔枝果实图像品种识别[43]等。

(7)基于木薯、肉桂等热带作物的可降解生物薄膜制备技术研究

利用木薯淀粉、肉桂精油等与明胶、壳聚糖等物质合成以制备可食用、可降解的生物薄膜，对薄膜的品质特性、抗氧化性、抗菌性等进行研究，以实现高品质可食用可降解生物薄膜的开发与利用。相关研究有：银纳米粒子增强抗菌琼脂 / 香蕉粉共混膜的制备[44]；掺有肉桂精油的海藻酸钠 / 羧甲基纤维素膜的物理和抗菌性能研究[45]；杧果皮提取物在生物降解膜活性包装中的应用研究[46]；木薯淀粉 / 牛明胶 / 纳米氧化锌基纳米复合膜的制备与表征[47]；溶剂浇铸聚乳酸 / 肉桂油复合膜的热机械性能、结构表征及抗菌性能研究[48]；蒙脱土 / 竹纳米纤维增强木薯淀粉 / 壳聚糖生物纳米复合膜的制备与表征[49]；基于流延法的油棕榈浆纳米纤维素 / 聚乙烯醇纳米复合膜的制备与表征[50]等。

(8)基于甘蔗渣、木薯渣、咖啡渣等副产物的沼气、乙醇、氢气等生物燃料制备工艺研究

通过研究甘蔗渣、咖啡渣、番木瓜皮、油棕空果串、木薯渣等副产物制备沼气、乙醇、氢气过程中的预处理技术、厌氧消化等生物炼制关键技术，提高热带作物副产物的经济利用价值。相关研究有：热、酸、碱和碱性过氧化氢预处理对麦秸和甘蔗渣厌氧消化生产甲烷的能力和动力学的影响研究[51]；利用蒸汽爆破法从甘蔗渣中生产纤维素乙醇[52]；基于水热碳化—厌氧消化联合增强废咖啡渣生产生物甲烷的潜能[53]；结合机械和热碱预处理方法对预处理和未处理的番木瓜果皮产生沼气的潜力评估及工艺优化[54]；亚硫酸氢盐预处理油棕空果串以生产生物乙醇及高附加值产品[55]；基于离子液体预处理的木薯渣发酵制备氢和甲烷[56]等。

(9)杧果、番木瓜、荔枝等热带水果病害的病原检测、致病机理及防控技术研究

通过研究杧果、番木瓜、荔枝等热带水果病害的病原检测技术、发生规律及致病机理、防控技术等，控制生产及采后病害的危害程度，提高热带水果的产量及品质。相关研究有：意大利鳄梨枝腐病和茎端腐病相关真菌种类特征及致病性研究[57]；水热氯化钙处理抑制番木瓜采后炭疽病的研究[58]；引起番石榴花茎端腐烂的病原鉴定及单轮病害特征[59]；中国引起荔枝斑点病的炭疽菌鉴定[60]；中国台湾地区杧果炭疽病相关炭疽菌的鉴定及特性研究[61]等。

(10)可可豆发酵工艺及挥发性香气测定与分析

开展可可豆发酵过程中发酵剂、发酵技术、香气成分、微生物群落等方面的研究，实现可可豆挥发性香气的定量测定及巧克力等产品的高产高效高品质生产。相关研究有：可可豆发酵分离的酵母、乳酸菌和乙酸菌的分子鉴定和生理特性[62]；发酵水平和产地对可可豆寡肽型的影响[63]；可可特有香气成分肽前体的部分纯化和表征[64]；提高可可豆发酵质量的发酵剂联合接种及交互代谢过程[65]；可可豆发酵过程中细菌和酵母菌群落的动态和生物多样性[66]等。

(11)香蕉、番石榴、杧果等热带水果的贮藏保鲜工艺研究

通过研究可食用薄膜、臭氧处理等及不同贮藏条件对采后水果保质期的影响，以延长保质期并改善采后杧果的质量。相关研究有：佛手柑精油、TiO_2 和 Ag 纳米粒子复合 PLA 膜对杧果货架期的影响[67]；卡拉胶与纳米氧化锌复合涂膜对杧果保鲜效果的研究[68]；柠檬酸纳米乳液可食用涂料对鲜切菠萝保质期的延长作用研究[69]；臭氧采后处理对猕猴桃冷藏期间理化和品质性状的影响研究[70]；添加乳酸菌的木薯淀粉/羧甲基纤维素可食性膜延长香蕉货架期[71]；脂质和多糖类可食用涂料对番石榴果实贮藏品质的影响[72]等。

3 全球主要热带作物基础研究态势分析

3.1 甘蔗

3.1.1 研究重点

全球甘蔗基础研究领域已累计发表14 792篇论文，本研究统计了其一级、二级主题的论文量、排名及与全球热带作物基础研究领域的排名对比情况（表3-1）。

从一级主题来看，全球甘蔗基础研究领域在生长调控与田间管理领域的相关研究最多，其次是种质资源与遗传育种、副产品开发与综合利用，而在贮藏加工与功能成分领域的相关研究相对较少；对比全球热带作物基础研究领域发现，甘蔗领域在生长调控与田间管理、种质资源与遗传育种、副产品开发与综合利用领域略有研究优势，而在贮藏加工与功能成分领域的研究较弱。

从二级主题来看，全球甘蔗基础研究领域在生长机理及栽培技术、生物燃料开发及利用方向的相关研究最多，且远超其他研究方向；其次是种质资源抗逆性及改良创新、贮藏保鲜及食品加工技术、复合材料制备及利用、育种技术与遗传多样性分析等方向，而饲料产品开发及利用、转基因育种及植株再生技术等方向的相关研究较少。对比全球热带作物基础研究领域发现，甘蔗领域在生物燃料开发及利用、生态环境及生物多样性分析、复合材料制备及利用等方向具有研究优势；而在功能成分提取测定及其生物活性、功能成分的营养保健作用、贮藏保鲜及食品加工技术等方向的研究相对较弱，还需要进一步加强关注。

重点方向的主要研究内容如下。

（1）生长机理及栽培技术

主要开展不同栽培技术、土壤条件、耕作制度、碳氮营养、水肥条件等对甘蔗光合作用、蒸散量、叶绿素荧光等生长发育机理及产量的影响研究，并通过间作轮作、施肥、灌溉、除草等田间管理技术促进甘蔗的生长及产量提升。

（2）甘蔗生物燃料开发技术

主要利用甘蔗渣、甘蔗秸秆等副产物结合小麦、玉米、水稻等秸秆通过酸碱预

表3-1 全球甘蔗基础研究领域一级及二级主题论文量及排名

一级主题	热带作物		甘蔗			二级主题	热带作物		甘蔗		
	论文量（篇）	排名	论文量（篇）	排名	排名对比		论文量（篇）	排名	论文量（篇）	排名	排名对比
种质资源与遗传育种	56 695	3	6 420	2	↑	种质资源抗病性及改良创新	24 460	5	2 500	7	↓↓
						种质资源抗逆性及改良创新	28 160	4	3 591	3	↑
						育种技术与遗传多样性分析	23 385	6	2 986	6	—
						转基因育种及植株再生技术	6 325	14	828	13	↑
生长调控与田间管理	58 517	2	7 516	1	↑	生态环境及生物多样性分析	18 760	11	2 097	8	↑↑↑
						生长机理及栽培技术	37 718	2	5 756	1	↑
						病虫草害防控技术	20 579	9	1 843	9	—
贮藏加工与功能成分	69 043	1	5 521	4	↓↓↓	功能成分提取测定及其生物活性	31 566	3	1 654	10	↓↓↓↓↓↓↓
						功能成分的营养保健作用	21 461	8	1 249	11	↓↓↓
						淀粉制备及其品质特性分析	15 282	12	0		
						贮藏保鲜及食品加工技术	44 217	1	3 177	4	↓↓↓
副产品开发与综合利用	39 557	4	6 418	3	↑	复合材料制备及利用	22 862	7	3 149	5	↑↑
						生物燃料开发及利用	19 921	10	4 876	2	↑↑↑↑↑↑↑↑
						饲料产品开发及利用	7 235	13	965	12	↑

注：由于各主题之间有交叉研究，因此会出现一级主题总论文量多于领域总论文量，二级主题总论文量多于一级主题总论文量的现象。

处理、酶水解、蒸汽爆炸、厌氧消化等生物炼制技术实现乙醇、甲烷、氢、沼气等生物燃料的生产与开发；还开展了甘蔗秸秆木质素、纤维素的提取及开发利用研究等。

（3）种质资源抗逆性及改良创新

主要开展盐胁迫、干旱胁迫、冷胁迫、渗透胁迫等非生物胁迫对甘蔗发芽、根茎生长、蔗糖积累等生长发育的影响机理研究；耐逆性种质资源的引进、选育及评价研究；利用基因表达、基因克隆、转录组分析等技术进行甘蔗耐旱性、耐盐性等基因的定位、识别与分析，以及耐逆性种质资源改良、创制等研究。

（4）贮藏保鲜及食品加工技术

开展甘蔗的成熟机理及贮藏保鲜工艺研究；基于辐射、微波、超声波、脉冲电场等加工工艺开展甘蔗汁、甘蔗果汁、甘蔗酒、甘蔗糖、甘蔗糖浆等食品的制备技术研究；基于光谱技术、感官评价、化学成分分析等方法开展甘蔗及其加工产品的品质评价研究等。

（5）复合材料制备及利用

利用甘蔗废弃物开发活性炭等生物吸附剂，以实现污染土壤、污水污泥、重金属、染料、亚甲基蓝等的吸附与去除；以及利用甘蔗副产物开展纳米粒子、纳米纤维素、纳米晶等复合材料的制备技术研究等。

（6）育种技术与遗传多样性分析

主要利用种间杂交、原位杂交等杂交技术实现甘蔗新品种的选育；利用基因组、序列分析、微卫星标记、RAPD 标记等分子育种技术开展甘蔗基因定位、表达与克隆等相关研究，以实现甘蔗品种的创制与选育；还利用分子标记、遗传连锁图等技术开展甘蔗的亲缘关系、遗传多样性、系统进化等分析，为甘蔗遗传育种亲本的选择，杂交组合配制及核心种质构建提供理论指导。

（7）种质资源抗病性及改良创新

甘蔗花叶病毒、赤霉病、炭疽菌、马铃薯 Y 病毒、甘蔗黄叶病毒等主要甘蔗病害及病原体的感染、传播、致病机理及诊断防控研究；抗病性种质资源的引进、选育、评价、改良与创制研究；以及利用重氮营养醋杆菌、固氮细菌等对甘蔗进行接种及定植研究，以促进甘蔗的生长发育及病虫害防控。

3.1.2 研究趋势分析

本研究统计了 1991—2020 年全球甘蔗基础研究领域一级主题论文量及一级、二级主题论文量占比随时间的发展变化趋势（图 3-1 和图 3-2）。

从一级主题来看，全球甘蔗基础研究领域 4 个主题领域的研究趋势基本一致，

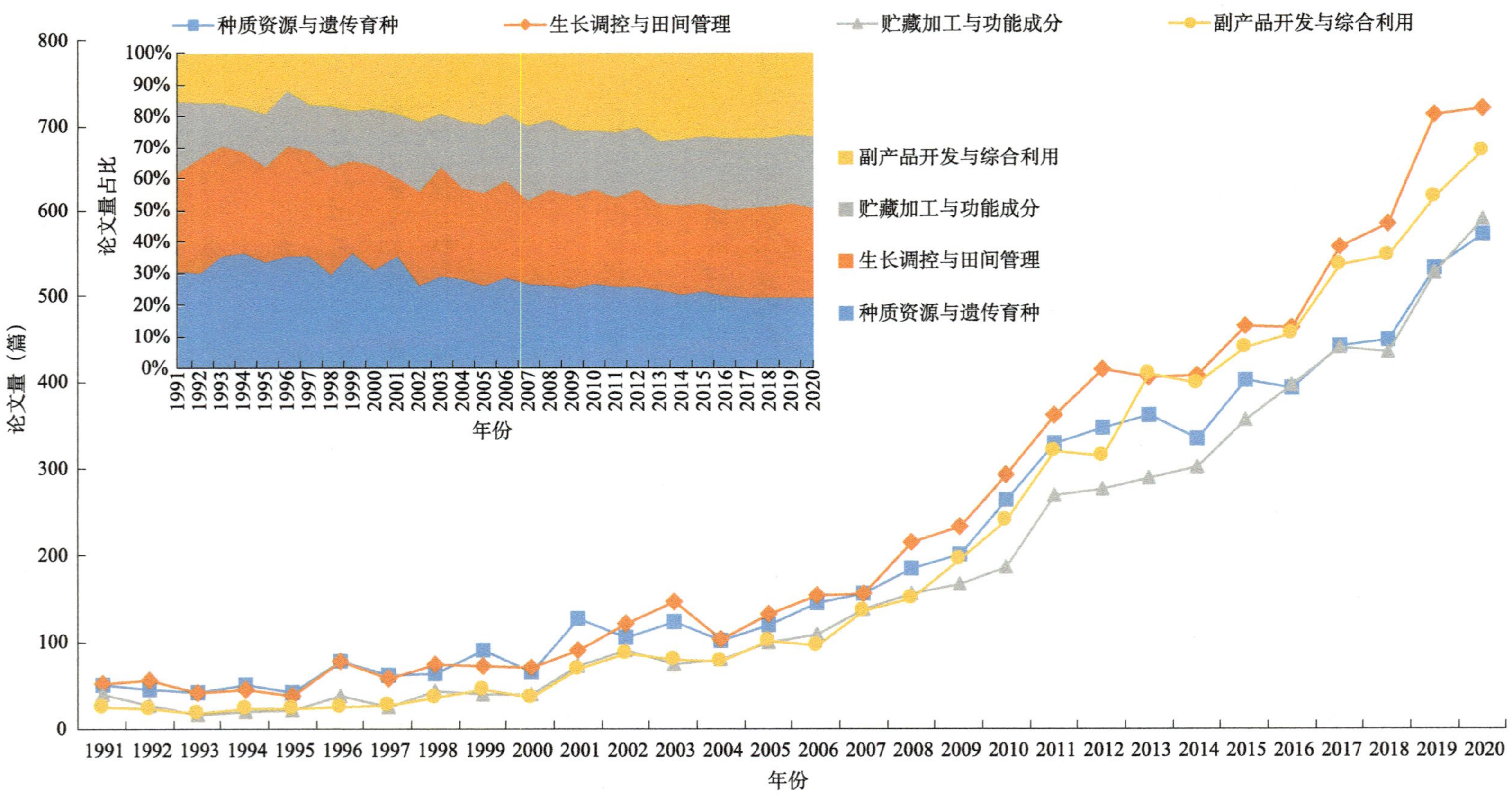

图 3-1　全球甘蔗基础研究领域一级主题论文量及占比年度变化

注：主题论文量变化（堆积面积）图中某一颜色的高度越高，代表该颜色对应主题在当年的论文量占比越高；高度越低，代表该颜色对应主题在当年的论文量占比越低。

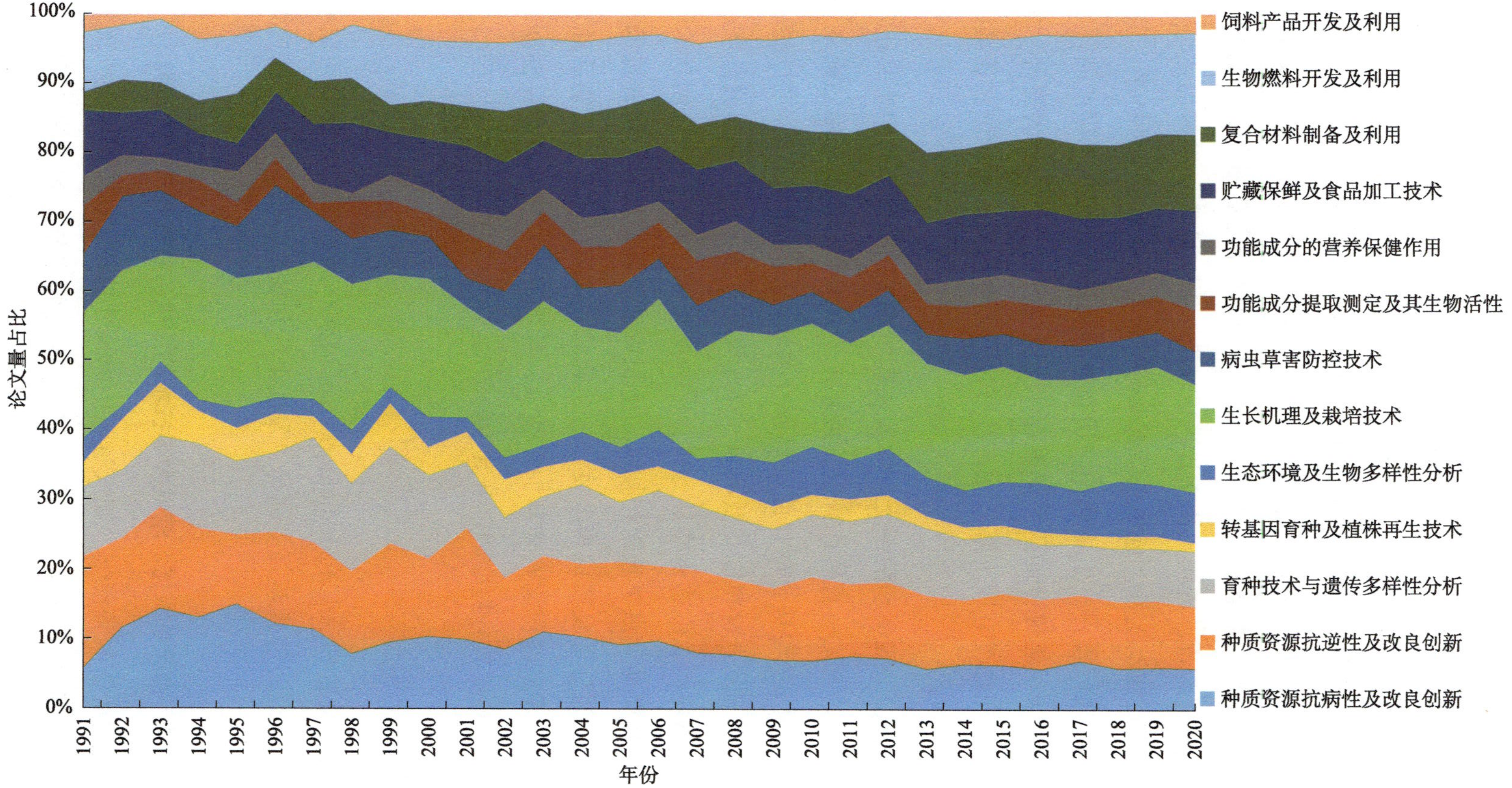

图 3-2　全球甘蔗基础研究领域二级主题论文量占比年度变化

注：主题论文量变化（堆积面积）图中某一颜色的高度越高，代表该颜色对应主题在当年的论文量占比越高；高度越低，代表该颜色对应主题在当年的论文量占比越低。

总体呈波动上升趋势。对比发现，生长调控与田间管理的论文量及其占比基本排在首位，论文量占比呈现波动下降态势，近年来稳定在28%左右；种质资源与遗传育种的论文量占比逐年下降，其在2007年之前与生长调控与田间管理的论文量差距不大，但2007年之后两者的论文量差距越来越明显；1991—2008年贮藏加工与功能成分、副产品开发与综合利用的论文量排在后两位，且两者差距不大，论文量占比波动上升，但之后两者的论文量差距越来越明显，且2013年之后副产品开发与综合利用的论文量已跃居前两位，近年来论文量占比稳定在27%左右，贮藏加工与功能成分的论文量及其占比波动上升，近年来已基本与种质资源与遗传育种持平。可见，早期侧重种质资源与遗传育种、生长调控与田间管理的研究，近年来副产品开发与综合利用、贮藏加工与功能成分的研究热度逐年上升，种质资源与遗传育种、生长调控与田间管理的研究热度有所下降，副产品开发与综合利用成为全球甘蔗基础研究领域的热点研究领域。

从二级主题来看，二级主题的论文量均呈现逐年增多的趋势，其中生长机理及栽培技术的论文量及其占比一直排在首位，近年来生物燃料开发及利用的论文量及占比已跃居第二位，两者均是全球甘蔗基础研究领域的热点研究方向。对比发现，近年来有如下趋势：①复合材料制备及利用、生物燃料开发及利用的研究热度上升最明显，其次是生态环境及生物多样性分析；②种质资源抗逆性及改良创新的研究热度下降最明显，其次是病虫草害防控技术、生长机理及栽培技术、育种技术与遗传多样性分析、转基因育种及植株再生技术，功能成分提取测定及其生物活动性的研究热度略有下降；③贮藏保鲜及食品加工技术、种质资源抗病性及改良创新、饲料产品开发及利用、功能成分提取测定及其生物活动性的研究热度相对稳定。

3.1.3 研究前沿识别

本研究利用DDA的Emerging Indicators指标识别全球甘蔗基础研究领域的新兴主题词（表3-2），通过解读新兴主题词，发现全球甘蔗基础研究领域的研究前沿如下。

（1）基于甘蔗副产物厌氧消化、暗发酵等技术的沼气、氢气制备工艺研究

通过研究甘蔗副产物制备沼气、氢气过程中的预处理技术、发酵系统、厌氧消化、暗发酵、添加物等关键技术，以提高沼气、氢气的产量。相关研究有：集成

表3-2 全球甘蔗基础研究领域新兴主题词

关键词英文	关键词中文	Emerging Indicators
Anaerobic Digestion	厌氧消化	6.497
Transcriptome	转录组	5.232
Technoeconomic Analysis	技术经济分析	4.470
Biochar	生物炭	4.235
Lignocellulosic Residues	木质纤维素残留	3.635
Dark Fermentation	暗发酵	3.568
Cellulose Fiber	纤维素纤维	3.389
Heat-Stress	热胁迫	3.289
Heat Treatment	热处理	2.821
Pathogenicity	致病性	2.560
Inactivation	失活	2.499
RNA-Sequencing	RNA 测序	2.450
Maillard Reaction	美拉德反应	2.316
Pyrolysis Temperature	热解温度	2.296
Bioenergy Production	生物能源生产	2.245
Unmanned Aerial Vehicle	无人机	2.077
2G Ethanol	2G 乙醇	2.024
Diazotrophic Bacteria	厌氧细菌	1.885
Sugarcane Straw	甘蔗秸秆	1.823
Biogas	沼气	1.820

注：Emerging Indicators 值越高，代表该主题词所在研究方向的新颖性越高。

连续搅拌釜反应器与上流厌氧污泥层反应器用于甘蔗糖浆两级制氢和甲烷生产[73]；在半连续式上流式厌氧污泥床系统中，探讨了氮、磷及微量元素的添加对甘蔗渣发酵生产沼气的影响[74]；甘蔗渣黑暗发酵产乳酸菌和产氢菌的时间动态及代谢相关性[75]；甘蔗压榨泥与酒糟厌氧共消化对甲烷产率的影响[76]；在连续的黑暗发酵和厌氧消化中，使用纳米二氧化钛预处理提高甘蔗渣中的生物氢和后续生物甲烷的产量研究[77]；将蒸汽爆炸或氨纤维膨胀预处理技术用于甘蔗残渣与粪便的厌氧共消化以提高甲烷产量[78]等。

（2）甘蔗转录组测序技术研究

利用转录组测序技术研究揭示甘蔗耐逆性、抗病性、生长发育等相关基因的分子机制，为甘蔗未来遗传和基因组研究提供了宝贵的资源。相关研究有：基于Illumina测序方法研究甘蔗miRNA表达与冷胁迫之间的反应机制[79]；利用转录组从头分析技术揭示甘蔗叶片脱落相关基因[80]；利用高通量Solexa技术对高蔗糖甘蔗品种GT35的转录组进行测序分析[81]；甘蔗—高粱花叶病毒相互作用的转录研究[82]；高通量测序揭示甘蔗耐高温胁迫相关基因[83]等。

（3）甘蔗木质素等副产物联产乙醇、乳酸等的技术与经济分析

通过研究甘蔗木质素、甘蔗渣等副产物生物炼制过程中的指标与工艺，实现乙醇、电力、乳酸、生物柴油等的联合生产，以提高甘蔗副产物的经济利用价值。相关研究有：甘蔗木质纤维素联合生产乳酸和乙醇的高效生物炼制技术及经济分析[84]；产脂甘蔗联合生产生物柴油和乙醇的技术经济分析[85]；甘蔗渣与废木质纤维素联合生产衣康酸和电力的生物炼制工艺设计与经济分析[86]；甘蔗木质纤维素联合生产木糖醇、柠檬酸、谷氨酸与电力的生物炼制方案及技术经济分析[87]；甘蔗木质纤维素生物质预处理生产生物乙醇的可持续性研究[88]等。

（4）甘蔗渣生物炭制备技术、结构特征及其吸附作用研究

通过研究基于甘蔗渣的生物炭制备关键技术、结构特征及其对污水、染料、重金属等的吸附作用，以提高生物炭的产量、质量及利用价值。相关研究有：甘蔗渣、水稻秸秆及其副产物生物炭的基本组成和分子组成特征[89]；基于改性甘蔗渣生物炭的水溶液中硝酸盐去除研究[90]；以甘蔗渣为原料，采用水热碳化结合简单热处理工艺制备具有层状结构的磁性炭复合材料以用于吸附四环素[91]；响应面法优化甘蔗渣生物炭吸附孔雀石绿染料及残留染料的植物和细胞遗传毒性评价[92]；制备甘蔗渣生物炭去除水溶液中的Cd、Cu、Pb和Zn等重金属研究[93]等。

（5）高温胁迫下甘蔗的生理生化特征及耐热性品种选育研究

通过研究高温胁迫对甘蔗生理生化特征的影响、改良措施及耐热性品种改良创新技术，以提高甘蔗对高温胁迫的耐性，促进甘蔗的生长发育。相关研究有：气候变暖和作物管理对甘蔗物候影响的定量分析[94]；外源施用乙烯利和赤霉素对高温胁迫下短生育期晚栽甘蔗生理生长的促进作用[95]；甘蔗耐热性基因型快速筛选的工具

研究[96]等。

（6）甘蔗病害病原的分子检测、流行机制及致病性研究

通过对甘蔗叶灼病、黑穗病、枯萎病、红腐病、棕色锈病等病害病原的分析检测，分析病原的流行机制及致病机理，为甘蔗病害的诊断防控及抗病品种选育提供参考。相关研究有：中国甘蔗叶灼病原白线黄单胞菌的分子检测及流行机制[97]；基于环介导等温扩增法的甘蔗孢囊菌快速灵敏检测[98]；一种新发现的可引起枯萎病和波卡鲍病的甘蔗镰刀菌流行病学研究[99]；黑色素在甘蔗红腐病致病性炭疽病发病机理中的作用研究[100]；硅对甘蔗中棕色锈病的潜在预防作用研究[101]等。

（7）甘蔗汁品质特性及贮藏保鲜工艺研究

通过研究微波、超声波、高压、冷藏等条件下甘蔗汁的品质特性贮藏保鲜工艺，以保持甘蔗汁质量。相关研究有：微波和超声波联合处理对甘蔗汁冷藏品质和稳定性的影响研究[102]；非热障碍对提高甘蔗汁货架期的影响作用研究[103]；高压处理对甘蔗汁营养及保质期的影响作用研究[104]；臭氧氧化参数对甘蔗汁营养和微生物质量的影响研究[105]；冷藏标准化甘蔗汁的货架期研究[106]；高压处理对甘蔗汁褐变及生物活性成分的影响[107]等。

（8）基于遥感、机器视觉等技术的甘蔗种植面积监测、生物量及产量估测技术研究

利用无人机、卫星、高光谱、多光谱等遥感技术获取甘蔗的面积及生长状况信息，以实现甘蔗种植面积监测、疾病定位、生物量及产量预测等，为种植者的生产决策提供参考。相关研究有：基于点云结构和无人机系统的甘蔗高度估算[108]；基于无人机图像的甘蔗种植质量图绘制技术研究[109]；利用无人机获得的 RGB 图像评估和预测甘蔗产量的潜力研究[110]；基于高光谱图像的甘蔗花叶病毒定位研究[111]；基于 UAV LiDAR 和多光谱成像的甘蔗生物量和叶片含氮量精细预测[112]等。

3.2 咖　啡

3.2.1 研究重点

全球咖啡基础研究领域已累计发表 13 177 篇论文，本研究统计了其一级、二级主题的论文量、排名及与全球热带作物基础研究领域的排名对比情况（表 3-3）。

表3-3　全球咖啡基础研究领域一级及二级主题论文量及排名

一级主题	热带作物		咖啡			二级主题	热带作物		咖啡		
	论文量（篇）	排名	论文量（篇）	排名	排名对比		论文量（篇）	排名	论文量（篇）	排名	排名对比
种质资源与遗传育种	56 695	3	4 273	3	—	种质资源抗病性及改良创新	24 460	5	1 471	11	↓↓↓↓↓↓
						种质资源抗逆性及改良创新	28 160	4	1 668	8	↓↓↓↓
						育种技术与遗传多样性分析	23 385	6	2 035	7	↓
						转基因育种及植株再生技术	6 325	14	412	13	↑
生长调控与田间管理	58 517	2	5 142	2	—	生态环境及生物多样性分析	18 760	11	2 317	5	↑↑↑↑↑↑
						生长机理及栽培技术	37 718	2	2 932	4	↓↓
						病虫草害防控技术	20 579	9	1 530	10	↓
贮藏加工与功能成分	69 043	1	7 730	1	—	功能成分提取测定及其生物活性	31 566	3	3 788	3	—
						功能成分的营养保健作用	21 461	8	3 991	2	↑↑↑↑↑↑
						淀粉制备及其品质特性分析	15 282	12	0		
						贮藏保鲜及食品加工技术	44 217	1	4 399	1	—
副产品开发与综合利用	39 557	4	3 380	4	—	复合材料制备及利用	22 862	7	2 300	6	↑
						生物燃料开发及利用	19 921	10	1 547	9	↑
						饲料产品开发及利用	7 235	13	478	12	↑

注：由于各主题之间有交叉研究，因此会出现一级主题总论文量多于领域总论文量，二级主题总论文量多于一级主题总论文量的现象。

从一级主题来看，全球咖啡基础研究领域在贮藏加工与功能成分领域的相关研究最多，其次是生长调控与田间管理、种质资源与遗传育种，而在副产品开发与综合利用领域的相关研究较少；4 个主题在全球咖啡基础研究领域的排名分布与全球热带作物基础研究领域保持一致。

从二级主题来看，全球咖啡基础研究领域侧重贮藏保鲜及食品加工技术、功能成分的营养保健作用、功能成分提取测定及其生物活性等方向的研究，且论文量远超其他研究方向；其次是生长机理及栽培技术、生态环境及生物多样性分析、复合材料制备及利用、育种技术与遗传多样性分析等方向，而在饲料产品开发及利用、转基因育种及植株再生技术等方向的相关研究较少。对比全球热带作物基础研究领域发现，咖啡领域在功能成分的营养保健作用、生态环境及生物多样性分析等方向具有研究优势；而在种质资源抗病性及改良创新、种质资源抗逆性及改良创新等方向的研究相对较弱，还需要进一步加强关注。

重点方向的主要研究内容如下。

（1）贮藏保鲜及食品加工技术

主要基于烘焙、固相萃取、酿造、辐射等加工工艺开展咖啡粉、巧克力、红酒、牛奶等食品的制备技术；利用光谱法、化学成分检测、感官评价、轮廓分析等方法对咖啡及其加工产品品质进行评价分析；基于质谱法、色谱法等技术对咖啡豆挥发性芳香化合物进行测定与分析；咖啡中赭曲霉毒素、黄曲霉毒素的测定与分析技术等研究。

（2）功能成分的营养保健作用

研究咖啡因等功能成分摄入对老人、青少年、男人、女人等各个群体的健康影响，适量的咖啡因摄入会对心血管疾病、肥胖症、糖尿病、冠心病、高血压、心肌梗死、乳腺癌、结直肠癌、高血脂、动脉粥样硬化等疾病有抑制及缓解作用，过度摄入咖啡因则会危害健康。

（3）功能成分提取测定及其生物活性

通过液相色谱法等方法对咖啡豆、咖啡银皮中含有的绿原酸、多酚、咖啡酸、葫芦巴碱、咖啡白脂、茶碱、儿茶素、阿魏酸、肉桂酸酯等功能成分进行提取与测定；并对咖啡提取物的抗氧化性、抗菌性、抗炎性、抗癌性等生物活性及其在人体或动物氧化应激、细胞凋亡、脂质过氧化等方面的作用及生物可用度进行研究。

（4）生长机理及栽培技术

主要研究土壤条件、施肥、灌溉、种植密度、碳氮营养、耕作方式等外部环境变化及栽培措施对咖啡光合作用、气体交换、蒸腾量、叶绿素荧光、水利用效率等生长发育机理及产量的影响。例如，研究开发叶绿素计来测量叶绿素指数，可调整发育周期中的施肥量，为咖啡肥料管理提供指导。

（5）生态环境及生物多样性分析

开展咖啡种植园气候变化、土地利用、生物量、养分对咖啡及其微生物群落度等多样性的影响研究，以及咖啡与蚂蚁、鸟类、蜜蜂、树木等生物的相互影响、相互作用研究；围绕咖啡生产的集约化、标准化、多样化及商业化等种植与经济模式开展研究，并对咖啡种植者收入、生计及对经济政策的态度等方面进行研究；围绕公平交易、消费者需求、价格、政策等方面对咖啡经济贸易进行分析等。

（6）复合材料制备及利用

利用咖啡渣等废弃物通过活化等技术制备活性炭等生物吸附剂，研究其对废水、污水污泥、重金属、农药、染料、亚甲基蓝、苯酚、水杨酸等的吸附及去除性能。

（7）育种技术与遗传多样性分析

主要利用种内杂交、种间杂交、原位杂交、渐渗杂交等技术实现咖啡新品种的选育；利用基因组、序列分析、微卫星标记、基因克隆、RAPD 标记等分子育种技术进行咖啡基因的定位、识别、表达、测序、克隆与分析，实现咖啡种质资源的创制与改良；利用分子标记等技术开展咖啡种质资源的遗传多样性、多态性及系统进化分析，以辅助咖啡育种工作的顺利开展。

3.2.2 研究趋势分析

本研究统计了 1991—2020 年全球咖啡基础研究领域一级主题论文量及一级、二级主题论文量占比随时间的发展变化趋势（图 3-3 和图 3-4）。

从一级主题来看，全球咖啡基础研究领域 4 个主题领域的研究趋势基本一致，总体呈波动上升趋势。对比发现，贮藏加工与功能成分的论文量及其占比始终排在首位，但论文量占比波动下降，近年来稳定在 37% 左右；1991—2008 年种质资源与遗传育种、生长调控与田间管理的论文量相当，论文量占比交叉波动，但 2009 年

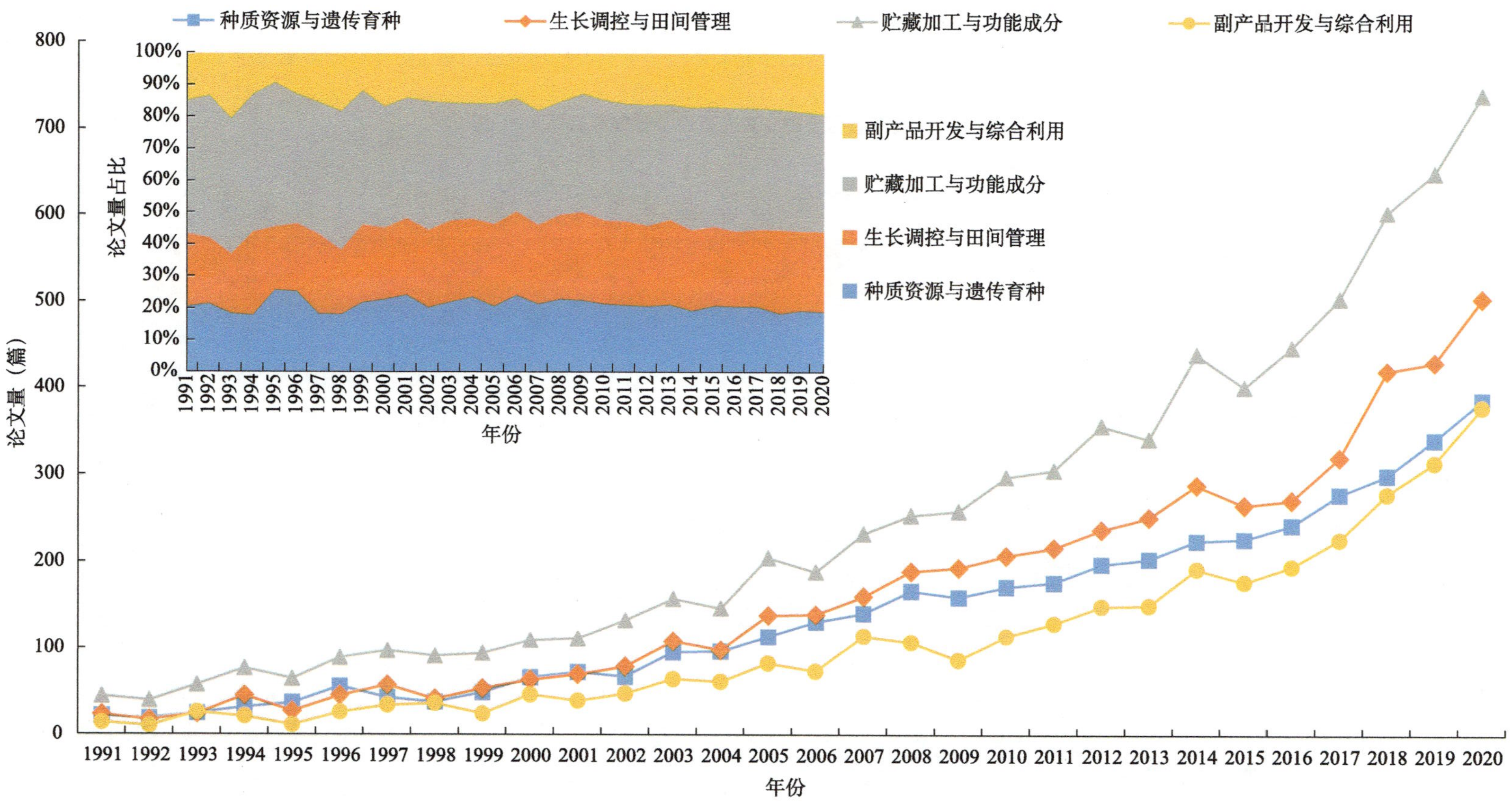

图 3-3　全球咖啡基础研究领域一级主题论文量及占比年度变化

注：主题论文量变化（堆积面积）图中某一颜色的高度越高，代表该颜色对应主题在当年的论文量占比越高；高度越低，代表该颜色对应主题在当年的论文量占比越低。

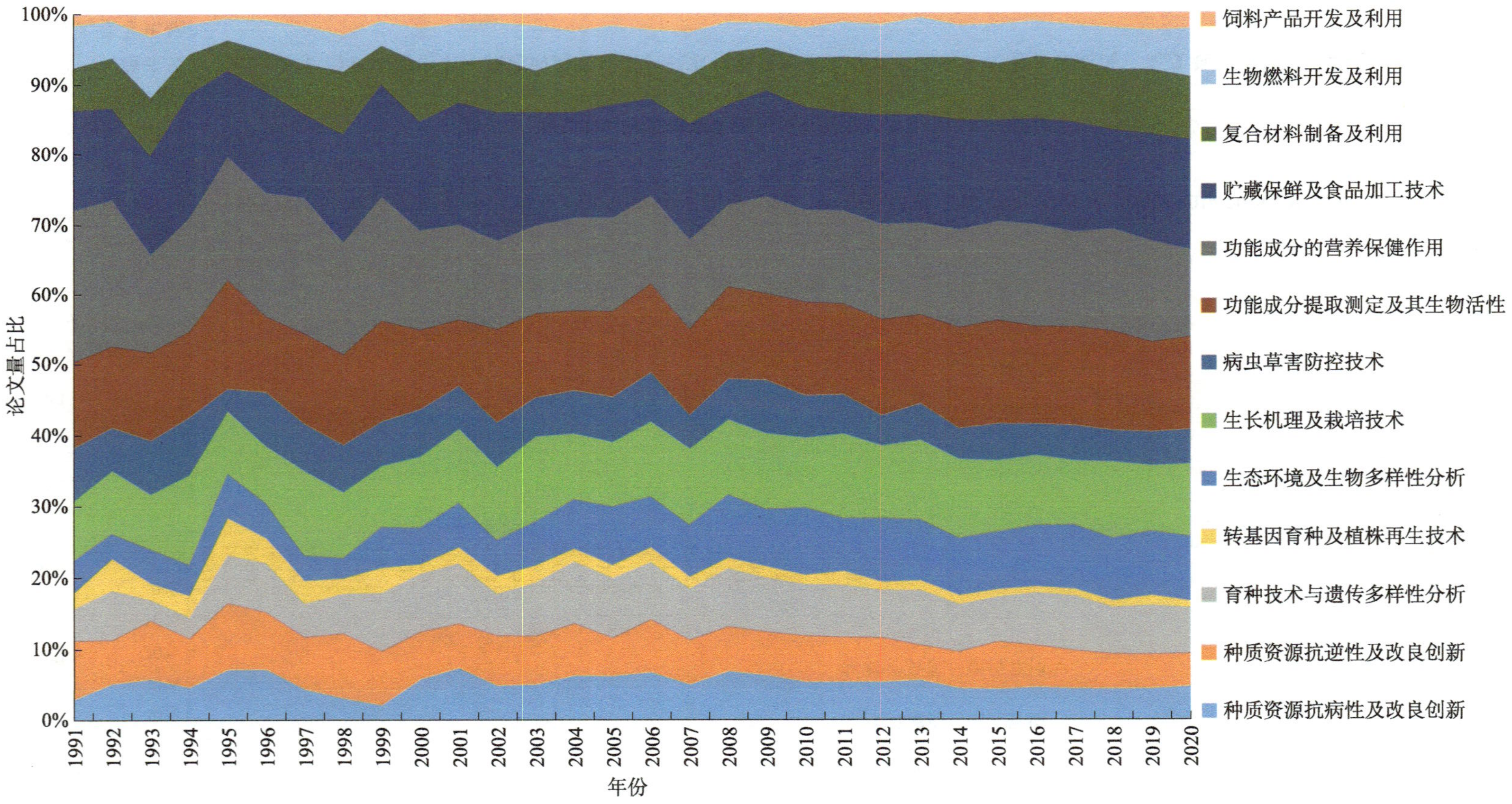

图 3-4　全球咖啡基础研究领域二级主题论文量占比年度变化

注：主题论文量变化（堆积面积）图中某一颜色的高度越高，代表该颜色对应主题在当年的论文量占比越高；高度越低，代表该颜色对应主题在当年的论文量占比越低。

至今生长调控与田间管理的论文量占比波动上升，种质资源与遗传育种的论文量占比波动下降，生长调控与田间管理的论文量稳居第二位；副产品开发与综合利用的论文量排在末位，但论文量占比逐年波动上升，近年来论文量及其占比已基本与种质资源与遗传育种持平。可见，近年来副产品开发与综合利用、生长调控与田间管理的研究热度逐年上升，贮藏加工与功能成分、种质资源与遗传育种的研究热度有所下降，贮藏加工与功能成分成为全球咖啡基础研究领域的热点研究领域。

从二级主题来看，二级主题的论文量均呈现逐年增多的趋势，其中贮藏保鲜及食品加工技术、功能成分提取测定及其生物活性、功能成分的营养保健作用的论文量及其占比基本排在前三位，三者均是全球咖啡基础研究领域的热点研究方向。对比发现，近年来有如下趋势：①生态环境及生物多样性分析的研究热度上升最明显，其次是复合材料制备及利用、育种技术与遗传多样性分析、生长机理及栽培技术、种质资源抗病性及改良创新，贮藏保鲜及食品加工技术、功能成分提取测定及其生物活性的研究热度略有上升；②功能成分的营养保健作用的研究热度下降最明显，其次是种质资源抗逆性及改良创新、病虫草害防控技术，转基因育种及植株再生技术的研究热度略有上升；③生物燃料开发及利用、饲料产品开发及利用的研究热度相对稳定。

3.2.3 研究前沿识别

本研究利用 DDA 的 Emerging Indicators 指标识别全球咖啡基础研究领域的新兴主题词（表 3-4），通过解读新兴主题词，发现全球咖啡基础研究领域的研究前沿如下。

（1）气候变化对咖啡生长机理、咖啡行业的影响及应对措施研究

主要研究 CO_2 浓度、温度等气候变化对咖啡生长机理、咖啡行业等的影响，并通过构建农林系统、间作模式等减轻气候变化对咖啡生长的影响。相关研究有：高 CO_2 浓度和温度对热带咖啡的光合作用、生理生化的影响研究[113]；高 CO_2 条件下咖啡对热胁迫的保护反应机制研究[114]；使用生物气候模拟方法了解和量化气候变化对津巴布韦咖啡行业的潜在影响[115]；埃塞俄比亚咖啡行业及其对气候适应力的多尺度检验研究[116]；构建农林系统以减轻气候变化对咖啡生产的影响[117]；咖啡与棕榈树间作以减轻气候变化的影响[118]等。

表3-4　全球咖啡基础研究领域新兴主题词

关键词英文	关键词中文	Emerging Indicators
Climate Change	气候变化	18.340
By-Products	副产品	14.380
Bioactive Compounds	生物活性物质	8.935
Starter Cultures	发酵剂培养	5.718
Smallholder Farmers	小农	5.654
Deep Eutectic Solvents	深共熔溶剂	3.544
Coffee Silverskin	咖啡银皮	3.483
Biochar	生物炭	3.332
Solid-Liquid Extraction	固液萃取	3.084
LC-MS/MS	液相色谱—串联质谱	2.861
Sensory Properties	感官特性	2.834
Intensification	集约化	2.698
Acetic-Acid	乙酸	2.637
pH	pH 值	2.470
Ultrasonic-Assisted Extraction	超声波辅助提取	2.145
Disease Management	病害治理	2.080
Pretreatment	预处理	2.047
Porous Carbon	多孔碳	1.999
Electronic Tongue	电子舌	1.865
Water-Treatment	水处理	1.800
Lactic-Acid Bacteria	乳酸菌	1.783

注：Emerging Indicators 值越高，代表该主题词所在研究方向的新颖性越高。

（2）咖啡中功能成分的提取、测定及其生物活性研究

通过研究咖啡豆中绿原酸、咖啡因、酚类化合物等功能成分的提取、测定技术及其抗氧化性等生物活性，以提高咖啡的营养、药理及应用价值。相关研究有：基于快速 HPLC-UV 法的咖啡豆提取物中绿原酸的测定研究[119]；利用 HPLC-ESI-MS/MS 开展不同产地生咖啡豆绿原酸和咖啡因含量及抗氧化能力的定量分析[120]；评估哥伦比亚商用咖啡抗氧化能力、总酚类、呋喃化合物及其对 Caco-2 细胞的细胞保护 / 细胞毒性作用研究[121]；对源自巴西的有机咖啡和传统咖啡中生物活性物质的

含量进行比较评估[122]；水热工艺对生咖啡豆中生物活性成分提取的影响研究[123]；基于低共熔溶剂的液相微萃取，采用 HPLC-UV 法测定土耳其咖啡样品中的咖啡因[124]等。

（3）咖啡豆发酵及加工工艺研究

咖啡加工需要经过微生物发酵来改善咖啡的风味和香气，通过研究微生物、酵母、加工技术对咖啡豆发酵、品质、香气、微生物等的影响，以实现咖啡的高产高效高品质生产。相关研究有：探讨采后加工对绿咖啡豆生产过程中微生物群和代谢产物的影响[125]；探索采后加工对咖啡豆香气形成的影响[126]；微生物在咖啡发酵中的作用及其对咖啡品质的影响[127]；酵母在咖啡豆湿发酵和品质中的关键作用[128]；半干咖啡发酵过程中接种酵母的行为及其对最终饮料化学和感官特性的影响[129]等。

（4）咖啡—小农—农林系统—经济的相互作用研究

通过研究咖啡农林系统、农民及生产商的行为及适应能力、经济效益等之间的相互作用，为咖啡小农生产、经营、农林系统构建等提供对策建议，以改善农民的生计并保护生物多样性。相关研究有：咖啡农民合作社成员资格的决定因素和经济影响[130]；秘鲁小型咖啡系统经济绩效的影响因素研究[131]；当地咖啡市场中农民的营销偏好研究[132]；尼加拉瓜咖啡生产商对气候变化的脆弱性和适应能力研究[133]；小农—咖啡—农林系统景观—社会相互作用研究[134]等。

（5）咖啡银皮的开发与利用技术研究

通过开展咖啡银皮功能成分的提取、测定、生物活性及营养保健研究，并利用咖啡银皮开发纳米复合膜、乙醇、吸附剂等材料产品，以提高咖啡银皮的利用价值。相关研究有：咖啡银皮纤维素纳米晶增强聚乳酸纳米复合膜的研制[135]；基于温和水热预处理的废咖啡渣和银皮中多酚分离技术研究[136]；咖啡银皮提取物可防止氧化剂引起的加速老化[137]；咖啡银皮替代脂肪对蛋糕理化及感官品质的影响[138]；咖啡银皮在生物丁醇生产中的利用研究[139]；咖啡银皮在水体修复中的可持续利用研究[140]；基于新型 HPLC-MS/MS 方法定量测定咖啡银皮生物活性物质及其抗氧化和抗菌活性评价[141]等。

（6）咖啡渣等副产物生物炭制备技术及其吸附作用研究

通过研究基于咖啡渣的生物炭制备关键技术及其对污水、染料、重金属、空气、抗生素等的吸附作用，以提高生物炭的产量、质量及利用价值。相关研究有：利用海藻酸钙包埋法制备咖啡渣颗粒活性炭以吸附酸性橙 7 和亚甲基蓝[142]；利用 $FeCl_3$ 预处理废咖啡渣热解制备磁性生物炭以吸附 As[143]；将咖啡渣转化为生物炭吸附剂以进行 CO_2 吸附[144]；热解温度对废咖啡渣中生物炭的多环芳烃生成及四环素吸附行为的影响[145]；基于废咖啡渣的生物炭和水炭的表征及其对磺胺类抗生素的吸附性能[146]等。

（7）咖啡品质评价技术研究

通过研究咖啡营养成分、感官特性、香气成分等检测与评价的关键技术，以实现对咖啡产品的品质鉴别与质量控制。相关研究有：利用化学计量和感官评价方法对比 3 种咖啡与香气和风味有关的化学信息[147]；产品温度对咖啡和绿茶饮料的情绪反应和感官属性的影响[148]；便携式近红外光谱技术在巴西咖啡质量控制中的应用[149]；基于电子鼻舌结合化学计量学的中国罗布斯塔咖啡品种鉴别技术研究[150]；干燥法与电子鼻、电子舌、HS-SPME-GC-MS 检测法对烘焙咖啡豆挥发性成分和风味的比较评价[151]等。

（8）咖啡叶锈病的防治技术研究

咖啡叶锈病是为害咖啡的主要病害，通过研究咖啡叶锈病的致病机理、影响因素、防控技术等，以减轻咖啡叶锈病的为害程度，促进咖啡的生长发育。相关研究有：亚磷酸盐防治咖啡叶锈病的影响因素[152]；基于气象条件的咖啡叶锈病化学防治预报系统的性能研究[153]；气候变化对咖啡锈病早期发展的影响[154]等。

3.3 香 蕉

3.3.1 研究重点

全球香蕉基础研究领域已累计发表 8 826 篇论文，本研究统计了其一级、二级主题的论文量、排名及与全球热带作物基础研究领域的排名对比情况（表 3-5）。

从一级主题来看，全球香蕉基础研究领域在贮藏加工与功能成分领域的相关研究最多，其次是种质资源与遗传育种、生长调控与田间管理，而在副产品开发与综合利用领域的相关研究相对较少；4 个主题在全球香蕉基础研究领域的排名分布与全球热带作物基础研究领域相差不大。

从二级主题来看，全球香蕉基础研究领域侧重贮藏保鲜及食品加工技术、生长机理及栽培技术等方向的研究；其次是种质资源抗病性及改良创新、种质资源抗逆性及改良创新、育种技术与遗传多样性分析等方向，而在饲料产品开发及利用等方向的相关研究较少。对比全球热带作物基础研究领域发现，香蕉领域在淀粉制备及其品质特性分析、种质资源抗病性及改良创新等方向具有研究优势；而在功能成分提取测定及其生物活性、功能成分的营养保健作用等方向的研究较弱。

重点方向的主要研究内容如下。

（1）贮藏保鲜及食品加工技术

对香蕉的成熟机理及采后香蕉的硬度、颜色、果肉、营养成分、香气、口味等品质及感官特性进行评估与研究；利用气调贮藏、可食涂膜包衣、真空包装、冷冻贮藏等多种手段开展香蕉贮藏保鲜研究；借助干燥、脱水、辐射、微波、超声波等加工工艺进行香蕉干、香蕉汁、牛奶、果胶、酸奶、面包等食品的开发与利用；利用主成分分析、感官评价、轮廓分析、光谱法、质谱—色谱法等技术对加工食品的品质进行研究。

（2）生长机理及栽培技术

围绕香蕉的生长发育、产量及品质，通过对香蕉生长过程中的土壤环境、水肥

表3-5 全球香蕉基础研究领域一级及二级主题论文量及排名

一级主题	热带作物		香蕉			二级主题	热带作物		香蕉		
	论文量（篇）	排名	论文量（篇）	排名	排名对比		论文量（篇）	排名	论文量（篇）	排名	排名对比
种质资源与遗传育种	56 695	3	4 281	1	↑↑	种质资源抗病性及改良创新	24 460	5	2 069	3	↑↑
						种质资源抗逆性及改良创新	28 160	4	1 946	4	—
						育种技术与遗传多样性分析	23 385	6	1 826	5	↑
						转基因育种及植株再生技术	6 325	14	721	13	↑
生长调控与田间管理	58 517	2	3 592	3	↓	生态环境及生物多样性分析	18 760	11	1 105	11	—
						生长机理及栽培技术	37 718	2	2 282	2	—
						病虫草害防控技术	20 579	9	1 206	8	↑
贮藏加工与功能成分	69 043	1	4 281	1	—	功能成分提取测定及其生物活性	31 566	3	1 590	6	↓↓↓
						功能成分的营养保健作用	21 461	8	926	12	↓↓↓↓
						淀粉制备及其品质特性分析	15 282	12	1 202	9	↑↑↑
						贮藏保鲜及食品加工技术	44 217	1	2 937	1	—
副产品开发与综合利用	39 557	4	2 551	4	—	复合材料制备及利用	22 862	7	1 579	7	—
						生物燃料开发及利用	19 921	10	1 188	10	—
						饲料产品开发及利用	7 235	13	416	14	↓

注：由于各主题之间有交叉研究，因此会出现一级主题总论文量多于领域总论文量，二级主题总论文量多于一级主题总论文量的现象。

条件、气候环境、耕作制度、土地覆盖、农药施用、除草、光照和温度等诸多因素进行研究，为构建适合香蕉生长的农业生态环境提供指导，从而促进香蕉的生长发育，提高香蕉的产量与品质。

（3）种质资源抗病性及改良创新

枯萎病、黑叶斑病、条斑病、巴拿马疾病、炭疽病、束顶病、烂根病、青枯病等疾病是为害香蕉的主要疾病。主要开展香蕉主要疾病的感染、传播、致病机理及诊断防控；抗病性种质资源的引进、选育、评价、改良与创制等研究；利用微生物对香蕉进行接种及定植研究，以促进香蕉的生长发育及病虫害防控等。

（4）种质资源抗逆性及改良创新

盐胁迫、干旱胁迫、冷胁迫等非生物胁迫对香蕉根茎生长、果实生长、蛋白质积累、果实成熟等生长发育的影响机理研究；香蕉对非生物胁迫的生理生化、分子机制等研究；耐逆性种质资源的引进、选育、评价研究；基于基因表达、拟南芥、转录组、诱变育种等技术开展耐逆性品种的改良及创制等。

（5）育种技术与遗传多样性分析

主要利用种间杂交、原位杂交等杂交育种技术实现香蕉新品种的选育；利用基因组分析、序列分析、微卫星标记、RAPD 标记、AFLP 标记、RFLP 标记等分子育种技术开展香蕉不同组织的基因定位、表达与克隆等相关研究，以实现新品种创制与选育；利用分子标记、序列分析等技术开展香蕉种质资源的遗传多样性、系统进化分析，以实现香蕉种质资源的收集、评估与创制，为香蕉育种技术提供理论依据。

（6）功能成分提取测定及其生物活性

围绕从香蕉果肉、果皮等部位提取的多酚、类胡萝卜素、花青素、β-胡萝卜素、维生素 A、多巴胺等功能成分，利用色谱法、质谱法、液相色谱—串联质谱、光谱法等方法对其进行提取、测定与分析；另外，对其抗氧化性、清除自由基活性等生物活性及其对体外氧化应激、细胞凋亡、脂质过氧化、DNA 损伤等的调节作用进行了研究。

（7）复合材料制备及利用

对香蕉果皮等废弃物进行炭化等处理后制备活性炭等生物吸附剂，用于废水、重金属、染料、农药残留、亚甲基蓝等的吸附与去除；对香蕉秸秆等副产物中的纤维素、木质素进行分离、提取与测定研究，并开展胶纳米粒子、纳米纤维素、碳纳米管、纳米晶等复合材料的制备技术研究等。

3.3.2 研究趋势分析

本研究统计了 1991—2020 年全球香蕉基础研究领域一级主题论文量及一级、二级主题论文量占比随时间的发展变化趋势（图 3-5 和图 3-6）。

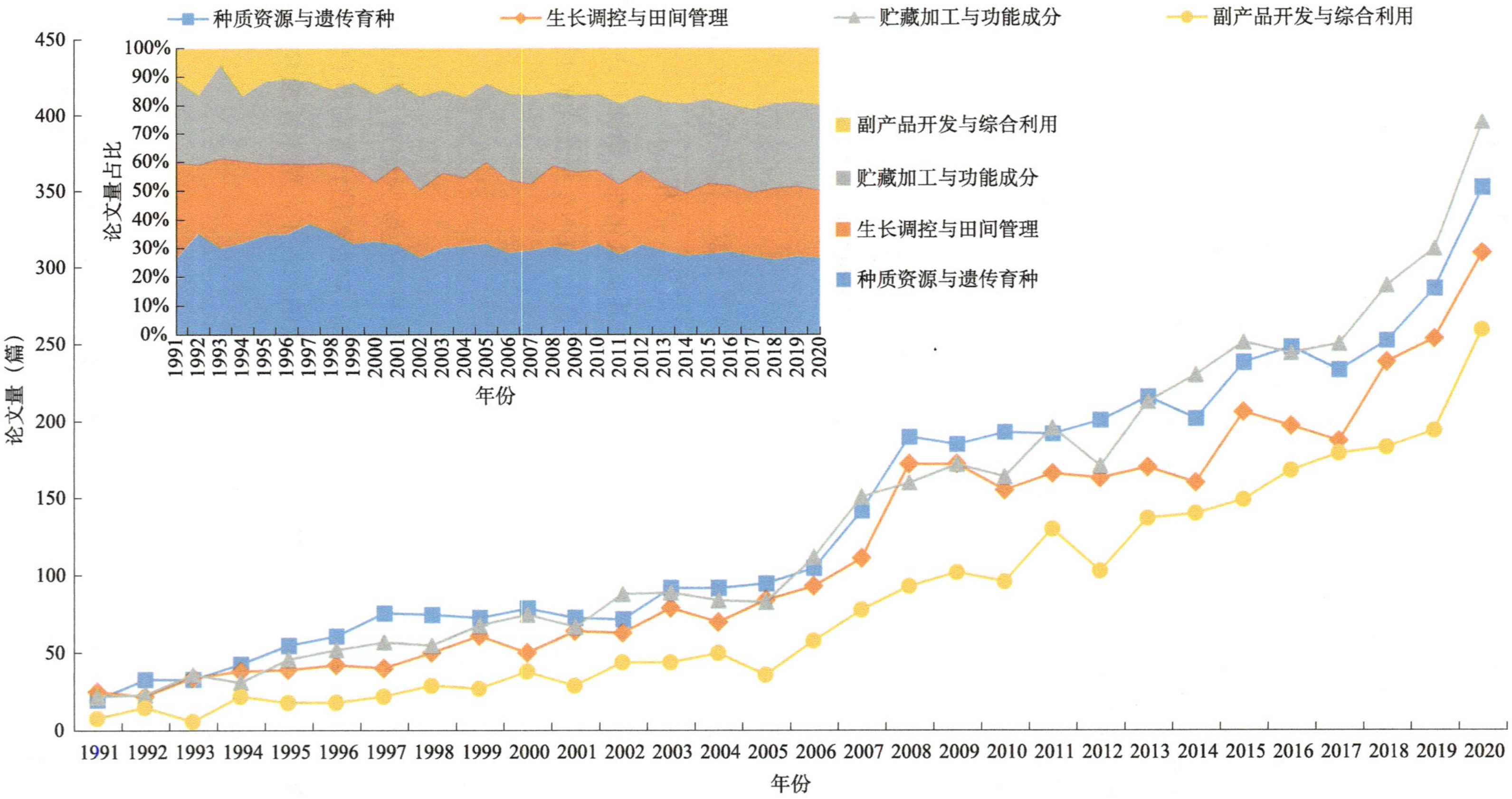

图 3-5　全球香蕉基础研究领域一级主题论文量及占比年度变化

注：主题论文量变化（堆积面积）图中某一颜色的高度越高，代表该颜色对应主题在当年的论文量占比越高；高度越低，代表该颜色对应主题在当年的论文量占比越低。

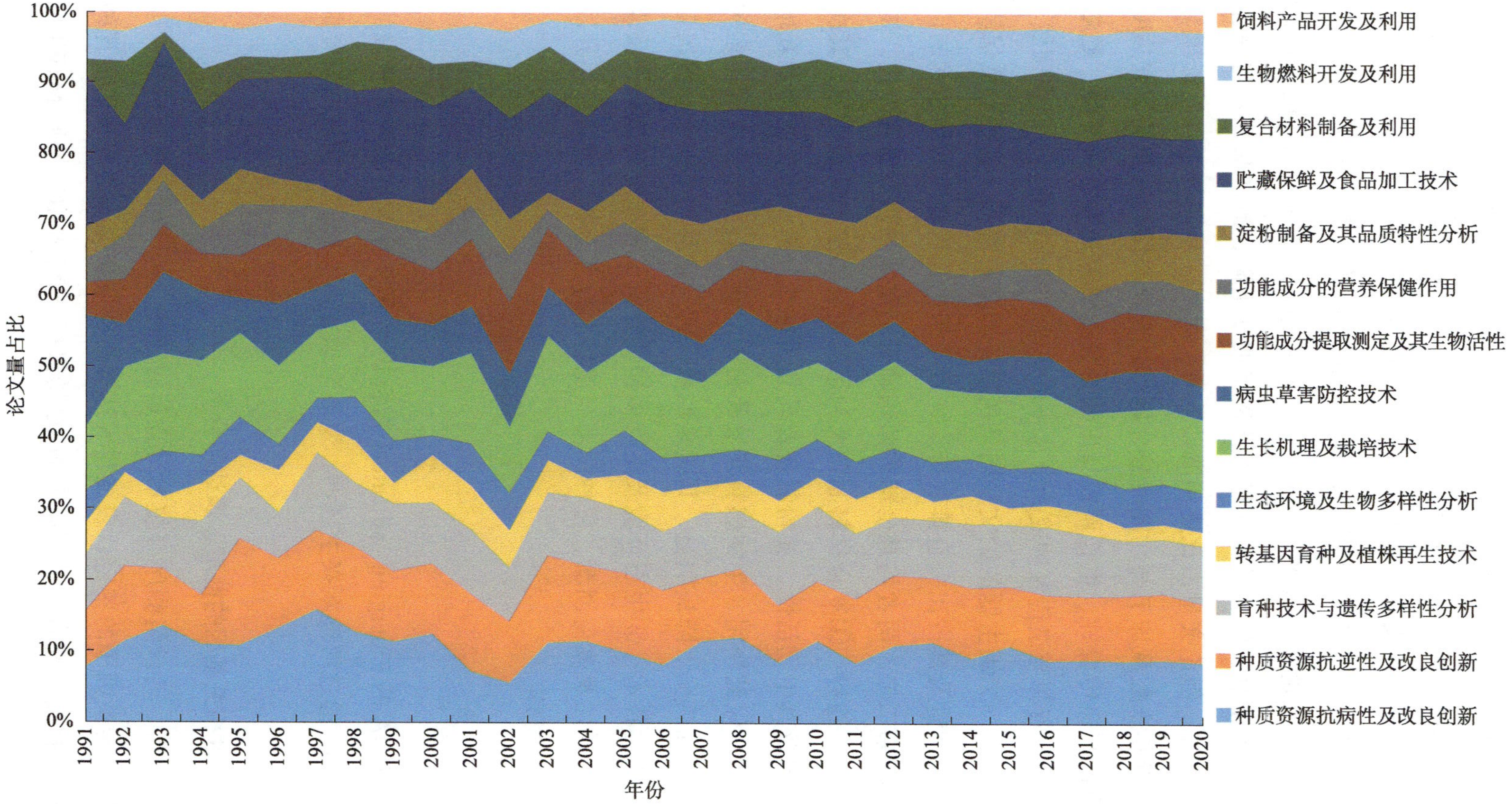

图 3-6 全球香蕉基础研究领域二级主题论文量占比年度变化

注：主题论文量变化（堆积面积）图中某一颜色的高度越高，代表该颜色对应主题在当年的论文量占比越高；高度越低，代表该颜色对应主题在当年的论文量占比越低。

从一级主题来看，全球香蕉基础研究领域4个主题领域的研究趋势基本一致，总体呈波动上升趋势。对比发现，1991—2015年种质资源与遗传育种的论文量及其占比基本排在首位，但论文量占比呈现先升后逐年波动下降趋势，近年来稳定在27%左右；1991—2015年贮藏加工与功能成分的论文量及其占比排在第二位，但2015年之后跃居首位且论文量占比呈逐年波动上升趋势；生长调控与田间管理的论文量及其占比基本排在第三位，且论文量占比逐年波动下降；副产品开发与综合利用的论文量排在末位，但论文量占比逐年波动上升。可见，早期侧重种质资源与遗传育种的研究，近年来贮藏加工与功能成分、副产品开发与综合利用的研究热度逐年上升，种质资源与遗传育种、生长调控与田间管理的研究热度有所下降，贮藏加工与功能成分、种质资源与遗传育种成为全球香蕉基础研究领域的热点研究领域。

从二级主题来看，二级主题的论文量均呈现逐年增多的趋势，其中贮藏保鲜及食品加工技术的论文量及其占比一直排在首位，近年来生长机理及栽培技术的论文量及占比已稳定在第二位，两者均是全球香蕉基础研究领域的热点研究方向。对比发现，近年来有如下趋势：①复合材料制备及利用的研究热度上升最明显，其次是功能成分提取测定及其生物活性、淀粉制备及其品质特性分析，生长机理及栽培技术、功能成分的营养保健作用、生物燃料开发及利用的研究热度略有上升；②病虫草害防控技术的研究热度下降最明显，其次是贮藏保鲜及食品加工技术，再次是转基因育种及植株再生技术；③生态环境及生物多样性分析、种质资源抗病性及改良创新、种质资源抗逆性及改良创新、育种技术与遗传多样性分析、饲料产品开发及利用的研究热度相对稳定。

3.3.3 研究前沿识别

本研究利用DDA的Emerging Indicators指标识别全球香蕉基础研究领域的新兴主题词（表3-6），通过解读新兴主题词，发现全球香蕉基础研究领域的研究前沿如下。

（1）香蕉特异性相关基因的鉴定、表达与分析

通过基因组分析、转录组测序等技术对香蕉耐逆性、抗病性、果实成熟、生长发育等相关基因及转录因子的鉴定、表征与表达分析开展研究，为香蕉遗传育种技术提供候选基因。相关研究有：香蕉果实NAC转录因子MaNAC5协同MaWRKYs

表3-6 全球香蕉基础研究领域新兴主题词

关键词英文	关键词中文	Emerging Indicators
Transcription Factor	转录因子	9.563
Lignocellulosic Biomass	木质纤维素生物量	4.543
Fusarium oxysporum	尖孢镰刀菌	4.477
Tropical Race 4	热带 4 号生理小种	4.030
Anaerobic Digestion	厌氧消化	3.916
Water-Use Efficiency	水分利用效率	2.940
Bioactive Compounds	生物活性物质	2.885
By-Products	副产品	2.806
Methane Production	甲烷产量	2.790
Drought Stress	干旱胁迫	2.731
Bioavailability	生物利用度	2.688
Transcriptome	转录组	2.643
Rheological Properties	流变性	2.547
Wilt Disease	枯萎病	2.511
Gas-Exchange	气体交换	2.471
Biochar	生物炭	2.405
Sewage Sludge	污水污泥	2.076
Iron	铁	2.003
Banana Peel Extract	香蕉皮提取物	1.969
Transcription	转录	1.916
Gene Identification	基因鉴定	1.855
Markers	标记	1.813

注：Emerging Indicators 值越高，代表该主题词所在研究方向的新颖性越高。

增强炭疽病菌致病相关基因的表达[155]；解析香蕉基因组以分析抗逆性、矮化、单性结实和果实成熟机制[156]；MpMYBS3 作为冷信号转导的关键转录因子赋予香蕉耐寒性[157]；利用高通量测序技术鉴定香蕉果实乙烯反应性 miRNAs 及其靶点[158]；与香蕉果实成熟相关的 NF-Y 基因家族的全基因组鉴定、表征和表达分析[159]；干旱胁迫下香蕉钙调素结合转录激活因子基因的全基因组鉴定及表达分析[160]；基于比较转录组分析揭示香蕉枯萎病抗性相关基因和途径[161]等。

（2）香蕉枯萎病的致病机理、抗病育种及综合防控技术研究

主要研究香蕉枯萎病病原的入侵感染机制、转录组分析、抗病性育种、综合防控措施等，以减轻香蕉枯萎病的为害程度，促进香蕉的生长发育。相关研究有：香蕉枯萎病生物防治剂研制[162]；利用综合农业策略抑制因土壤微生物群落重建引起的香蕉枯萎病[163]；不同碳源诱导的香蕉尖孢镰刀菌 1 号小种和 4 号小种的比较转录组学分析[164]；香蕉园线虫、尖孢镰刀菌的发生及其与土壤因子的关系[165]；尖孢镰刀菌 TR4 对香蕉的入侵机制研究[166]；利用遗传转化技术在香蕉中构建抗尖孢镰刀菌拮抗菌基因[167]等。

（3）基于香蕉副产物的沼气、乙醇、氢气等生物燃料制备工艺研究

通过研究香蕉皮、香蕉纤维素等副产物制备沼气、乙醇、氢气过程中的预处理技术、厌氧消化等生物炼制关键技术，以提高香蕉副产物的经济利用价值。相关研究有：香蕉皮生物炼制沼气的技术经济与环境评价[168]；生物乙醇生产中香蕉皮理化预处理方法的比较研究[169]；利用 Box-Behnken 设计优化香蕉皮废粉（BPPW）的糖释放，并将 BPPW 转化为生物氢[170]；基于蒸汽预处理 + 厌氧消化的香蕉木质纤维素沼气产量提高研究[171]；热水和碱性预处理对香蕉假茎纤维素乙醇生产的影响研究[172]等。

（4）香蕉中功能成分的提取、测定及其生物活性研究

通过研究香蕉中酚类化合物、类胡萝卜素等功能成分的提取、测定技术及其抗氧化性等生物活性，以提高香蕉的药理及应用价值。相关研究有：香蕉皮中的酚类化合物及其潜在应用[173]；均质机辅助香蕉皮中总酚提取工艺的优化[174]；香蕉皮类胡萝卜素含量在其成熟阶段的变化及其提取技术研究[175]；纸喷雾质谱法测定香蕉皮粉的化学组成及其理化和抗氧化性能评价[176]等。

（5）香蕉淀粉制备技术、品质特性及加工利用研究

通过研究香蕉淀粉的制备工艺、流变性等品质特性，以及面粉、面团、面包等面食的制备技术，以实现甘薯淀粉的增值开发与利用。相关研究有：香蕉果肉和果皮粉的生产、应用及保健效果研究[177]；富含 RS4 辛烯基琥珀酸的甘薯、香蕉和小扁豆淀粉的形态、结构和消化特性研究[178]；香蕉粉成熟过程中的理化及营养特性[179]；

香蕉预处理对其面粉及其与小麦粉复合物组成、流变学性质和烘焙品质的影响[180]；由果皮和果肉制成的全绿色香蕉粉对面团和面包流变学、质构和结构变化的影响研究[181]等。

（6）香蕉皮等副产物生物炭制备技术及其吸附作用研究

通过研究基于香蕉皮的生物炭制备关键技术及其对重金属、染料、废水等的吸附作用，以提高生物炭的产量、质量及利用价值。相关研究有：水热炭化法提取新鲜或脱水的香蕉皮以开发具有优良Pb（Ⅱ）吸附性能的生物炭[182]；香蕉果皮生物炭热解生产及其在棕榈油厂废水处理中的应用研究[183]；提高香蕉假茎生物炭低温吸附亚甲基蓝能力的改进方法研究[184]；煅烧香蕉皮磁性生物炭对 Cu^{2+}、Hg^{2+}、Zn^{2+} 离子的高吸附电位研究[185]等。

（7）香蕉高产高效栽培技术研究

通过研究肥料、灌溉技术、种植密度等栽培技术对香蕉生长机理及产量的影响，以提高香蕉的养分利用效率、水分利用效率、产量、品质等，从而实现香蕉的高产高效栽培。相关研究有：滴灌施肥对印度西孟加拉邦香蕉产量、水分利用效率和养分有效性的影响研究[186]；香蕉部分根区干灌条件下的土壤—水分—植物关系及产量研究[187]；氮钾肥对亚热带香蕉生长、产量、品质及养分利用效率的影响研究[188]；不同灌水间隔和灌水高度对香蕉生理和生产特性的影响研究[189]；灌溉水平、种植密度和修剪条件下对香蕉生长及产量的影响研究[190]等。

3.4 木 薯

3.4.1 研究重点

全球木薯基础研究领域已累计发表 8 800 篇论文，本研究统计了其一级、二级主题的论文量、排名及与全球热带作物基础研究领域的排名对比情况（表 3-7）。

从一级主题来看，全球木薯基础研究领域在贮藏加工与功能成分领域的相关研究最多，其次是生长调控与田间管理、种质资源与遗传育种，而在副产品开发与综合利用领域的相关研究相对较少；4 个主题在全球木薯基础研究领域的排名分布与全球热带作物基础研究领域一致。

从二级主题来看，全球木薯基础研究领域侧重生长机理及栽培技术、淀粉制备及其品质特性分析等方向的研究；其次是贮藏保鲜及食品加工技术、生物燃料开发及利用，再次是种质资源抗逆性及改良创新、育种技术与遗传多样性分析、复合材料制备及利用等方向，而在转基因育种及植株再生技术等方向的相关研究较少。对比全球热带作物基础研究领域发现，木薯领域在淀粉制备及其品质特性分析、生物燃料开发及利用等方向具有研究优势；而在功能成分提取测定及其生物活性、功能成分的营养保健作用、种质资源抗病性及改良创新等方向的研究较弱，还需要进一步加强关注。

重点方向的主要研究内容如下。

（1）生长机理及栽培技术

开展土壤环境、耕作制度、氮、碳、磷、肥料、水分、温度、湿度等环境因子及管理措施对木薯根系生长、光合作用、营养利用率、水分利用等生长发育机理、产量、品质的影响研究，并通过精确施肥、合理灌溉、杂草防治等栽培技术促进木薯的生产发育，提高木薯的产量和品质。

（2）淀粉制备及其品质特性分析

木薯淀粉及抗性淀粉、改性淀粉等的制备技术研究；木薯淀粉的糊化性、理化

表3-7 全球木薯基础研究领域一级及二级主题论文量及排名

一级主题	热带作物		木薯			二级主题	热带作物		木薯		
	论文量（篇）	排名	论文量（篇）	排名	排名对比		论文量（篇）	排名	论文量（篇）	排名	排名对比
种质资源与遗传育种	56 695	3	3 518	3	—	种质资源抗病性及改良创新	24 460	5	1 354	8	↓↓↓
						种质资源抗逆性及改良创新	28 160	4	1 661	5	↓
						育种技术与遗传多样性分析	23 385	6	1 596	6	—
						转基因育种及植株再生技术	6 325	14	391	14	—
生长调控与田间管理	58 517	2	3 797	2	—	生态环境及生物多样性分析	18 760	11	1 010	11	—
						生长机理及栽培技术	37 718	2	2 700	1	↑
						病虫草害防控技术	20 579	9	1 026	10	↓
贮藏加工与功能成分	69 043	1	4 451	1	—	功能成分提取测定及其生物活性	31 566	3	1 051	9	↓↓↓↓↓↓
						功能成分的营养保健作用	21 461	8	960	13	↓↓↓↓↓
						淀粉制备及其品质特性分析	15 282	12	2 596	2	↑↑↑↑↑↑↑↑↑↑
						贮藏保鲜及食品加工技术	44 217	1	2 273	3	↓↓
副产品开发与综合利用	39 557	4	3 432	4	—	复合材料制备及利用	22 862	7	1 528	7	—
						生物燃料开发及利用	19 921	10	1 983	4	↑↑↑↑↑↑
						饲料产品开发及利用	7 235	13	967	12	↑

注：由于各主题之间有交叉研究，因此会出现一级主题总论文量多于领域总论文量，二级主题总论文量多于一级主题总论文量的现象。

特性、流变性、机械性能、稳定性、结晶性、黏弹性、冻融稳定性等品质特性及直链淀粉、支链淀粉等结构特征研究；研究添加黄原胶、水胶体、糖类等对木薯淀粉特性及结构的影响研究等。

（3）贮藏保鲜及食品加工技术

对木薯的成分、抗菌性、营养价值等品质及感官特性进行评估与研究；木薯贮藏温度、湿度等影响因素分析、贮藏保鲜技术研究；利用挤压、发酵、烘烤、蒸煮等加工工艺开展面粉、面包、面团、饼干、芋圆等食品的制备技术；还开展了木薯淀粉作为增稠剂、甜味剂等添加成分在饮料、啤酒、布丁、蛋糕等食品中的利用研究等。

（4）生物燃料开发及利用

主要利用木薯渣、木薯秸秆等副产物结合小麦、玉米、水稻等秸秆通过酸碱预处理、酶水解、蒸汽爆炸、厌氧消化等生物炼制技术实现乙醇、甲烷、氢、沼气等生物燃料的生产与开发；还开展了木薯秸秆木质素、纤维素的提取、测定及开发利用研究等。

（5）种质资源抗逆性及改良创新

盐胁迫、干旱胁迫、冷胁迫等非生物胁迫对木薯发芽、幼苗生长等生长发育的影响机理研究；耐逆性种质资源的引进、选育及评价研究；基于基因表达、转录组、基因克隆等技术开展非生物胁迫相关基因的表达、克隆、调控与分析，以改良、创制木薯耐逆性种质资源。

（6）育种技术与遗传多样性分析

利用种间杂交等杂交技术实现木薯新品种的选育；利用基因组、序列分析、微卫星标记、RAPD 标记、AFLP 标记等分子育种技术开展木薯种质资源的遗传变异与转化、新品种创制与选育等；利用分子标记、序列分析等技术开展种质资源的亲缘关系、遗传多样性等分析，以实现木薯种质资源收集、鉴定、管理和利用，也为木薯育种技术提供理论依据。

（7）复合材料制备及利用

利用木薯废弃物开发活性炭等生物吸附剂，并研究其对废水、污水污泥、重金属、染料等的吸附与去除作用；利用木薯淀粉与壳聚糖、聚乙烯醇等混合制备可食性膜、生物降解包装等，并对其阻隔性能、热性能、抗菌性等理化特性进行研究；通过改性工艺、熔融共混法等方法对木薯淀粉进行加工，制备胶黏剂、纳米晶、塑料纤维、涂料等复合材料。

3.4.2 研究趋势分析

本研究统计了 1991—2020 年全球木薯基础研究领域一级主题论文量及一级、二级主题论文量占比随时间的发展变化趋势（图 3-7 和图 3-8）。

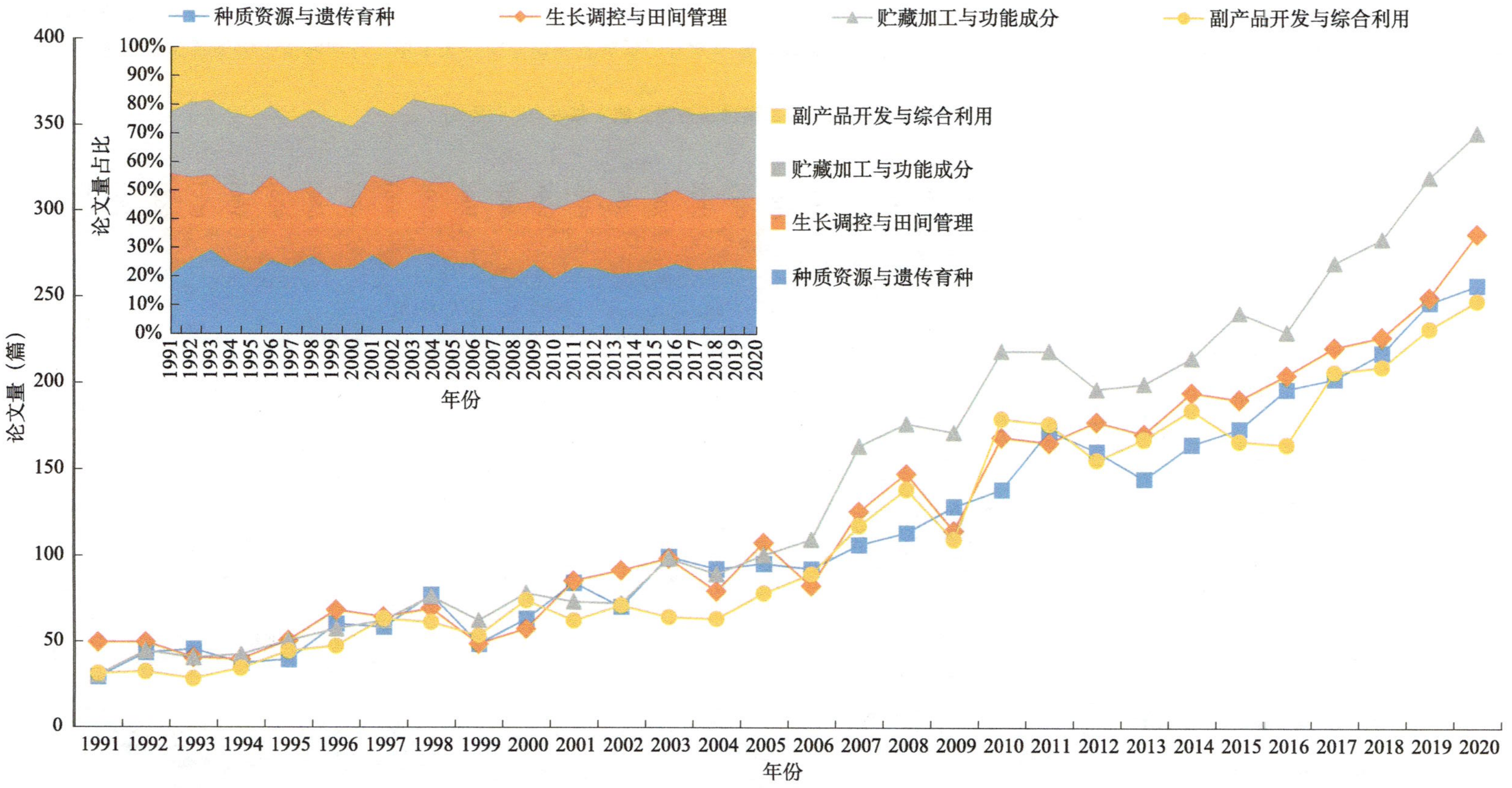

图 3-7　全球木薯基础研究领域一级主题论文量及占比年度变化

注：主题论文量变化（堆积面积）图中某一颜色的高度越高，代表该颜色对应主题在当年的论文量占比越高；高度越低，代表该颜色对应主题在当年的论文量占比越低。

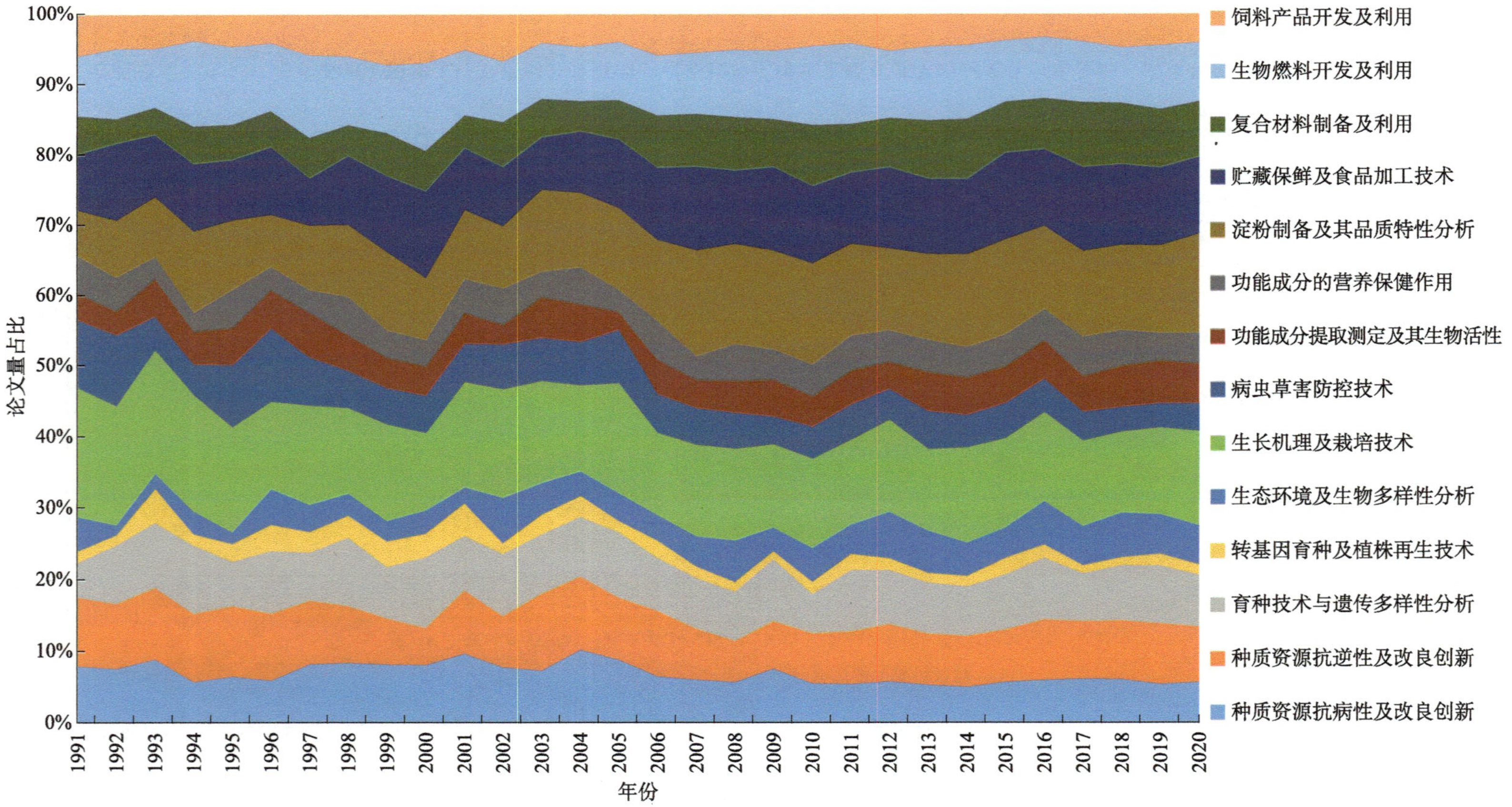

图 3-8 全球木薯基础研究领域二级主题论文量占比年度变化

注：主题论文量变化（堆积面积）图中某一颜色的高度越高，代表该颜色对应主题在当年的论文量占比越高；高度越低，代表该颜色对应主题在当年的论文量占比越低。

从一级主题来看，全球木薯基础研究领域4个主题领域的研究趋势基本一致，总体呈波动上升趋势。对比发现，1991—2005年4个主题领域的论文量及占比相对均衡，2006年之后贮藏加工与功能成分的论文量及其占比跃居首位，且近年来论文量占比稳定在30%左右，生长调控与田间管理的论文量占比略有下降，且近年来稳定在25%左右，种质资源与遗传育种的论文量及占比排在后两位；副产品开发与综合利用在2006—2014年论文量及占比和生长调控与田间管理基本一致，但2015—2016年论文量占比有所降低，近年来论文量占比回升，已接近种质资源与遗传育种。可见，早期4个主题领域均衡发展，近年来贮藏加工与功能成分的研究热度逐年上升，种质资源与遗传育种、生长调控与田间管理、副产品开发与综合利用的研究相对均衡，贮藏加工与功能成分成为全球木薯基础研究领域的热点研究领域。

从二级主题来看，二级主题的论文量均呈现逐年增多的趋势，其中淀粉制备及其品质特性分析、生长机理及栽培技术、贮藏保鲜及食品加工技术的论文量及其占比一直排在前三位，三者均是全球木薯基础研究领域的热点研究方向。对比发现，近年来有如下趋势：①淀粉制备及其品质特性分析的研究热度上升最明显，其次是贮藏保鲜及食品加工技术、复合材料制备及利用、育种技术与遗传多样性分析、功能成分提取测定及其生物活性；②病虫草害防控技术、生长机理及栽培技术的研究热度下降最明显，其次是种质资源抗病性及改良创新、种质资源抗逆性及改良创新、饲料产品开发及利用；③生态环境及生物多样性分析、生物燃料开发及利用、转基因育种及植株再生技术、功能成分的营养保健作用的研究热度相对稳定。

3.4.3 研究前沿识别

本研究利用DDA的Emerging Indicators指标识别全球木薯基础研究领域的新兴主题词（表3-8），通过解读新兴主题词，发现全球木薯基础研究领域的研究前沿如下。

（1）木薯淀粉结构特征及品质特性研究

对木薯淀粉的直链/支链等结构特征、糊化特性、功能特性、理化特性、结晶度等开展评估研究，并通过预处理等技术提高木薯淀粉的品质特性。相关研究有：木薯淀粉的结构特征和糊化特性研究[191]；结晶度和直链淀粉比对木薯淀粉热稳定性的重要作用研究[192]；生长期对木薯淀粉多尺度结构和理化性质的影响[193]；木薯淀粉

表3-8 全球木薯基础研究领域新兴主题词

关键词英文	关键词中文	Emerging Indicators
Chemical-Modification	化学修饰	6.022
Aqueous-Solutions	水溶液	4.995
Photosynthesis	光合作用	4.825
Leaf-Area Index	叶面积指数	4.229
Fine-Structure	精细结构	3.872
Activated Carbon	活性炭	3.350
Food Packaging	食品包装	3.048
Nanocellulose	纳米纤维素	2.964
Heavy-Metals	重金属	2.920
Dark Fermentation	暗发酵	2.803
Co-Digestion	共同消化	2.704
Tolerance	耐性	2.677
Polylactic Acid	聚乳酸	2.441
Active Packaging	活性包装	2.200
Water-Stress	水胁迫	2.169
Freeze-Thaw Stability	冻融稳定性	2.165
Gel Properties	凝胶性质	2.146
Dyes	染料	1.951
Abscisic-Acid	脱落酸	1.882
Heat-Moisture Treatment	湿热处理	1.839
Abiotic Stress	非生物胁迫	1.806

注：Emerging Indicators 值越高，代表该主题词所在研究方向的新颖性越高。

中直链淀粉和支链淀粉组分的特性研究[194]；蒸汽热湿处理对木薯粉和淀粉结构与功能特性的影响[195]；不同品种木薯淀粉的糊化和回生特性及分子精细结构[196]等。

（2）木薯改性淀粉研制及其品质特性研究

通过研究改性淀粉制备的关键技术以研制具有特定化学修饰的木薯淀粉，并对改性淀粉的结构特性、理化特性、功能特性等进行分析，以扩大木薯淀粉的应用潜力。相关研究有：不同取代度辛烯基琥珀酸酐改性木薯淀粉的消化率、理化和结构特性研究[197]；超声改性木薯淀粉的显微结构与工艺性能[198]；不同化学改性方法对木薯淀粉的影响研究[199]；臭氧改性处理对木薯淀粉的分子结构和凝胶性质的影响研究[200]；臭氧和干热处理相结合对木薯淀粉结构和功能进行改性研究[201]等。

（3）木薯渣等副产物的生物炭制备技术及其吸附作用研究

通过研究基于木薯渣的生物炭制备关键技术及其对重金属、废水、土壤、染料等的吸附作用，以提高生物炭的产量、质量及利用价值。相关研究有：金属离子和 pH 值对木薯渣生物炭吸附氧氟沙星的影响研究[202]；木薯皮作为废水中金属离子吸附材料的化学改性研究[203]；氨基木薯渣磁性微球对废水中 Pb（Ⅱ）的吸附作用研究[204]；木薯废生物炭对阿特拉津在土壤中吸附和释放行为的影响研究[205]；基于水热碳化处理法从农业废木薯渣中制取木薯渣生物炭，并研究其在水溶液中对染料的吸附作用[206]等。

（4）非生物胁迫对木薯生长机理的影响及耐逆性基因表达与分析

通过研究干旱胁迫、水胁迫等非生物胁迫对木薯光合作用、叶面积指数等生长机理的影响，并利用基因组、转录组等方法开展耐逆性相关基因的鉴定与分析，为木薯非生物胁迫响应、信号转导及耐逆性育种提供了支撑。相关研究有：聚乙二醇诱导木薯脱水胁迫的生理研究及转录组分析[207]；基于 LINTUL 模型模拟木薯对干旱的响应和缓解[208]；干旱和低温胁迫下木薯全基因组转录谱的差异和相似反应[209]；木薯对盐胁迫的耐受性及生长反应的研究[210]；水分胁迫下不同基因型木薯分配指数及非结构性碳水化合物动态[211]等。

（5）基于木薯淀粉的生物降解薄膜制备技术研究

通过研究利用木薯淀粉制备可食用、可降解薄膜过程中的合成技术、加工工艺，以及薄膜品质特性的影响因素，以实现高品质可降解生物薄膜的制备，并将其用作包装材料，以维持食品安全并延长保质期。相关研究有：基于甘薯淀粉和天然提取物制备活性智能生物降解薄膜[212]；含 β-胡萝卜素的木薯淀粉生物降解膜的合成[213]；木薯淀粉和聚乳酸膜在生物降解过程中的结构变化[214]；豌豆蛋白对木薯淀粉可食用膜性能的影响[215]；硬脂酸改性 MCC/NCC 对木薯淀粉复合膜力学和疏水性能的增强作用研究[216]；微晶纤维素增强木薯淀粉膜在食品包装中的应用[217]等。

（6）木薯废水、木薯渣等副产物生物制氢、甲烷技术研究

通过研究木薯废水、木薯渣制备沼气、氢气过程中的预处理技术、暗发酵、添加物等关键技术，以提高沼气、氢气的产量，实现木薯加工副产品的循环利用。相关研究有：高温下添加木薯渣从木薯废水中分离生产氢和甲烷的工艺研究[218]；固定床反应器提高木薯废水生物制氢的策略研究[219]；基质浓度对木薯淀粉基聚合物厌氧消化产甲烷和氢气的影响研究[220]；基于两级厌氧序批式生物膜反应器的木薯废水中生物氢和生物乙烷的生产工艺研究[221]等。

3.5 可 可

3.5.1 研究重点

全球可可基础研究领域已累计发表 7 077 篇论文，本研究统计了其一级、二级主题的论文量、排名及与全球热带作物基础研究领域的排名对比情况（表 3-9）。

从一级主题来看，全球可可基础研究领域在贮藏加工与功能成分领域的相关研究最多，其次是生长调控与田间管理、种质资源与遗传育种，而在副产品开发与综合利用领域的相关研究相对较少；4 个主题在全球可可基础研究领域的排名分布与全球热带作物基础研究领域一致。

从二级主题来看，全球可可基础研究领域侧重功能成分提取测定及其生物活性、贮藏保鲜及食品加工技术、功能成分的营养保健作用等方向的研究，且论文量远超其他方向；其次是生长机理及栽培技术、育种技术与遗传多样性分析、生态环境及生物多样性分析、复合材料制备及利用等方向，而在饲料产品开发及利用、转基因育种及植株再生技术等方向的相关研究较少。对比全球热带作物基础研究领域发现，可可领域在功能成分的营养保健作用、生态环境及生物多样性分析等方向具有研究优势；而在种质资源抗逆性及改良创新、种质资源抗病性及改良创新等方向的研究较弱，还需要进一步加强关注。

重点方向的主要研究内容如下。

（1）功能成分提取测定及其生物活性

利用高效液相色谱法、液相色谱—串联质谱等技术对可可中的多酚、原花青素、表儿茶素、儿茶素、花青素、可可碱、类黄酮、槲皮素、果胶等功能成分进行提取、分离、测定与分析，并对其抗氧化性、抗癌性、抗炎活性、清除自由基活性等生物活性，及其对氧化应激、细胞凋亡、脂质过氧化等的调节作用进行了研究。

（2）贮藏保鲜及食品加工技术

主要开展可可成熟机理、贮藏保鲜工艺及品质评估研究；基于差示扫描量热法、

表3-9 全球可可基础研究领域一级及二级主题论文量及排名

一级主题	热带作物		可可			二级主题	热带作物		可可		
	论文量（篇）	排名	论文量（篇）	排名	排名对比		论文量（篇）	排名	论文量（篇）	排名	排名对比
种质资源与遗传育种	56 695	3	2 346	3	—	种质资源抗病性及改良创新	24 460	5	886	9	↓↓↓↓
						种质资源抗逆性及改良创新	28 160	4	986	8	↓↓↓↓
						育种技术与遗传多样性分析	23 385	6	1 207	5	↑
						转基因育种及植株再生技术	6 325	14	230	13	↑
生长调控与田间管理	58 517	2	2 505	2	—	生态环境及生物多样性分析	18 760	11	1 193	6	↑↑↑↑↑
						生长机理及栽培技术	37 718	2	1 434	4	↓↓
						病虫草害防控技术	20 579	9	737	11	↓↓
贮藏加工与功能成分	69 043	1	3 850	1	—	功能成分提取测定及其生物活性	31 566	3	2 394	1	↑↑
						功能成分的营养保健作用	21 461	8	1 965	3	↑↑↑↑↑
						淀粉制备及其品质特性分析	15 282	12	0		
						贮藏保鲜及食品加工技术	44 217	1	2 253	2	↓
副产品开发与综合利用	39 557	4	1 796	4	—	复合材料制备及利用	22 862	7	1 019	7	—
						生物燃料开发及利用	19 921	10	879	10	—
						饲料产品开发及利用	7 235	13	267	12	↑

注：由于各主题之间有交叉研究，因此会出现一级主题总论文量多于领域总论文量，二级主题总论文量多于一级主题总论文量的现象。

X 射线衍射等技术对可可脂的微观结构、流变力学、多态性、稳定性、结晶性等理化特性进行分析；借助发酵、烘烤、干燥、固相微萃取等加工工艺开展巧克力、巧克力松饼、可可粉、可可酒等食品的制备技术研究；基于感官评价、轮廓分析、质谱法、色谱法等技术研究贮藏保鲜及食品加工工艺对可可豆及加工食品的营养成分、香气成分等品质的影响研究。

（3）功能成分的营养保健作用

研究类黄酮、黄烷醇、酚酸、可可碱、花青素、儿茶素、膳食纤维等可可功能成分对人体或动物新陈代谢、血小板功能、脂肪酸、脂蛋白、血管功能等的调节作用，及其对高血压、心血管疾病、冠心病、肥胖症、糖尿病、动脉粥样硬化、代谢综合征、高血脂等多种疾病的调节、预防及治疗作用。

（4）生长机理及栽培技术

开展不同土壤条件、环境条件、水肥条件、微生物、碳氮养分等对可可开花、光合作用、根系生长、叶绿素荧光等生长发育机理和产量与品质的影响研究，通过利用不同的施肥、灌溉、喷药等栽培技术促进可可的生长发育，构建最适合可可生长的农林复合系统以实现可可种植的可持续发展。

（5）育种技术与遗传多样性分析

利用微卫星标记、基因组、序列分析、数量性状位点、RAPD 标记、RFLP 标记、杂交等技术开展可可种质资源的遗传变异与转化、新品种创制与选育等；利用分子标记、遗传图谱等技术开展种质资源的多态性、遗传多样性、系统进化等分析，为可可遗传育种亲本的选择、杂交组合配制及核心种质构建提供理论指导。

（6）生态环境及生物多样性分析

主要研究种植环境、不同土地利用方式、气候变化、生物多样性对可可生长发育及产量的影响，为可可生长构建最适宜的农林生态系统；可可种植园生物群落结构研究；可可农林复合经营下对昆虫、鸟类等动植物及微生物的生物多样性保护作用及对小农经济发展的影响研究。

（7）复合材料制备及利用

利用可可豆荚、果皮等副产物制备活性炭等生物吸附剂，并研究其对废水、重金属、农药、染料等的吸附与去除作用；利用热带作物副产物开展纳米粒子、纳米复合膜等复合材料的制备技术研究等。

3.5.2 研究趋势分析

本研究统计了 1991—2020 年全球可可基础研究领域一级主题论文量及一级、二级主题论文量占比随时间的发展变化趋势（图 3-9 和图 3-10）。

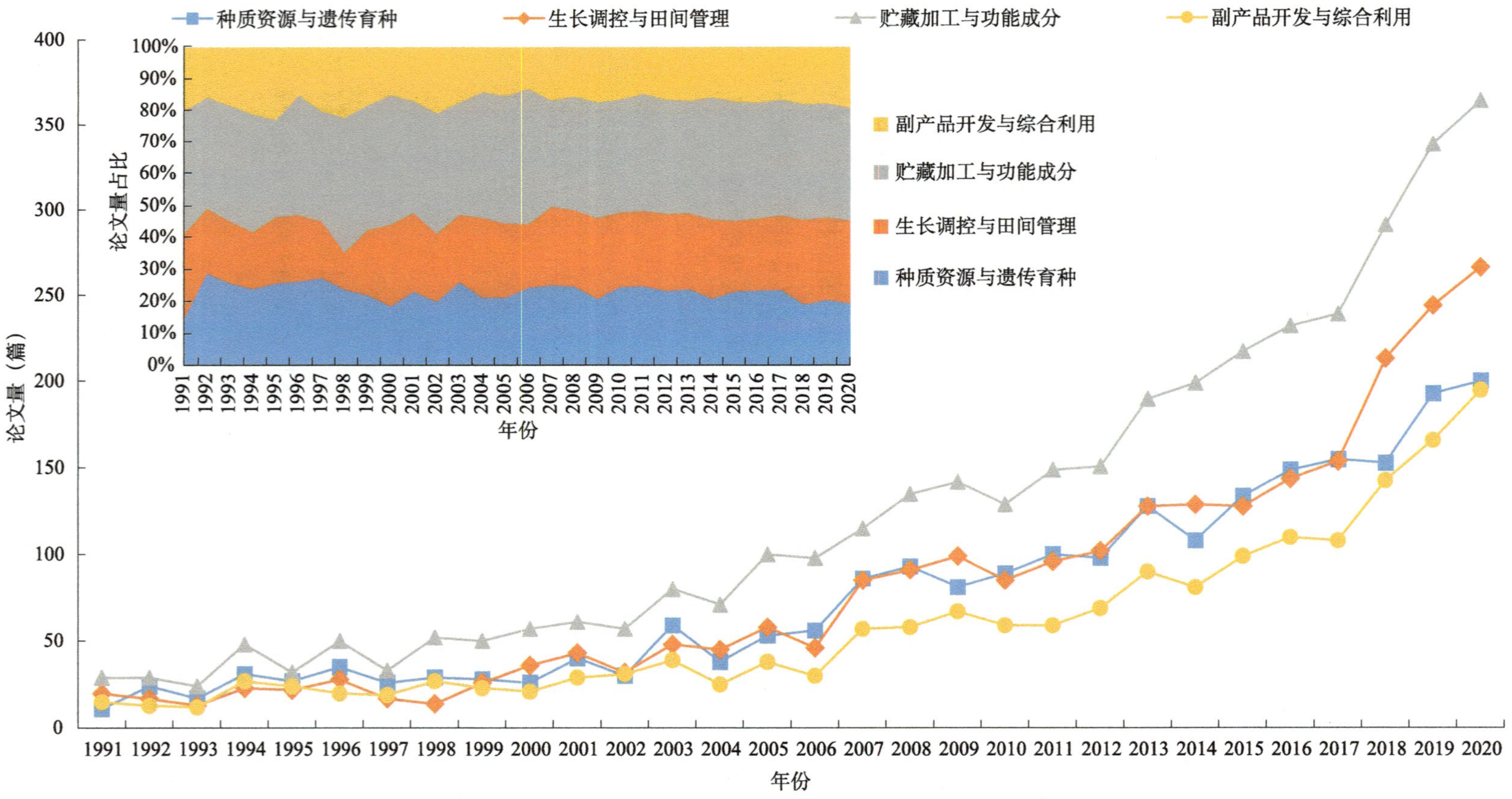

图 3-9 全球可可基础研究领域一级主题论文量及占比年度变化

注：主题论文量变化（堆积面积）图中某一颜色的高度越高，代表该颜色对应主题在当年的论文量占比越高；高度越低，代表该颜色对应主题在当年的论文量占比越低。

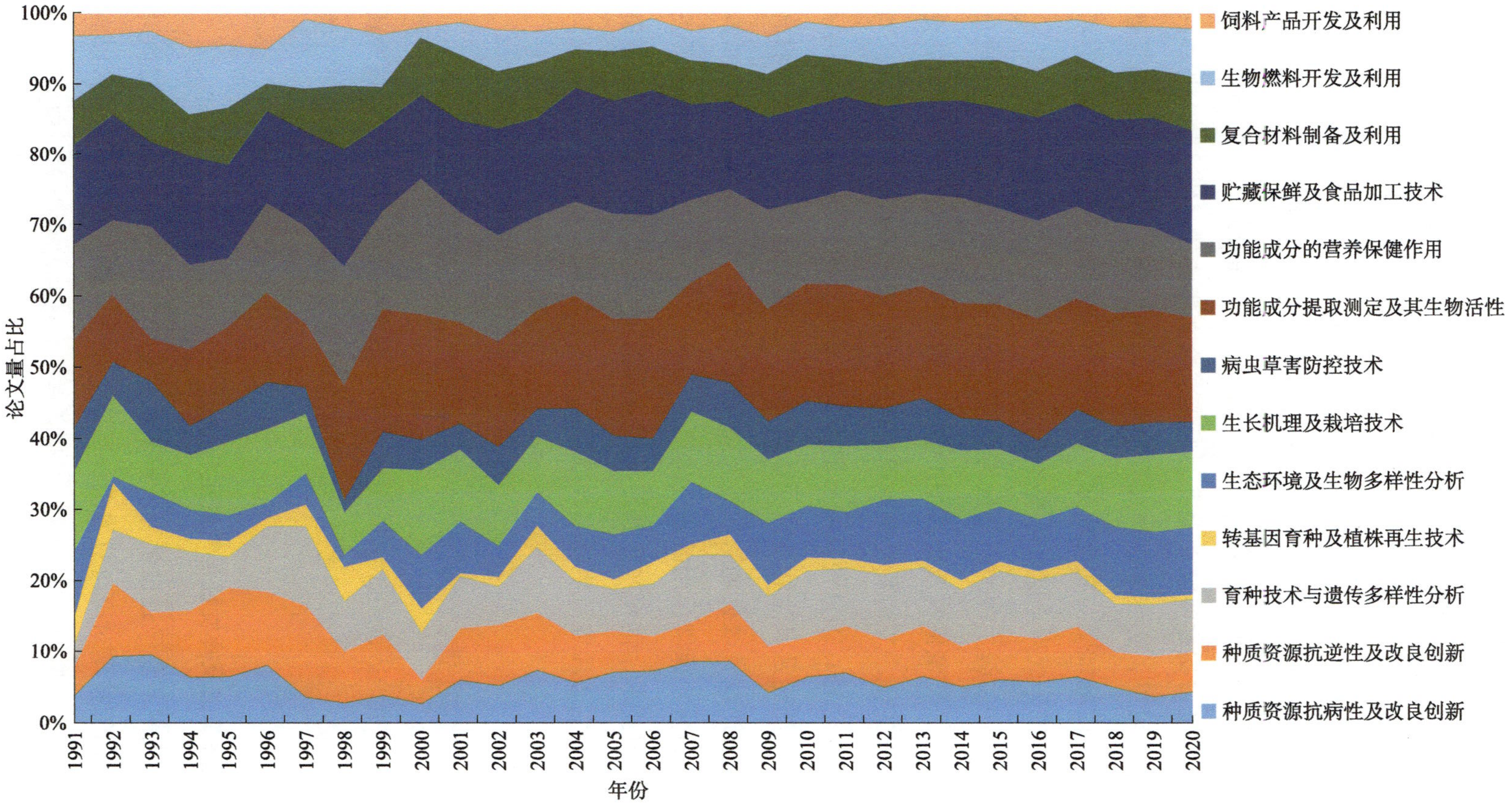

图 3-10　全球可可基础研究领域二级主题论文量占比年度变化

注：主题论文量变化（堆积面积）图中某一颜色的高度越高，代表该颜色对应主题在当年的论文量占比越高；高度越低，代表该颜色对应主题在当年的论文量占比越低。

从一级主题来看，全球可可基础研究领域4个主题领域的研究趋势基本一致，总体呈波动上升趋势。对比发现，贮藏加工与功能成分的论文量及其占比始终排在首位，但论文量占比波动下降，近年来稳定在36%左右；1991—2008年种质资源与遗传育种、生长调控与田间管理的论文量相当，论文量占比交叉波动，但之后生长调控与田间管理的论文量占比波动上升，种质资源与遗传育种的论文量占比波动下降，生长调控与田间管理的论文量已稳居第二位；副产品开发与综合利用的论文量排在末位，但论文量占比逐年波动上升，近年来论文量及其占比已基本与种质资源与遗传育种持平。可见，近年来副产品开发与综合利用、生长调控与田间管理的研究热度逐年上升，贮藏加工与功能成分、种质资源与遗传育种的研究热度有所下降，贮藏加工与功能成分成为全球可可基础研究领域的热点研究领域。

从二级主题来看，二级主题的论文量均呈现逐年增多的趋势，其中功能成分提取测定及其生物活性、贮藏保鲜及食品加工技术、功能成分的营养保健作用的论文量及其占比均排在前三位，三者均是全球可可基础研究领域的热点研究方向。对比发现，近年来有如下趋势：①育种技术与遗传多样性分析的研究热度上升最明显，其次是功能成分提取测定及其生物活性、贮藏保鲜及食品加工技术，复合材料制备及利用、种质资源抗逆性及改良创新的研究热度略有上升；②转基因育种及植株再生技术、功能成分的营养保健作用的研究热度下降最明显，其次是生物燃料开发及利用、病虫草害防控技术，饲料产品开发及利用的研究热度略有下降；③种质资源抗病性及改良创新、生态环境及生物多样性分析、生长机理及栽培技术的研究热度相对稳定。

3.5.3 研究前沿识别

本研究利用DDA的Emerging Indicators指标识别全球可可基础研究领域的新兴主题词（表3-10），通过解读新兴主题词，发现全球可可基础研究领域的研究前沿如下。

（1）可可豆发酵工艺及挥发性香气测定与分析

可可豆加工过程中需要经过微生物发酵来改善咖啡的风味和香气，通过研究发酵时间、酵母发酵剂等技术对可可豆发酵、品质、香气、微生物等的影响，以实现可可豆挥发性香气的定量测定及巧克力等产品的高产高效高品质生产。相关研究有：

表3-10 全球可可基础研究领域新兴主题词

关键词英文	关键词中文	Emerging Indicators
By-Products	副产品	9.899
Cocoa Beans	可可豆	7.907
Cocoa Bean Shell	可可豆壳	7.178
Carbon	碳	6.584
Aromatic-Compounds	芳香化合物	5.993
Maillard Reaction	美拉德反应	5.084
Free Amino Acid	游离氨基酸	4.492
Bioactive Compounds	生物活性物质	4.136
Volatiles	挥发物	4.127
Methylxanthines	甲基黄嘌呤	3.644
Soil Cadmium	土壤镉	3.442
Plant Diversity	植物多样性	3.308
Alzheimers-Disease	阿尔茨海默病	3.166
Cocoa Shell	可可壳	3.132
Acetobacter-Pasteurianus	巴氏醋杆菌	2.817
Anaerobic Digestion	厌氧消化	2.438
Electronic Nose	电子鼻	2.434
Pichia Kluyveri	克鲁维酵母	2.423
Ecosystem Services	生态系统服务	2.360
Precursor	前驱物	2.295
Solid-State Fermentation	固态发酵	2.211
Myocardial-Infarction	心肌梗死	2.112
Cocoa Liquor	可可液	2.094
Land-Cover	土地覆盖	1.799

注：Emerging Indicators 值越高，代表该主题词所在研究方向的新颖性越高。

可可豆风味品质变异的影响因素研究[222]；酵母发酵剂对可可发酵过程中微生物群落和挥发性物质及巧克力感官特性的影响研究[223]；酿酒酵母和杜氏酵母菌发酵剂对可可豆发酵的影响[224]；转荚、贮藏和发酵时间对可可豆微生物生态和挥发性成分的影响[225]；利用 Venn 图和 PCA 分析对玛雅可可豆在发酵和干燥过程中的挥发性化合物进行研究[226]；基于多顶空固相微萃取法定量测定高质量可可中的气味物质[227]等。

（2）可可农林系统中生物量及土壤肥力研究

通过对可可农林系统中碳氮储量、生物量、微生物群落、土壤状况等进行研究，为可可生长构建最适宜的生态环境，以提高可可的产量与品质。相关研究有：可可农林系统中遮阴树对可可生长（地上生物量）、产量和土壤肥力指标（土壤总碳、氮、磷含量和土壤聚集）的影响研究[228]；基于结构方程模型的可可农林凋落物和土壤功能群丰度变化[229]；近红外漫反射光谱法快速综合评价巴布亚新几内亚小农户可可种植系统土壤状况[230]；加纳有机和传统可可农林的生物量和碳储量[231]等。

（3）可可豆美拉德反应及其产物类黑精的特性研究

美拉德反应是可可豆加工中色泽和风味的主要来源，通过对可可豆美拉德反应中的加工工艺、理化性质及产物类黑精的特性等研究，以提升可可豆的加工品质。相关研究有：加工时间和温度对可可烘焙过程中非酶褐变的影响[232]；碱化对可可烘焙过程中美拉德反应产物的影响[233]；烘烤参数对不同可可豆中高分子量美拉德反应产物理化性质的影响[234]；通过UHPLC-DAD-ESI-HR-MSn定量测定不同类型可可豆高分子量类黑精组分中的游离和结合的酚类化合物[235]；不同类型可可豆中高分子量类黑精组分的体外抗氧化活性及FTIR表征[236]等。

（4）可可副产物中功能成分的提取、测定及生物活性研究

通过研究可可壳中酚类化合物、果胶等功能成分的提取、测定技术及其抗氧化性等生物活性，以提高可可的应用价值。相关研究有：微波、热风和冷冻干燥对可可荚壳酚类化合物、抗氧化能力、酶活性和显微结构的影响[237]；基于超临界CO_2和加压乙醇的绿色综合工艺从可可豆壳中回收抗氧化剂[238]；基于柠檬酸和亚临界水的可可荚果皮中果胶提取工艺研究[239]；基于高压放电技术的可可豆壳中生物活性物质的提取工艺[240]等。

（5）可可功能成分对疾病的调节及抑制作用研究

通过研究可可碱、可可黄烷醇、甲基黄嘌呤等功能成分对心血管疾病、神经性疾病、肠道性疾病、肥胖症等的调节及抑制作用，以提高可可功能成分的医用价值。相关研究有：甲基黄嘌呤增强可可黄烷醇对心血管功能的影响研究[241]；可可中可可碱对大鼠肠道菌群的影响研究[242]；可可制品摄入对血浆和尿液代谢物的影响[243]；可

可碱通过抑制磷酸二酯酶-4减轻小鼠饮食性肥胖[244]；咖啡和可可嘌呤代谢产物对神经可塑性和神经退行性疾病的影响研究[245]等。

（6）可可生产过程中镉等重金属的积累及其缓解措施研究

土壤中的镉污染严重影响了可可的可持续性生产，通过研究镉污染对可可生长发育的影响、可可主要部位镉等重金属的积累，并利用土壤改良剂等措施缓解镉污染，以减少镉污染对可可生长发育及产量品质的影响。相关研究有：土壤镉污染对可可幼苗光合、抗氧化、分子和超微结构的影响研究[246]；秘鲁主要可可产区可可叶、可可豆中镉等重金属的积累研究[247]；镉的化学形态：评价可可生产下厄瓜多尔土壤中植物有效态镉的方法[248]；土壤特性和农艺因素对可可豆镉含量的影响：基于厄瓜多尔的全国性调查[249]；秘鲁可可中镉的积累及其缓解措施[250]；土壤改良剂修复可可园镉污染土壤的效果评价[251]等。

（7）基于可可豆荚厌氧消化、预处理等技术的沼气制备工艺研究

通过研究可可豆荚制备沼气过程中的预处理技术、厌氧消化等关键技术，以提高沼气的产量。相关研究有：N-甲基吗啉-N-氧化物预处理对稻草、可可壳和榛子皮产沼气的影响研究[252]；可可豆荚和家禽粪便厌氧消化以制备沼气[253]；基于硫酸和碱性过氧化氢预处理的可可豆荚果皮单一发酵制备沼气技术[254]；厌氧消化和水热预处理对可可豆荚残渣沼气产量的影响研究[255]等。

3.6 椰 子

3.6.1 研究重点

全球椰子基础研究领域已累计发表 7 066 篇论文，本研究统计了其一级、二级主题的论文量、排名及与全球热带作物基础研究领域的排名对比情况（表 3-11）。

从一级主题来看，全球椰子基础研究领域在贮藏加工与功能成分领域的相关研究最多，其次是副产品开发与综合利用、生长调控与田间管理，而在种质资源与遗传育种领域的相关研究相对较少；对比全球热带作物基础研究领域发现，椰子领域在副产品开发与综合利用领域具有研究优势。

从二级主题来看，全球椰子基础研究领域在复合材料制备及利用、功能成分的营养保健作用的相关研究最多；其次是贮藏保鲜及食品加工技术、生长机理及栽培技术、功能成分提取测定及其生物活性等方向，而在饲料产品开发及利用、转基因育种及植株再生技术等方向的相关研究较少。对比全球热带作物基础研究领域发现，椰子领域在复合材料制备及利用、功能成分的营养保健作用、生物燃料开发及利用等方向具有研究优势，而在种质资源抗逆性及改良创新、种质资源抗病性及改良创新等方向的研究相对较弱，还需要进一步加强关注。

重点方向的主要研究内容如下。

（1）复合材料制备及利用

利用椰子壳、椰子粕等副产物制备活性炭等生物吸附剂，并研究生物吸附剂及椰子纤维对废水、重金属、污水污泥、农药、亚甲基蓝、染料、温室气体、有害气体等的吸附与去除作用；利用椰子纤维等副产物开展纳米粒子、碳纳米管、纳米晶、水包油型乳液等复合材料的制备技术研究；利用椰丝等副产物开展植物生长用基质及肥料的制备技术等。

（2）功能成分的营养保健作用

研究椰子油、膳食纤维、脂蛋白类、亚油酸、月桂酸、酚类化合物等椰子提取

表3-11 全球椰子基础研究领域一级及二级主题论文量及排名

一级主题	热带作物		椰子			二级主题	热带作物		椰子		
	论文量（篇）	排名	论文量（篇）	排名	排名对比		论文量（篇）	排名	论文量（篇）	排名	排名对比
种质资源与遗传育种	56 695	3	2 388	4	↓	种质资源抗病性及改良创新	24 460	5	717	10	↓↓↓↓↓
						种质资源抗逆性及改良创新	28 160	4	1 092	7	↓↓↓
						育种技术与遗传多样性分析	23 385	6	868	8	↓↓
						转基因育种及植株再生技术	6 325	14	541	12	↑↑
生长调控与田间管理	58 517	2	2 701	3	↓	生态环境及生物多样性分析	18 760	11	680	11	—
						生长机理及栽培技术	37 718	2	1 770	4	↓↓
						病虫草害防控技术	20 579	9	776	9	—
贮藏加工与功能成分	69 043	1	3 847	1	—	功能成分提取测定及其生物活性	31 566	3	1 592	5	↓↓
						功能成分的营养保健作用	21 461	8	1 943	2	↑↑↑↑↑↑
						淀粉制备及其品质特性分析	15 282	12	0		
						贮藏保鲜及食品加工技术	44 217	1	1 876	3	↓↓
副产品开发与综合利用	39 557	4	2 859	2	↑↑	复合材料制备及利用	22 862	7	2 037	1	↑↑↑↑↑↑
						生物燃料开发及利用	19 921	10	1 124	6	↑↑↑↑
						饲料产品开发及利用	7 235	13	470	13	—

注：由于各主题之间有交叉研究，因此会出现一级主题总论文量多于领域总论文量，二级主题总论文量多于一级主题总论文量的现象。

物对人体或动物新陈代谢、胆固醇、动脉粥样硬化、冠心病、心血管疾病、肥胖症等多种疾病的调节、预防及治疗作用；利用差示扫描量热法、主成分分析法等方法开展椰子油密度、脂肪酸含量等成分的测定与分析等。

（3）贮藏保鲜及食品加工技术

对椰子的成熟机理及采后的颜色、营养成分、理化特性等品质及感官特性进行评估与研究；利用巴氏消毒、高压脉冲电场和热处理等多种工艺开展椰子的贮藏保鲜技术研究；借助干燥、超声波、辐射、微波等加工工艺开展椰子汁、椰子油、椰奶、冰激凌、椰子奶油等食品的制备技术研究；基于质谱法、色谱法、光谱法等技术对椰子及其加工食品的品质进行测定与分析等。

（4）生长机理及栽培技术

开展不同土壤条件、营养条件、温湿度、灌溉技术、施肥技术、栽培模式、耕作制度等环境条件及栽培技术对椰子光合作用、叶绿素荧光、蒸腾作用养分及水分利用效率等生长发育机理、产量、品质的影响研究，为构建适合椰子生长的农业生态环境及生产技术体系提供指导。

（5）功能成分提取测定及其生物活性

利用色谱法、质谱法、色谱质谱联用法、光谱法等技术对椰子果实、椰子壳、椰子水中含有的多酚、β-胡萝卜素、椰子蛋白、姜黄素及二十二碳六烯酸、二十碳五烯酸、α-亚麻酸、肉豆蔻酸等脂肪酸等功能成分进行提取与定量测定；另外，还对其抗氧化性、抗炎活性、抗癌性等生物活性，及其对氧化应激、脂质过氧化、DNA 损伤等的调节作用进行了研究。

（6）生物燃料开发及利用

利用椰子壳等副产物结合稻壳、甘蔗渣和小麦秸秆等通过发酵、热解、水解、转化、厌氧消化等生物炼制技术实现乙醇、氢气、沼气、生物柴油等生物燃料的生产开发与利用；另外，还开展了椰子木质素、半纤维素、纤维素的溶解、提取、降解、测定及开发利用研究等。

（7）种质资源抗逆性及改良创新

主要开展盐胁迫、水分胁迫、高温胁迫等非生物胁迫对椰子种子发芽、幼苗生长等生长发育的影响机理研究；耐逆性种质资源的引进、选育及评价研究；基于基因表达、转录组、RNA 测序、分子克隆等技术开展椰子耐逆性品种的改良与创制等。

3.6.2 研究趋势分析

本研究统计了 1991—2020 年全球椰子基础研究领域一级主题论文量及一级、二级主题论文量占比随时间的发展变化趋势（图 3-11 和图 3-12）。

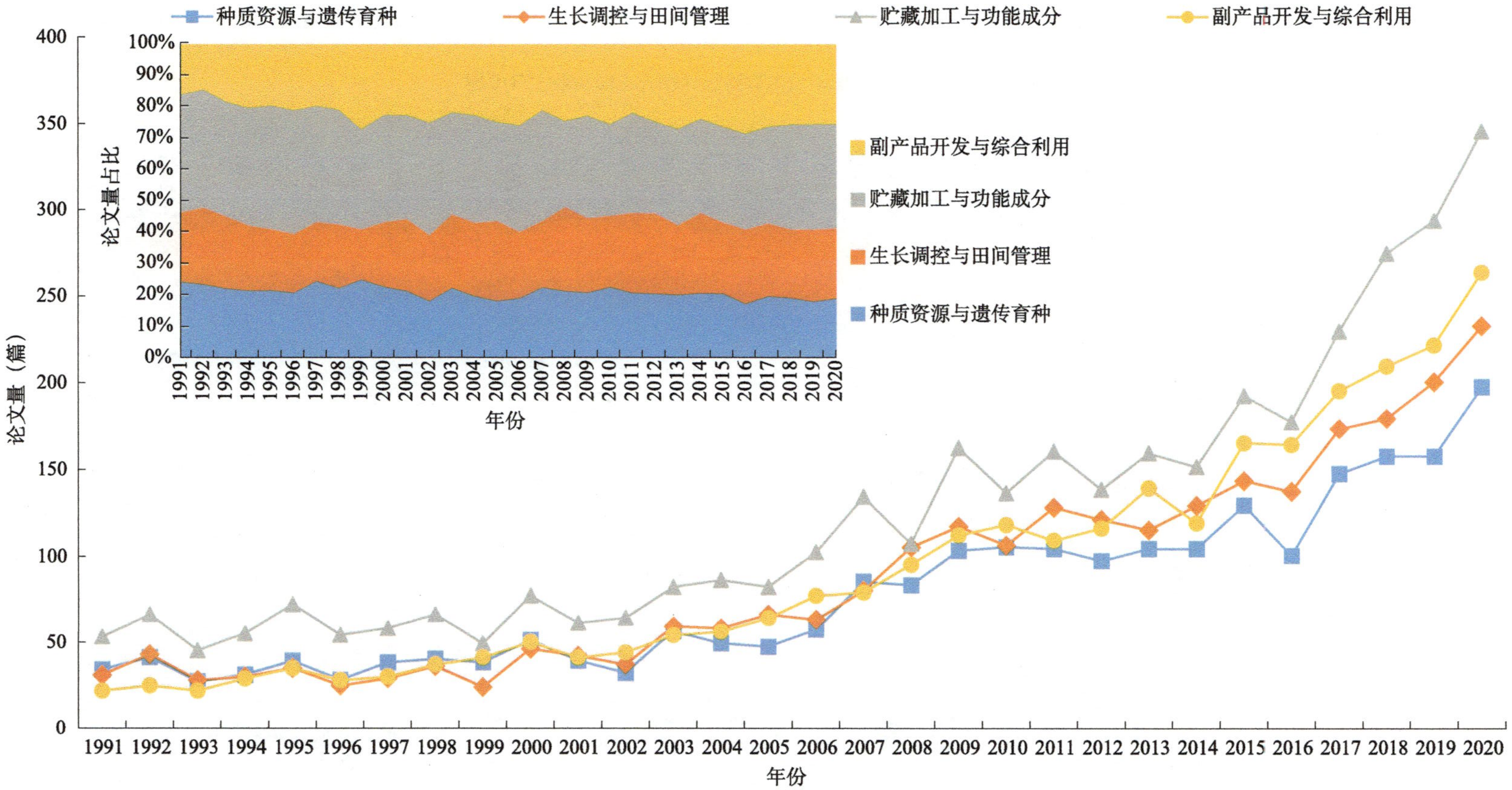

图 3-11　全球椰子基础研究领域一级主题论文量及占比年度变化

注：主题论文量变化（堆积面积）图中某一颜色的高度越高，代表该颜色对应主题在当年的论文量占比越高；高度越低，代表该颜色对应主题在当年的论文量占比越低。

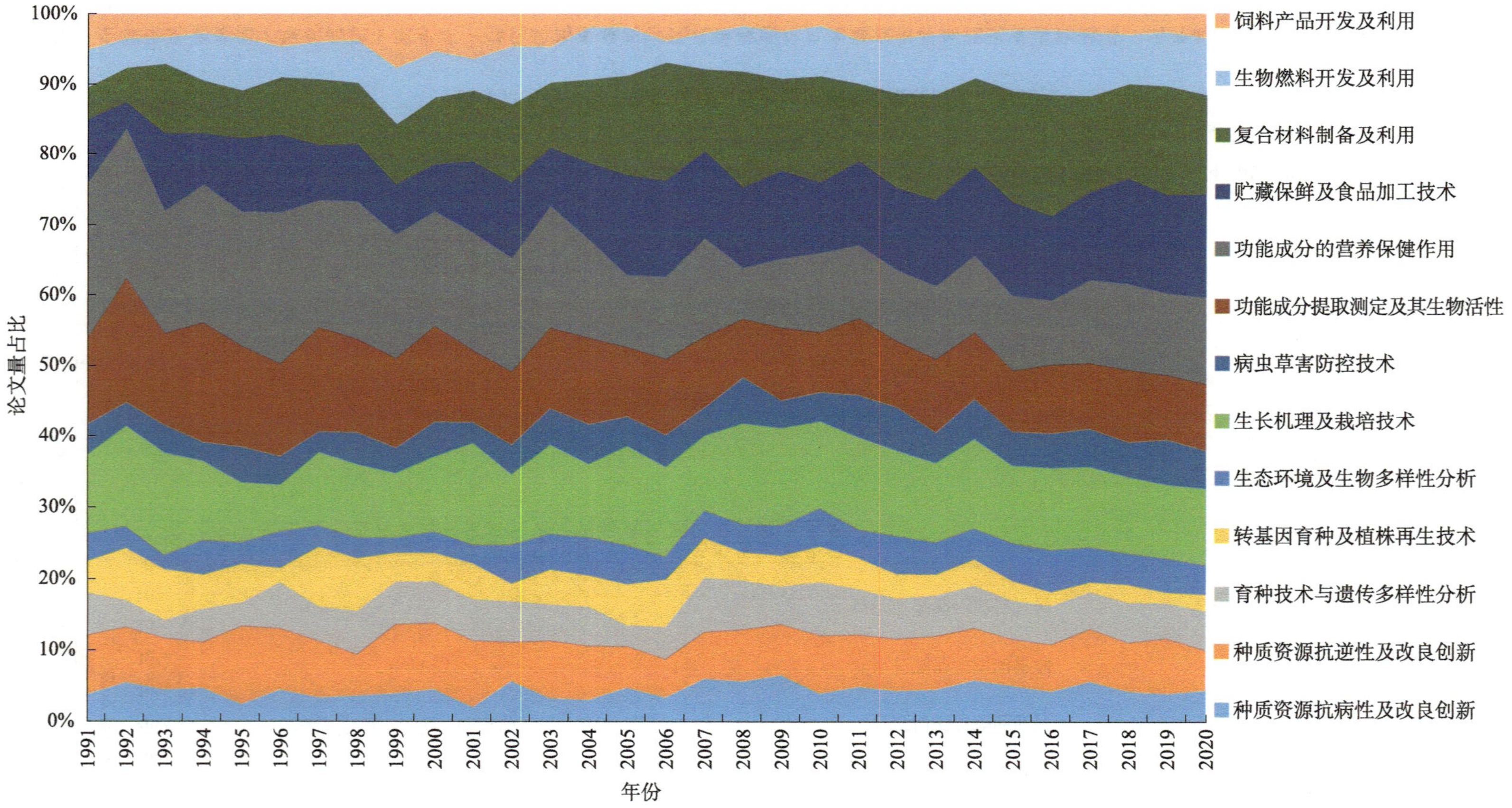

图 3-12　全球椰子基础研究领域二级主题论文量占比年度变化

注：主题论文量变化（堆积面积）图中某一颜色的高度越高，代表该颜色对应主题在当年的论文量占比越高；高度越低，代表该颜色对应主题在当年的论文量占比越低。

从一级主题来看，全球椰子基础研究领域4个主题领域的研究趋势基本一致，总体呈波动上升趋势。对比发现，贮藏加工与功能成分的论文量及其占比基本排在首位，论文量占比总体逐年波动下降，但近年来回升至33%左右；1991—1994年副产品开发与综合利用的论文量及占比排在末位，但论文量占比总体逐年波动上升，2015年之后论文量及占比已稳定在第二位；1991—2001年种质资源与遗传育种的论文量及占比高于生长调控与田间管理，但2001年之后生长调控与田间管理反超种质资源与遗传育种，且生长调控与田间管理的论文量占比相对稳定，而种质资源与遗传育种的论文量占比逐年波动下降。可见，近年来副产品开发与综合利用的研究热度逐年上升，贮藏加工与功能成分、种质资源与遗传育种的研究热度有所下降，生长调控与田间管理的研究热度相对稳定，贮藏加工与功能成分是全球椰子基础研究领域的热点研究领域。

从二级主题来看，二级主题的论文量均呈现逐年增多的趋势，早期功能成分的营养保健作用的论文量及其占比排在首位，2005年之后复合材料制备及利用、贮藏保鲜及食品加工技术的论文量及其占比已跃居前两位，两者均是全球椰子基础研究领域的热点研究方向。对比发现，近年来有如下趋势：①复合材料制备及利用的研究热度上升最明显，其次是贮藏保鲜及食品加工技术、生物燃料开发及利用；②功能成分的营养保健作用的研究热度下降最明显，其次是种质资源抗逆性及改良创新、功能成分提取测定及其生物活性、转基因育种及植株再生技术，饲料产品开发及利用的研究热度略有下降；③生长机理及栽培技术、育种技术与遗传多样性分析的研究热度相对稳定。

3.6.3 研究前沿分析

本研究利用DDA的Emerging Indicators指标识别全球椰子基础研究领域新兴主题词（表3-12），通过解读新兴主题词，发现全球椰子基础研究领域的研究前沿如下。

（1）椰子壳生物炭制备技术及其吸附作用研究

通过研究基于椰子壳的生物炭制备关键技术、结构特征、改性技术及其对污水、染料、重金属、CO_2、苯酚等的吸附作用，以提高生物炭的产量、质量及利用价值。相关研究有：基于水热碳化—NaOH活化技术制备的椰子壳中孔活性炭用于亚甲基

表3-12　全球椰子基础研究领域新兴主题词

关键词西文	关键词中文	Emerging Indicators
Antioxidant Activity	抗氧化性	12.088
Stability	稳定性	7.007
Sensory Properties	感官特性	6.924
Enzymatic-Hydrolysis	酶水解	5.540
Pyrolysis	热解	5.174
Infrared-Spectroscopy	红外光谱	5.031
Metal-Ion	金属离子	4.845
Biochar	生物炭	4.638
Lipid Oxidation	脂质氧化	3.431
Lignocellulosic Biomass	木质纤维素生物量	3.424
Physical-Properties	物理特性	3.215
Adulteration	掺假	3.192
Hydrogen-Production	制氢	3.056
Porous Carbon	多孔碳	2.825
Anaerobic Digestion	厌氧消化	2.438
Cardiovascular-Disease	心血管疾病	2.414
Structured Lipids	结构化脂质	2.348
Listeria-Monocytogenes	单核细胞增生李斯特菌	2.287
Escherichia coli	大肠杆菌	2.202
Triacylglycerol	三酰甘油	1.995
Biofuel	生物燃料	1.918
Immobilization	固定化	1.910
Nanoparticles	纳米粒子	1.849
Food Security	食品安全	1.803

注：Emerging Indicators 值越高，代表该主题词所在研究方向的新颖性越高。

蓝的吸附[256]；椰子纤维化学改性生物炭在水溶液中吸附铅的微观和光谱研究[257]；通过椰子壳碳、尿素改性和K_2CO_3活化制备的多孔氮掺杂碳对CO_2的吸附作用[258]；椰壳活性炭吸附氰化浸出液中金的优化、动力学及平衡研究[259]；过氧化氢预氧化对椰子壳含氮炭吸附CO_2的影响研究[260]；椰壳活性炭和生物炭的磁粉改性对水中苯酚的去除效果研究[261]等。

（2）椰子油制备工艺、特性及营养功效研究

天然椰子油对健康的益处与其强大的天然抗氧化性有关，通过研究椰子油的制备工艺、抗氧化性、热稳定性、掺假检测及其对肝脏、血糖、心血管等疾病的调节及抑制作用，以实现椰子油的开发与利用。相关研究有：椰子油通过抑制氧化应激减轻抗肿瘤药物甲氨蝶呤诱导的急性化疗肝毒性[262]；初榨椰子油可维持高果糖喂养大鼠的氧化还原状态并改善其血糖状况[263]；干法和湿法生产的椰子油的理化性质、抗氧化能力和金属含量研究[264]；黑椒姜香精椰子油的氧化稳定性、热稳定性及可接受性[265]；食用椰子油对心血管健康的影响[266]；ATR-FTIR光谱结合多元化学计量学模型快速检测椰子油中芥子油掺假[267]等。

（3）椰子饮料制品加工工艺及品质特性研究

通过研究椰子水、椰奶、椰子酸奶等饮料制品的加工工艺及其化学成分、理化特性、感官特性、稳定性等品质特性，为实现椰子饮料制品的高产高效高品质生产提供技术支持。相关研究有：基于核磁共振和化学计量学研究椰子水在不同加工条件下化学成分的变化[268]；利用拉曼光谱和化学计量学快速定量分析新鲜椰子水的掺假情况[269]；不同处理对椰奶乳液性能的影响研究[270]；潜在益生菌干酪乳杆菌L4在制备发酵椰子水饮料中的应用[271]；短链菊糖对低脂椰乳酸奶流变学和感官特性的影响[272]；灭菌和贮藏对椰奶中挥发性成分、感官和理化性质的影响[273]等。

（4）基于椰子副产物的乙醇、氢气等生物燃料制备工艺研究

椰壳纤维是生产生物燃料的重要原料，通过研究椰子壳、椰子纤维素等副产物制备乙醇、氢气过程中的预处理技术、厌氧消化等生物炼制关键技术，以提高椰子副产物的经济利用价值。相关研究有：椰子和稻壳热重催化裂解及动力学研究[274]；集成亚临界水、酶促水解和发酵技术以从椰子壳中生产生物氢[275]；加压预处理同时糖化发酵原位脱毒提高椰子纤维生物乙醇产量[276]；碱法预处理青椰子中果皮以生产生物乙醇[277]；Re2C对椰子壳热解碳化产氢的影响机理研究[278]等。

（5）椰子加工食品中的微生物灭活技术研究

噬菌体和致病微生物严重影响椰子水等加工产品的品质，通过研究椰子水、椰子胚乳中微生物灭活、净化及抗性技术，以维护和控制椰子生产和加工食品的质量与安全。相关研究有：新型连续流螺旋反应器中紫外线辐照对椰子水微生物失活和细胞毒性的评估研究[279]；UV-C 处理湍流型椰子幼嫩胚乳对部分腐败菌和病原菌的抗性比较研究[280]；椰子液体胚乳中肠道沙门氏菌的UV-C抗性受应激影响[281]；高压常压冷等离子体灭活嫩椰子水中5-log沙门氏菌的策略[282]；UV-C辐射对干燥椰子片的抗沙门氏菌净化作用[283]等。

（6）椰子油纳米乳液制备技术研究

通过研究椰子油在纳米乳液制备中的作用、制备技术、结构特性、物理特性及功能特性等，以实现椰子油纳米乳液的开发与利用。相关研究有：椰子蛋白水解物对水包油乳状液稳定性和流变性的影响[284]；椰子油纳米乳液对大黄鱼鱼糜凝胶性能的影响[285]；表面活性剂对椰子油纳米乳液物理性能的影响[286]；大豆油和椰子油结构脂质的合成、纯化、表征及其在姜黄素纳米乳液中的应用[287]等。

3.7 杧 果

3.7.1 研究重点

全球杧果基础研究领域已累计发表 6 023 篇论文，本研究统计了其一级、二级主题的论文量、排名及与全球热带作物基础研究领域的排名对比情况（表 3-13）。

从一级主题来看，全球杧果基础研究领域在贮藏加工与功能成分领域的相关研究最多，其次是生长调控与田间管理、种质资源与遗传育种，而在副产品开发与综合利用领域的相关研究相对较少；4 个主题在全球杧果基础研究领域的排名分布与全球热带作物基础研究领域一致。

从二级主题来看，全球杧果基础研究领域侧重贮藏保鲜及食品加工技术、功能成分提取测定及其生物活性等方向的研究；其次是生长机理及栽培技术、种质资源抗逆性及改良创新、病虫草害防控技术、复合材料制备及利用等方向，而在饲料产品开发及利用、转基因育种及植株再生技术等方向的相关研究较少。对比全球热带作物基础研究领域发现，杧果领域在病虫草害防控技术、淀粉制备及其品质特性分析等方向具有研究优势；而在种质资源抗病性及改良创新、生物燃料开发及利用、育种技术与遗传多样性分析等方向的研究相对较弱，还需要进一步加强关注。

重点方向的主要研究内容如下。

（1）贮藏保鲜及食品加工技术

对采后杧果的成熟机理、新鲜度、硬度及多酚氧化酶等营养物质的含量与特性进行研究；采用冷冻储存、热处理、辐射、壳聚糖等可食涂膜、水处理等多种工艺开展杧果的贮藏保鲜技术研究；利用干燥、高静压、超声波、微波等加工工艺制备杧果汁、杧果浆、杧果泥、杧果淀粉、面粉、酸奶等食品；基于色谱法、质谱法、光谱法等技术对加工产品的动力学、理化特性、功能性、感官特性、香气成分等进行分析等。

表3-13　全球杧果基础研究领域一级及二级主题论文量及排名

一级主题	热带作物		杧果			二级主题	热带作物		杧果		
	论文量（篇）	排名	论文量（篇）	排名	排名对比		论文量（篇）	排名	论文量（篇）	排名	排名对比
种质资源与遗传育种	56 695	3	2 537	3	—	种质资源抗病性及改良创新	24 460	5	933	7	↓↓
						种质资源抗逆性及改良创新	28 160	4	1 311	4	—
						育种技术与遗传多样性分析	23 385	6	873	9	↓↓↓
						转基因育种及植株再生技术	6 325	14	238	14	—
生长调控与田间管理	58 517	2	2 591	2	—	生态环境及生物多样性分析	18 760	11	742	11	—
						生长机理及栽培技术	37 718	2	1 417	3	↓
						病虫草害防控技术	20 579	9	1 161	5	↑↑↑↑
贮藏加工与功能成分	69 043	1	3 788	1	—	功能成分提取测定及其生物活性	31 566	3	1 783	2	↑
						功能成分的营养保健作用	21 461	8	880	8	—
						淀粉制备及其品质特性分析	15 282	12	850	10	↑↑
						贮藏保鲜及食品加工技术	44 217	1	2 870	1	—
副产品开发与综合利用	39 557	4	1 710	4	—	复合材料制备及利用	22 862	7	1 093	6	↑
						生物燃料开发及利用	19 921	10	737	12	↓↓
						饲料产品开发及利用	7 235	13	286	13	—

注：由于各主题之间有交叉研究，因此会出现一级主题总论文量多于领域总论文量，二级主题总论文量多于一级主题总论文量的现象。

（2）功能成分提取测定及其生物活性

利用高效液相色谱法、超声波辅助提取、微波辅助萃取等技术对杧果果实及果仁中含有的杧果苷、多酚、类胡萝卜素、花青素、没食子酸、糖苷、姜黄素、维生素 A、番茄红素等功能成分进行提取及定量测定，并对其抗氧化性、抗菌性、抗炎性、抗细胞增殖活性等生物活性，及其对氧化应激、细胞凋亡、脂质过氧化、癌症等抑制与调节作用进行研究等。

（3）生长机理及栽培技术

围绕杧果的生长与产量，研究不同土壤条件、土地利用、水肥条件、耕作制度等对杧果光合作用、气体交换、叶绿素荧光、蒸腾作用、果实成熟等生长发育机理和果实产量与品质的影响；研究不同的种植模式、施肥、灌溉、喷药等栽培技术对杧果生长发育及产量的促进作用等。

（4）种质资源抗逆性及改良创新

主要开展盐胁迫、干旱胁迫、低温胁迫、水分胁迫等非生物胁迫对杧果发芽、果实生长、果实成熟等生长发育的影响机理研究；耐逆性种质资源的引进、选育及评价研究；基于基因表达、拟南芥、分子克隆等技术开展杧果耐逆性品种的改良、创制与选育等。

（5）病虫草害防控技术

杧果实蝇、果蝇、象甲、茧蜂等害虫是为害杧果的主要害虫，通过昆虫不育技术、生物防治剂等措施开展杧果害虫的管理及生物防控，还可以在种植园养殖织叶蚁、黄猄蚁、跳小蜂等天敌以保护杧果免受害虫的侵害。

（6）复合材料制备及利用

利用杧果皮、叶、种子等副产物开发活性炭等生物吸附剂，研究其对废水、重金属、农药、染料、空气污染等的吸附作用及去除效果；利用杧果副产物开展纳米粒子、碳纳米管、可食用薄膜等复合材料的制备技术研究等。

（7）种质资源抗病性及改良创新

炭疽病、焦腐病、枯萎病、白粉病、顶梢枯死等杧果主要病害的感染、传播、致病机理及诊断研究；基于抗菌剂等生物防治剂的杧果病害防控技术研究；抗病性种质资源的引进、选育及评价研究；基于聚合酶链式反应、基因克隆等技术的抗病性种质资源改良与创制等。

3.7.2 研究趋势分析

本研究统计了 1991—2020 年全球杧果基础研究领域一级主题论文量及一级、二级主题论文量占比随时间的发展变化趋势（图 3-13 和图 3-14）。

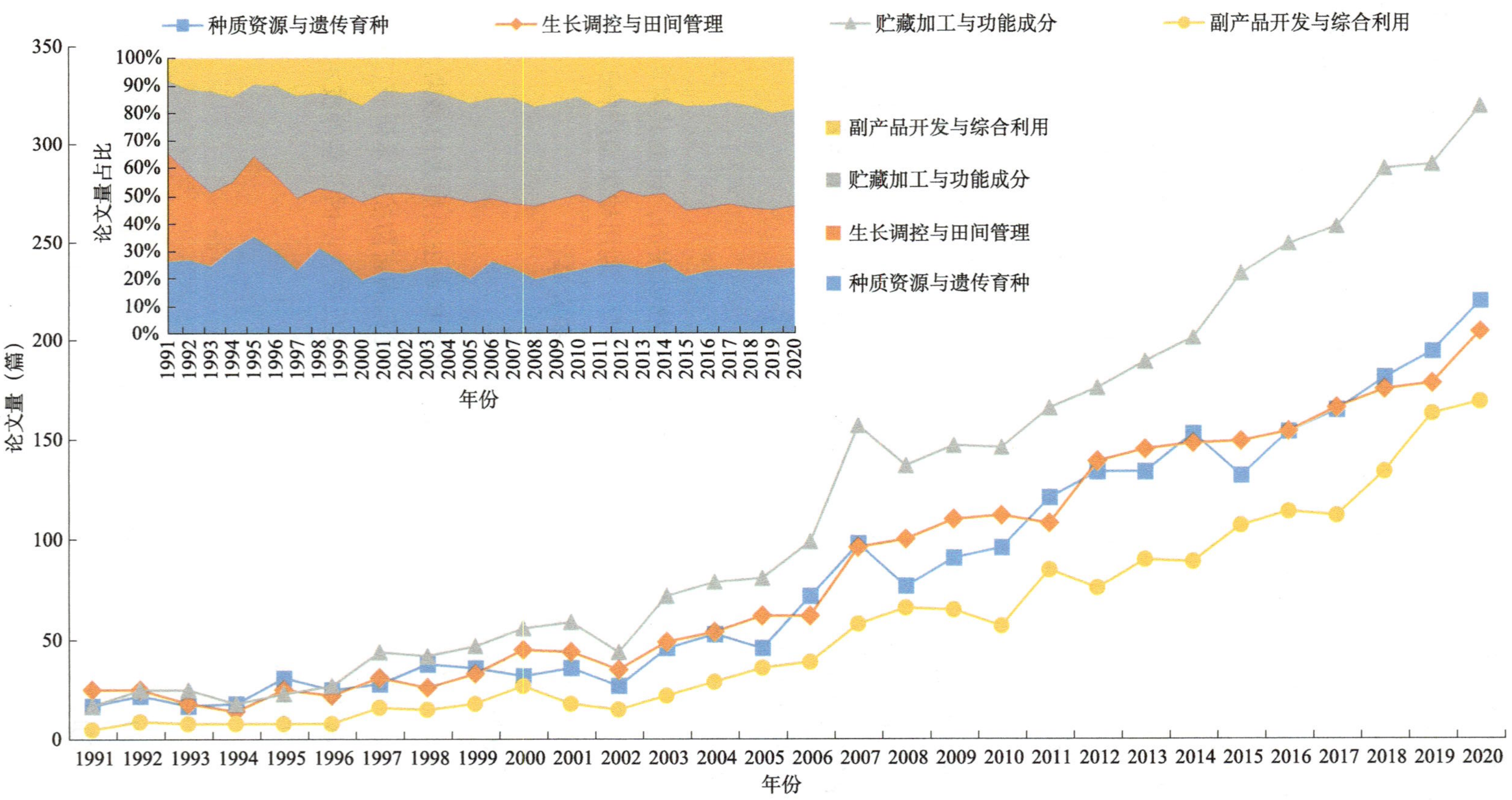

图 3-13　全球杧果基础研究领域一级主题论文量及占比年度变化

注：主题论文量变化（堆积面积）图中某一颜色的高度越高，代表该颜色对应主题在当年的论文量占比越高；高度越低，代表该颜色对应主题在当年的论文量占比越低。

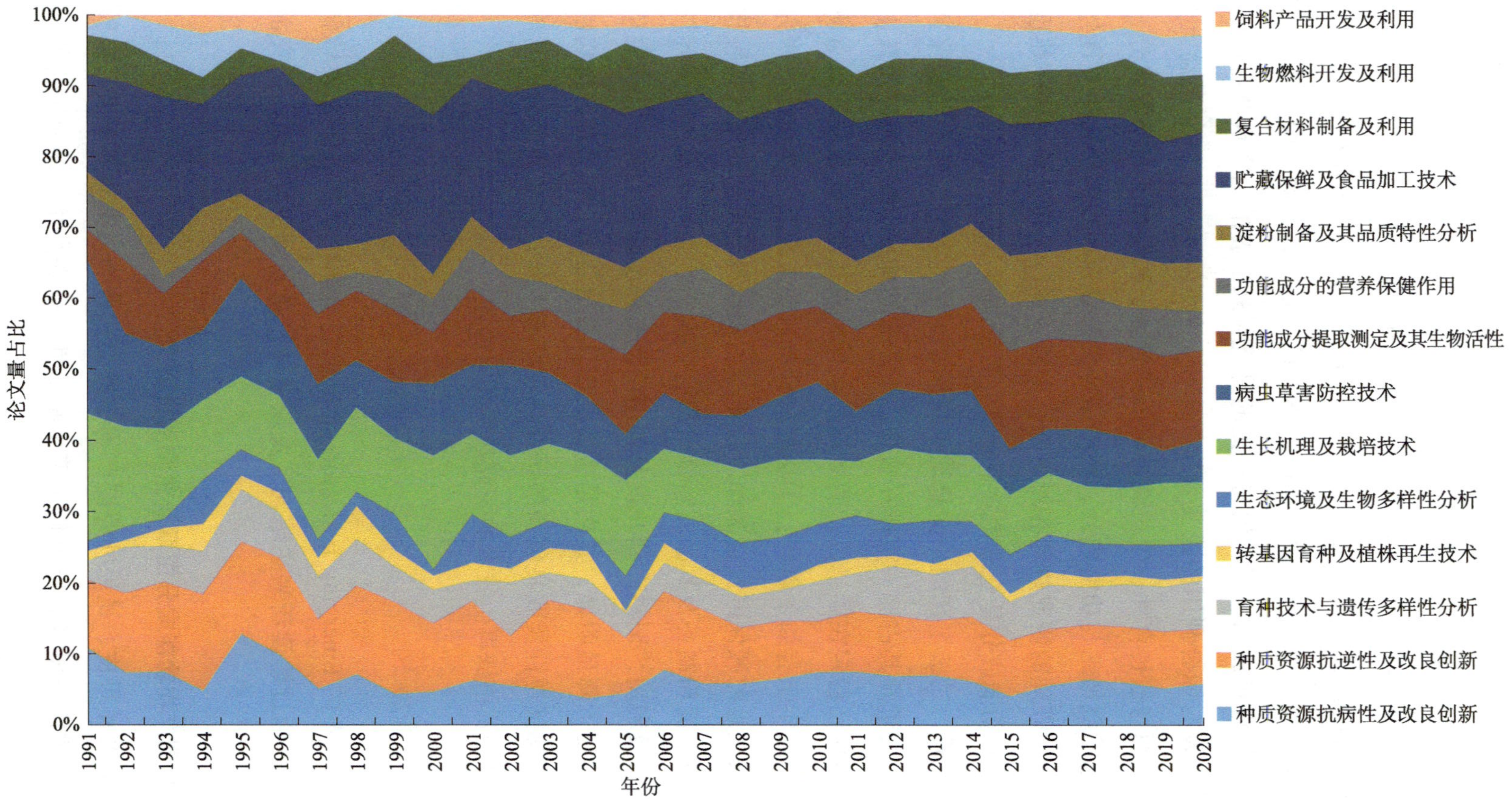

图 3-14 全球杧果基础研究领域二级主题论文量占比年度变化

注：主题论文量变化（堆积面积）图中某一颜色的高度越高，代表该颜色对应主题在当年的论文量占比越高；高度越低，代表该颜色对应主题在当年的论文量占比越低。

从一级主题来看，全球杧果基础研究领域4个主题领域的研究趋势基本一致，总体呈波动上升趋势。对比发现，1991—1995年种质资源与遗传育种、生长调控与田间管理、贮藏加工与功能成分三大领域的论文量及占比差别不大，但1996年之后贮藏加工与功能成分的论文量及占比跃居首位，且近年来论文量占比稳定在35%左右，种质资源与遗传育种、生长调控与田间管理的论文量及占比始终交替在中间位置，且论文量占比均逐年波动下降，值得一提的是近年来前者的论文量及占比略高于后者；副产品开发与综合利用的论文量排在末位，但论文量占比逐年波动上升。可见，早期种质资源与遗传育种、生长调控与田间管理、贮藏加工与功能成分三者均衡发展，近年来贮藏加工与功能成分、副产品开发与综合利用的研究热度逐年上升，生长调控与田间管理的研究热度有所下降，种质资源与遗传育种的研究热度有所回升，贮藏加工与功能成分是全球杧果基础研究领域的热点研究领域。

从二级主题来看，二级主题的论文量均呈现逐年增多的趋势，其中贮藏保鲜及食品加工技术的论文量及其占比一直排在首位，近年来功能成分提取测定及其生物活性的论文量及占比已稳定在第二位，两者均是全球杧果基础研究领域的热点研究方向。对比发现，近年来有如下趋势：①功能成分提取测定及其生物活性的研究热度上升最明显，其次是贮藏保鲜及食品加工技术、生物燃料开发及利用、育种技术与遗传多样性分析、淀粉制备及其品质特性分析，再次是生态环境及生物多样性分析、复合材料制备及利用，饲料产品开发及利用的研究热度略有上升；②病虫草害防控技术的研究热度下降最明显，其次是生长机理及栽培技术、种质资源抗病性及改良创新，种质资源抗逆性及改良创新的研究热度略有下降；③功能成分的营养保健作用、转基因育种及植株再生技术的研究热度相对稳定。

3.7.3 研究前沿识别

本研究利用DDA的Emerging Indicators指标识别全球杧果基础研究领域新兴主题词（表3-14），通过解读新兴主题词，发现全球杧果基础研究领域的研究前沿如下。

（1）杧果及其副产物功能成分提取及生物活性研究

通过研究杧果及杧果皮、杧果叶等副产物中酚类化合物、类胡萝卜素、果胶等功能成分的提取、测定技术及其抗氧化性等生物活性，以提高杧果的应用价值。相

表3-14 全球杧果基础研究领域新兴主题词

关键词英文	关键词中文	Emerging Indicators
Bioactive Compounds	生物活性物质	7.651
By-Products	副产品	6.740
Abscisic-Acid	脱落酸	5.932
Seed Kernel	种子仁	4.742
Gut Microbiota	肠道菌群	4.482
Silver Nanoparticles	银纳米粒子	3.955
Chlorophyll Fluorescence	叶绿素荧光	3.398
Biological-Control Agents	生物防治剂	2.913
Leaf Extract	叶提取物	2.748
Antifungal Activity	抗真菌活性	2.604
Gallic Acid	没食子酸	2.503
Action Mechanisms	作用机理	2.484
Methylene-Blue	亚甲基蓝	2.402
Artificial Neural Network	人工神经网络	2.397
Fruit Detection	水果检测	2.130
Photosynthesis	光合作用	2.014
Nitrogen	氮	1.993
Phenolic-Acids	酚酸	1.988
Activated Carbon	活性炭	1.934
Gas-Exchange	气体交换	1.933
Alpha-Glucosidase	α- 葡萄糖苷酶	1.906

注：Emerging Indicators 值越高，代表该主题词所在研究方向的新颖性越高。

关研究有：HPLC 和 GC-QTOF 测定杧果及其副产物中亲水亲脂酚的研究[288]；没食子酸含量和抗氧化机制决定杧果果皮对 LS180 细胞的抗增殖活性[289]；杧果果皮中酚类化合物的肠通透性和细胞抗氧化活性[290]；超声辅助提取杧果副产物类胡萝卜素的体外生物利用度研究[291]；响应面法优化杧果浆热辅助高压加工工艺研究[292]；基于 UHPLC-ESI-Orbitrap-MS/MS 鉴定杧果的营养成分、抗糖尿病特性和活性化合物[293]；杧果果皮中果胶、抗氧化剂和抗真菌多酚的提取工艺研究[294]等。

（2）杧果功能成分对疾病的调节及抑制作用研究

通过研究杧果苷、酚类化合物等功能成分对癌症、肠道性疾病、心脏病等调节及抑制作用，提高杧果功能成分的医用价值。相关研究有：杧果苷对癌症的作用机理研究[295]；杧果叶提取物抑制受试细菌群体感应调节的毒力因子和生物膜的产生[296]；基于人类结肠动态体外模型的杧果皮对肠道菌群的益生元作用评估[297]；杧果多酚衍生物对葡聚糖碳酸钠（DSS）诱导的结肠炎大鼠粪便微生物群、短链脂肪酸生成及HDAC1/AMPK/LC3轴的调节作用[298]；杧果苷对心力衰竭大鼠心脏的保护和抗凋亡作用研究[299]；杧果叶提取物合成的银纳米棒对乳腺癌和大肠癌细胞抗癌活性研究[300]等。

（3）杧果高产高效栽培技术研究

通过研究砧木、遮阴、肥料、灌溉等栽培技术对杧果生长机理及产量的影响，提高杧果的生长发育与产量品质，从而实现杧果的高产高效栽培。相关研究有：多胚砧木对杧果品种生长、产量和生理的影响[301]；遮阴改善杧果光合性能及部分品质性状的研究[302]；灌溉亏缺对杧果生理和生产参数的影响[303]；硼和氮肥对杧果树交替结实现象的缓解作用[304]；V-Mango：杧果树生长发育和果实生产的功能结构模型[305]等。

（4）杧果贮藏保鲜工艺研究

主要研究褪黑素、1-甲基环丙烯、γ-氨基丁酸、可食用薄膜等及不同贮藏条件对采后杧果品质特性及保质期的影响，以延长保质期并改善采后杧果的质量。相关研究有：采后应用褪黑素延缓贵妃杧果果实成熟软化的研究[306]；海藻酸钠涂膜对杧果贮藏过程中抗氧化酶及生化变化的影响[307]；4个杧果品种鲜切产品在2种不同贮藏条件下的响应[308]；1-甲基环丙烯在杧果果实保质期延长及品质保持上的应用[309]；γ-氨基丁酸对杧果贮藏过程中抗氧化系统及生化变化的影响[310]等。

（5）杧果炭疽菌的生物防控技术研究

炭疽菌是杧果炭疽病的主要病原之一，会在未成熟的杧果中引起潜在的感染，并在贮存和运输过程中造成巨大的经济损失。通过研究炭疽菌鉴定方法、致病机理及化学药剂、拮抗酵母菌等防治措施，以减少杧果炭疽病的发生，提升采后杧果的品质。相关研究有：壳聚糖与薄荷精油复配对杧果炭疽病的抑制作用[311]；广西杧果炭疽病菌的鉴定与致病性研究[312]；喜树碱半合成衍生物对杧果炭疽病菌的抑菌活性[313]；经济作物叶片拮抗酵母菌对杧果采后果腐病和炭疽病的防治研究[314]；硫化二甲酯对杧果炭疽菌的体外抗真菌活性[315]等。

（6）杧果副产物生物炭制备技术及其吸附作用研究

通过研究基于杧果皮、杧果壳等副产物的生物炭制备关键技术及其对染料、重金属、CO_2、原油、苯酚等的吸附作用，以提高生物炭的产量、质量及利用价值。相关研究有：酸处理过的杧果皮对亚甲基蓝的吸附动力学、平衡和热力学研究[316]；杧果叶生物炭吸附结晶紫染料的策略及染料残留毒性评价[317]；杧果籽壳活性炭吸附CO_2的热重研究[318]；木质纤维杧果籽壳活性炭除铅研究[319]；杧果壳与杧果壳活性炭对原油吸附性能的比较研究[320]；微波辅助Ag-Au纳米粒子改性杧果籽壳活性炭以吸附废水中苯酚的研究[321]等。

（7）基于机器视觉、深度学习等技术的杧果产量及质量估测技术研究

利用机器视觉、光谱技术、深度学习等技术对杧果的果实个数、果实成熟度、产量及质量等进行检测与估算，为种植者的生产决策提供参考。相关研究有：基于图像的杧果多视点几何检测、定位与产量估计[322]；杧果树冠果实计数的机器视觉方法[323]；基于深度学习技术的实时杧果检测和果园水果负荷估算[324]；利用高分辨率Worldview-3影像估测杧果产量的潜力探讨[325]；基于地面移动平台高光谱成像的杧果成熟度估计[326]；基于人工神经网络的杧果内部褐变的可见光谱和近红外光谱无损检测[327]等。

3.8 油 棕

3.8.1 研究重点

全球油棕基础研究领域已累计发表 4 286 篇论文，本研究统计了其一级、二级主题的论文量、排名及与全球热带作物基础研究领域的排名对比情况（表 3-15）。

从一级主题来看，全球油棕基础研究领域在生长调控与田间管理领域的相关研究最多，其次是种质资源与遗传育种、副产品开发与综合利用，而在贮藏加工与功能成分领域的相关研究相对较少；对比全球热带作物基础研究领域发现，油棕领域在贮藏加工与功能成分领域的研究较弱。

从二级主题来看，全球油棕基础研究领域侧重生长机理及栽培技术、生态环境及生物多样性分析、生物燃料开发及利用等方向的研究；其次是复合材料制备及利用、贮藏保鲜及食品加工技术、育种技术与遗传多样性分析、种质资源抗逆性及改良创新等方向，而在饲料产品开发及利用、转基因育种及植株再生技术等方向的相关研究较少。对比全球热带作物基础研究领域发现，油棕领域在生态环境及生物多样性分析、生物燃料开发及利用、复合材料制备及利用等方向具有研究优势；而在功能成分提取测定及其生物活性、贮藏保鲜及食品加工技术、种质资源抗病性及改良创新等方向的研究相对较弱，还需要进一步加强关注。

重点方向的主要研究内容如下。

（1）生长机理及栽培技术

开展种植密度、土壤条件、施肥、碳、氮、磷、钾、温室气体排放、灌溉等因素对油棕根叶生长、光合作用、气体交换等生长发育机理和产量与品质的影响研究，并利用图像分析、机器视觉、地理信息系统等技术对油棕的面积、叶生长情况等进行监测与管理。

（2）生态环境及生物多样性分析

开展种植园不同土地利用方式、气候变化、土地覆盖、生物多样性、生态系统

表3-15 全球油棕基础研究领域一级及二级主题论文量及排名

一级主题	热带作物		油棕			二级主题	热带作物		油棕		
	论文量（篇）	排名	论文量（篇）	排名	排名对比		论文量（篇）	排名	论文量（篇）	排名	排名对比
种质资源与遗传育种	56 695	3	1 614	2	↑	种质资源抗病性及改良创新	24 460	5	529	9	↓↓↓↓
						种质资源抗逆性及改良创新	28 160	4	736	7	↓↓↓
						育种技术与遗传多样性分析	23 385	6	787	6	—
						转基因育种及植株再生技术	6 325	14	278	12	↑↑
生长调控与田间管理	58 517	2	2 222	1	↑	生态环境及生物多样性分析	18 760	11	1 214	2	↑↑↑↑↑↑↑↑↑
						生长机理及栽培技术	37 718	2	1 282	1	↑
						病虫草害防控技术	20 579	9	550	8	↑
贮藏加工与功能成分	69 043	1	1 576	4	↓↓↓	功能成分提取测定及其生物活性	31 566	3	511	10	↓↓↓↓↓↓↓
						功能成分的营养保健作用	21 461	8	481	11	↓↓↓
						淀粉制备及其品质特性分析	15 282	12	0		
						贮藏保鲜及食品加工技术	44 217	1	791	5	↓↓↓↓
副产品开发与综合利用	39 557	4	1 591	3	↑	复合材料制备及利用	22 862	7	942	4	↑↑↑
						生物燃料开发及利用	19 921	10	1 131	3	↑↑↑↑↑↑↑
						饲料产品开发及利用	7 235	13	159	13	—

注：由于各主题之间有交叉研究，因此会出现一级主题总论文量多于领域总论文量，二级主题总论文量多于一级主题总论文量的现象。

对油棕生长发育及产量的影响研究；油棕种植对环境生物丰度及群落结构等多样性、稀有物种及其栖息地等的影响研究；另外，还对油棕种植生产经济模式、油棕产品交易价格及政策、油棕种植园劳动雇用、油棕小农收入等方面进行了研究。

（3）生物燃料开发及利用

利用油棕空果串、油棕叶、油棕树干等副产物通过发酵、酸碱预处理、水解、厌氧消化等生物转化与炼制技术开展乙醇、甲烷、氢、沼气等生物燃料的开发利用研究；另外，还开展了油棕副产物中木质素、纤维素、半纤维素等的溶解、提取、降解、测定及开发利用研究等。

（4）复合材料制备及利用

利用油棕空果串、油棕叶、油棕仁壳、油棕纤维等副产物制备活性炭等生物吸附剂，并研究其对废水、污水污泥、重金属、农药、亚甲基蓝、染料、有害气体等的吸附与去除作用；利用油棕副产物开展纳米粒子、纳米纤维素、微晶纤维素、纳米复合膜、聚氨酯等复合材料的制备技术研究等。

（5）贮藏保鲜及食品加工技术

主要开展油棕的成熟机理、贮藏保鲜及品质评价研究；借助液化、微波、干燥、精炼等加工工艺开展棕榈油、棕榈仁油、棕榈酒等食品的制备技术研究；利用光谱技术、机器视觉、图像分析、轮廓分析、质谱法等方法对油棕果及其加工食品的品质进行研究等。

（6）育种技术与遗传多样性分析

利用基因组、微卫星标记、序列分析、数量性状位点、RFLP 标记、杂交育种等技术开展油棕种质资源的遗传变异与转化、新品种创制与选育等；利用分子标记、序列分析等技术开展种质资源的遗传多样性、系统进化、多态性等分析，以实现油棕种质资源收集、鉴定、管理和利用，也为核心种质的开发与创制提供了理论依据。

（7）种质资源抗逆性及改良创新

主要开展盐胁迫、干旱胁迫、水胁迫等非生物胁迫对油棕生长发育的影响机理研究；耐逆性种质资源的引进、选育及评价研究；基于基因表达、转录组、分子克隆等技术开展非生物胁迫相关基因的定位、克隆、表达、调控与分析，以改良、创制油棕耐逆性种质资源。

3.8.2 研究趋势分析

本研究统计了 1991—2020 年全球油棕基础研究领域一级主题论文量及一级、二级主题论文量占比随时间的发展变化趋势（图 3-15 和图 3-16）。

从一级主题来看，全球油棕基础研究领域 4 个主题领域的研究趋势基本一致，总体呈波动上升趋势。对比发现，1991—2002 年种质资源与遗传育种、生长调控与

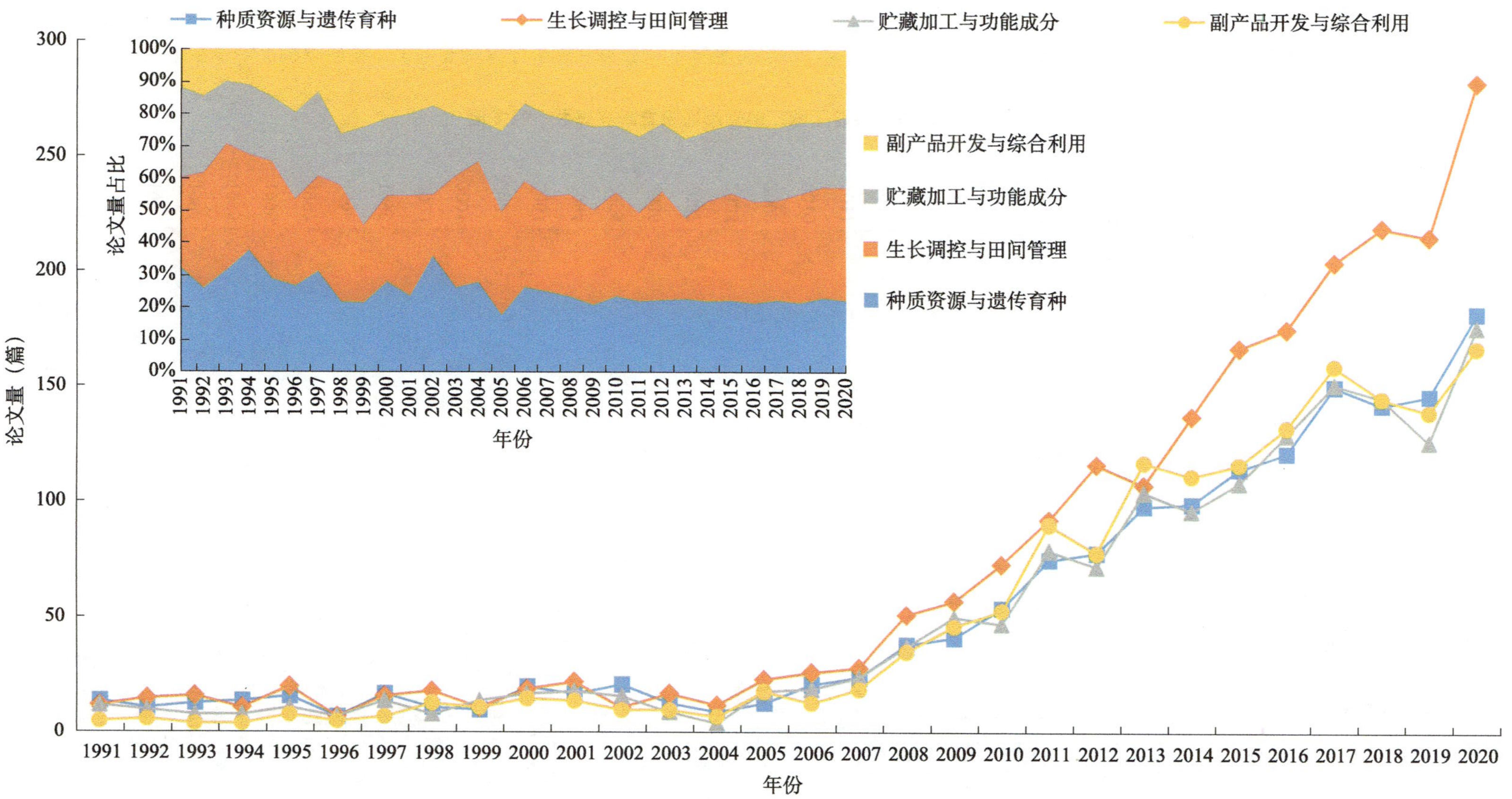

图 3-15　全球油棕基础研究领域一级主题论文量及占比年度变化

注：主题论文量变化（堆积面积）图中某一颜色的高度越高，代表该颜色对应主题在当年的论文量占比越高；高度越低，代表该颜色对应主题在当年的论文量占比越低。

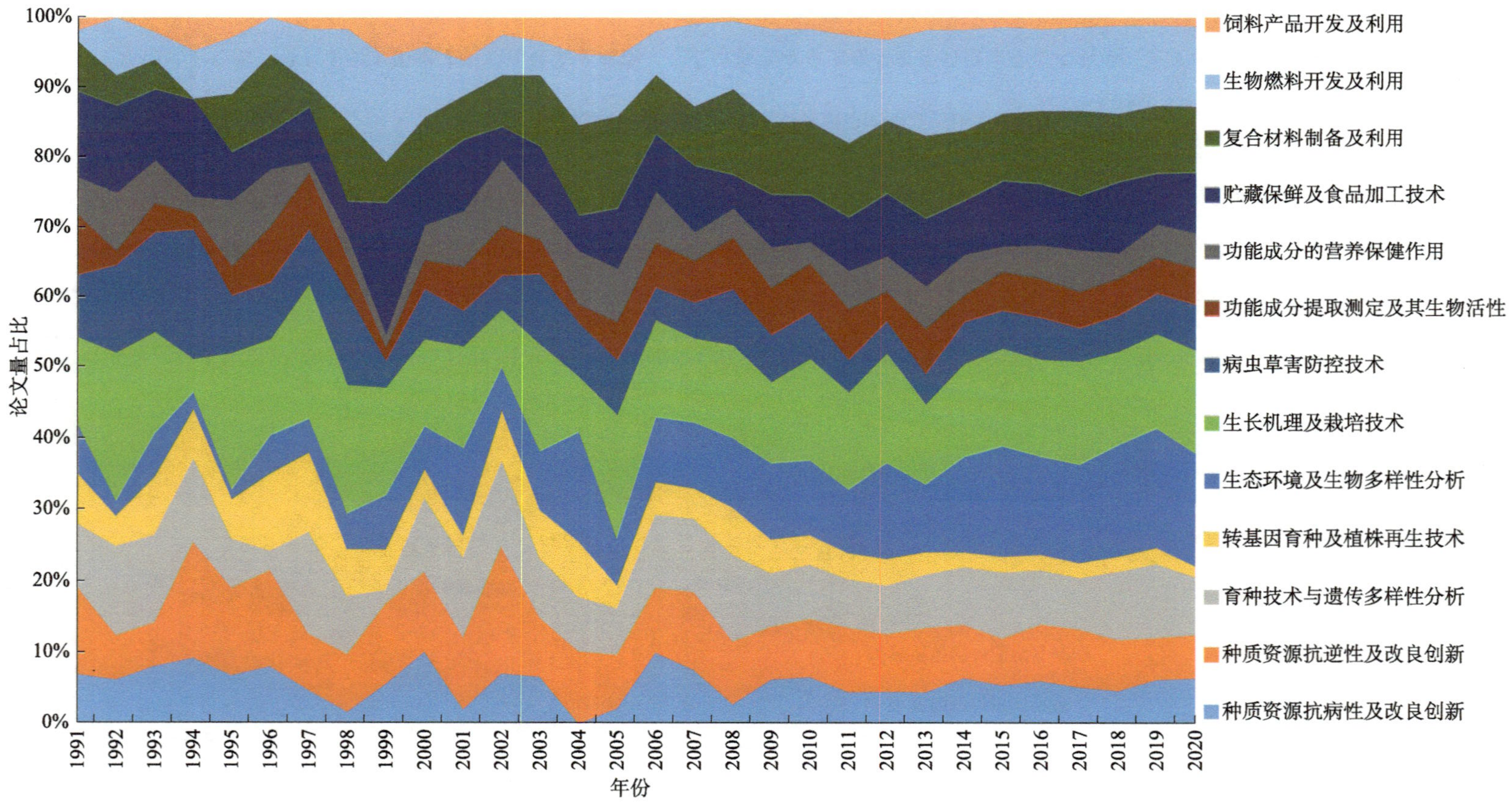

图 3-16　全球油棕基础研究领域二级主题论文量占比年度变化

注：主题论文量变化（堆积面积）图中某一颜色的高度越高，代表该颜色对应主题在当年的论文量占比越高；高度越低，代表该颜色对应主题在当年的论文量占比越低。

田间管理的论文量及占比排在前两位，但 2003 年及之后生长调控与田间管理的论文量及占比跃居首位，论文量占比波动下降后又回升，且与其他 3 个主题的论文量差距越来越大；种质资源与遗传育种的论文量占比逐年波动下降，贮藏加工与功能成分的论文量占比前期波动较大但 2005 年之后相对稳定，且基本与种质资源与遗传育种持平；副产品开发与综合利用的论文量及占比于 1991—2007 年均排在末位，论文量占比波动上升并于 2007—2017 年达到第二位，但近年来论文量占比有所回落。可见，早期侧重种质资源与遗传育种、生长调控与田间管理的研究，近年来生长调控与田间管理的研究热度有所上升，种质资源与遗传育种、贮藏加工与功能成分的研究热度相对稳定，副产品开发与综合利用的研究热度先增后降，生长调控与田间管理是全球油棕基础研究领域的热点研究领域。

从二级主题来看，二级主题的论文量均呈现逐年增多的趋势，其中早期生长机理及栽培技术的论文量及其占比基本排在首位，近年来生态环境及生物多样性分析的论文量及占比已跃居首位，两者均是全球油棕基础研究领域的热点研究方向。对比发现，近年来有如下趋势：①生物燃料开发及利用、生态环境及生物多样性分析的研究热度上升最明显，其次是生长机理及栽培技术、复合材料制备及利用；②种质资源抗逆性及改良创新、转基因育种及植株再生技术的研究热度下降最明显，其次是贮藏保鲜及食品加工技术、功能成分提取测定及其生物活性、病虫草害防控技术；③种质资源抗病性及改良创新、育种技术与遗传多样性分析、功能成分的营养保健作用、饲料产品开发及利用的研究热度相对稳定。

3.8.3 研究前沿识别

本研究利用 DDA 的 Emerging Indicators 指标识别全球油棕基础研究领域的新兴主题词（表 3-16），通过解读新兴主题词，发现全球油棕基础研究领域的研究前沿如下。

（1）油棕种植园生态环境与生物多样性研究

通过研究油棕种植园耕作模式、扩张制度、气候变化、土地覆盖、种植系统等与生物多样性、CO_2 通量、油棕产量等的相互作用，为油棕人工林系统构建等提供对策建议，以提高油棕的产量并保护生物多样性。相关研究有：印度尼西亚油棕主导景观生物多样性富集的试验研究[328]；油棕小农户单作和混作对陆地节肢动物多样

表3-16 全球油棕基础研究领域新兴主题词

关键词英文	关键词中文	Emerging Indicators
Expansion	扩张	7.131
CO_2 Efflux	二氧化碳排放	5.970
Antifungal Activity	抗真菌活性	5.062
Abundance	丰度	4.510
Nutrition	营养	3.628
Anaerobic Digestion	厌氧消化	3.335
Fusarium Head Blight	枯萎病菌	3.280
Support Vector Machine	支持向量机	3.144
Potassium	钾	3.026
Association	相关性	2.535
Interspecific Hybridization	种间杂交	2.416
Bud Rot	芽腐病	2.310
Landsat	陆地卫星	2.191
Carbon Sequestration	固碳	2.189
Metabolomics	代谢组学	2.180
Organic-Matter	有机物	2.150
Co-Digestion	共同消化	2.148
Colletotrichum-Gloeosporioides	炭疽菌	2.125
Phylogenetic Analysis	系统进化分析	1.955
Land-Cover	土地覆盖	1.835

注：Emerging Indicators 值越高，代表该主题词所在研究方向的新颖性越高。

性的影响[329]；量化和了解秘鲁亚马孙河中大型和小型油棕扩张制度造成的土地覆盖变化[330]；气候对尼日利亚尼日尔三角洲棕榈油产量的影响[331]；热带泥炭地不同油棕种植系统对环境的影响[332]；秘鲁亚马孙河中油棕扩张造成的毁林风险[333]；东南亚油棕及其CO_2通量的研究进展[334]；成熟油棕人工林下热带泥炭流失地层土壤CO_2产生的重要性研究[335]等。

（2）油棕病害的病原检测、致病机理及防控技术研究

灵芝菌、疫霉菌、炭疽菌、尖孢镰刀菌是造成油棕茎基腐病、芽腐病、炭疽病、枯萎病的致病因子，通过研究这些病害的病原检测技术、发生规律及致病机理、防控技术等，以减轻油棕病害的为害程度，并为其抗病品种选育提供参考。相关研究有：人工神经网络光谱分析在油棕茎基腐病早期检测中的应用研究[336]；油棕疫霉菌侵染过程的组织病理学研究[337]；代谢产物在油棕对油棕茎基腐病早期防御机制中的作用[338]；壳聚糖—己康唑纳米颗粒的制备及其在油棕中对灵芝菌的抗真菌活性研究[339]；枯草芽孢杆菌 SAHA 32.6 生产 β-葡聚糖酶的最佳培养基研究及对油棕病原体（弯曲菌和炭疽菌）的生物防治作用研究[340]；乌干达卡兰加拉小农户油棕榈枯萎病发生、分布及防治知识调查[341]等。

（3）土壤条件对油棕生长状况及产量的影响研究

通过研究油棕人工林土壤性质、养分状况及土壤管理措施，构建最适宜的土壤条件以促进油棕的生长发育及产量。相关研究有：施用氮肥对泥炭地油棕人工林异养和土壤呼吸的影响[342]；印度南部热带热湿地区油棕人工林土壤性质空间变异性及土壤管理区划分[343]；长期施用作物残茬对油棕产量和生产的时间稳定性研究[344]；钾有效性和涝渍对油棕呼吸和碳利用效率的影响[345]；印度西海岸油棕人工林土壤养分状况及叶片养分指标[346]；有机土壤改良剂对油棕生产中土壤质量的影响[347]等。

（4）基于油棕副产物厌氧消化、暗发酵等技术的沼气、氢气制备工艺研究

通过研究油棕副产物制备沼气、氢气过程中的预处理、厌氧消化、暗发酵、工艺优化等关键技术，以提高沼气、氢气的产量。相关研究有：棕榈油厂固体废弃物固态厌氧发酵产沼气工艺优化及微生物群落分析[348]；基于热厌氧杆菌 KKU19 从油棕树干水解液中两段高温生物制氢和产甲烷[349]；真菌预处理对油棕空果束固态生物甲烷化的影响[350]；稀酸和酶解对油棕空果串黑暗发酵产氢的优化技术[351]；利用棕榈油厂废水两段高温共消化固体废弃物提高生物素产量的研究[352]等。

（5）油棕杂交育种及组织培养技术研究

通过开展油棕的杂交育种技术、基因组分析、组织培养技术、遗传转化分析等研究，以改善油棕的生物性状，为油棕的遗传转化及植株再生等提供宝贵资源。相关研究有：通过测序基因分型开展基因组的预选择以提高商品油棕杂交组合的性能[353]；平衡大量繁殖与体细胞克隆变异的油棕组织培养技术研究[354]；油棕杂交品种群体形态和产量相关性状的全基因组关联研究[355]；油棕的组织培养和遗传转化研究进展[356]；重氮营养细菌对油棕离体愈伤组织和胚性愈伤组织的生物转化作用研究[357]；基于基因组原位杂交的油棕种间杂交组合基因组结构监测研究[358]等。

（6）基于遥感技术的油棕面积监测、生物量估测研究

利用卫星等遥感技术获取油棕的分布、面积等信息，以实现油棕种植面积监测、生物量预测等，为种植者的生产决策提供参考。相关研究有：利用 ALOS-2 PALSAR-2 数据绘制马来西亚油棕分布图[359]；利用遥感数据监测马来西亚废弃油棕地[360]；利用 ALOS-1/2 PALSAR-1/2 数据绘制 2007—2016 年马来西亚油棕榈种植扩张图[361]；马来西亚油棕榈人工林地上生物量的遥感模拟与制图[362]；基于遥感数据的油棕人工林检测机器学习方法[363]等。

3.9 番木瓜

3.9.1 研究重点

全球番木瓜基础研究领域已累计发表 3 916 篇论文，本研究统计了其一级、二级主题的论文量、排名及与全球热带作物基础研究领域的排名对比情况（表 3-17）。

从一级主题来看，全球番木瓜基础研究领域在种质资源与遗传育种、贮藏加工与功能成分领域研究最多，其次是生长调控与田间管理，而在副产品开发与综合利用领域的相关研究相对较少；对比全球热带作物基础研究领域发现，番木瓜领域在种质资源与遗传育种领域具有研究优势。

从二级主题来看，全球番木瓜基础研究领域侧重贮藏保鲜及食品加工技术等方向的研究；其次是种质资源抗逆性及改良创新、种质资源抗病性及改良创新、功能成分提取测定及其生物活性，再次是生长机理及栽培技术、育种技术与遗传多样性分析等方向，而在饲料产品开发及利用等方向的相关研究较少。对比全球热带作物基础研究领域发现，番木瓜领域在种质资源抗逆性及改良创新、种质资源抗病性及改良创新等方向具有研究优势；而在生长机理及栽培技术等方向的研究较弱，还需要进一步加强关注。

重点方向的主要研究内容如下。

（1）贮藏保鲜及食品加工技术

主要开展番木瓜成熟过程中果实硬度及内在质地的变化机理研究，以及乙烯、1- 甲基环丙烯等化学处理剂对番木瓜果实硬度及营养物质含量及特性的影响研究；利用理化特性、纹理特性、感官特性等分析方法开展采后番木瓜硬度、颜色、维生素 C 含量等方面的品质评估；采用薄膜、可食涂膜、辐射、热处理凝胶等多种工艺开展番木瓜的贮藏保鲜，以保证贮藏稳定性并延长保质期；借助干燥、脱水、辐射等加工工艺制备果汁、果胶、果干等食品的制备技术研究；基于光谱法、色谱法、质谱法、感官评价等方法对加工食品的品质研究等。

表3-17 全球番木瓜基础研究领域一级及二级主题论文量及排名

一级主题	热带作物		番木瓜			二级主题	热带作物		番木瓜		
	论文量（篇）	排名	论文量（篇）	排名	排名对比		论文量（篇）	排名	论文量（篇）	排名	排名对比
种质资源与遗传育种	56 695	3	2 102	1	↑↑	种质资源抗病性及改良创新	24 460	5	1 056	3	↑↑
						种质资源抗逆性及改良创新	28 160	4	1 060	2	↑↑
						育种技术与遗传多样性分析	23 385	6	797	6	—
						转基因育种及植株再生技术	6 325	14	285	13	↑
生长调控与田间管理	58 517	2	1 447	3	↓	生态环境及生物多样性分析	18 760	11	407	11	—
						生长机理及栽培技术	37 718	2	799	5	↓↓↓
						病虫草害防控技术	20 579	9	540	8	↑
贮藏加工与功能成分	69 043	1	2 082	2	↓	功能成分提取测定及其生物活性	31 566	3	1 021	4	↓
						功能成分的营养保健作用	21 461	8	487	9	↓
						淀粉制备及其品质特性分析	15 282	12	391	12	—
						贮藏保鲜及食品加工技术	44 217	1	1 415	1	—
副产品开发与综合利用	39 557	4	944	4	—	复合材料制备及利用	22 862	7	575	7	—
						生物燃料开发及利用	19 921	10	479	10	—
						饲料产品开发及利用	7 235	13	98	14	↓

注：由于各主题之间有交叉研究，因此会出现一级主题总论文量多于领域总论文量，二级主题总论文量多于一级主题总论文量的现象。

（2）种质资源抗逆性及改良创新

开展盐胁迫、干旱胁迫、水胁迫、低温胁迫等非生物胁迫对番木瓜蛋白酶生成、种子萌发、花发育、果实成熟等生长发育的影响机理研究；耐逆性种质资源的引进、选育及评价研究；基于基因表达、转录组、分子克隆等技术开展番木瓜耐逆性种质资源的改良、创制与选育。

（3）种质资源抗病性及改良创新

开展番木瓜环斑病毒、马铃薯Y病毒、花叶病毒、双生病毒、黄化叶病毒、炭疽菌等番木瓜主要病原体的感染、传播、致病机理及诊断防控研究；抗病性种质资源的引进、选育及评价研究；基于聚合酶链式反应、基因克隆等技术对抗病性基因进行分析与调控，以实现抗病性种质资源的改良与创制等。

（4）功能成分提取测定及其生物活性

利用高效液相色谱法、水解、催化、超声波、微波等技术实现番木瓜酚类化合物、类胡萝卜素、番茄红素、异硫氰酸苄酯、凝乳蛋白酶、维生素 A、脂肪酶等功能成分的提取与定量测定，并对其抗氧化性、抗菌性、抗炎活性、抗增殖活性、抗癌活性等生物活性，及其对氧化应激、细胞凋亡、细胞毒性、脂质过氧化等的抑制与调节作用进行了研究。

（5）生长机理及栽培技术

围绕番木瓜生长和产量，研究土壤条件、氮、肥料、灌溉、磷、温湿度等因素及不同栽培技术对番木瓜生根发芽、光合作用、气体减缓、叶绿素荧光、气孔导度等生长发育机理的影响，并构建最适合番木瓜生长的种植系统以促进番木瓜的生产发育，提高产量和品质。

（6）育种技术与遗传多样性分析

利用序列分析、基因组测序、微卫星标记、RAPD 标记、SCAR 标记、AFLP 标记、种间杂交等育种技术进行番木瓜种质资源的改良与创制；综合利用分子标记、连锁图谱等技术开展番木瓜种质资源的亲缘关系、性别鉴定、遗传多样性、系统发育与进化等分析，为番木瓜核心种质资源的创制提供理论依据。

（7）复合材料制备及利用

利用番木瓜的果皮、种子、叶等副产物开发活性炭等生物吸附剂，研究其对水溶液、重金属、染料等的吸附作用及去除效果；利用番木瓜副产物开展纳米粒子、碳纳米管、可食薄膜等复合材料的制备技术研究等。

3.9.2 研究趋势分析

本研究统计了 1991—2020 年全球番木瓜基础研究领域一级主题论文量及一级、二级主题论文量占比随时间的发展变化趋势（图 3-17 和图 3-18）。

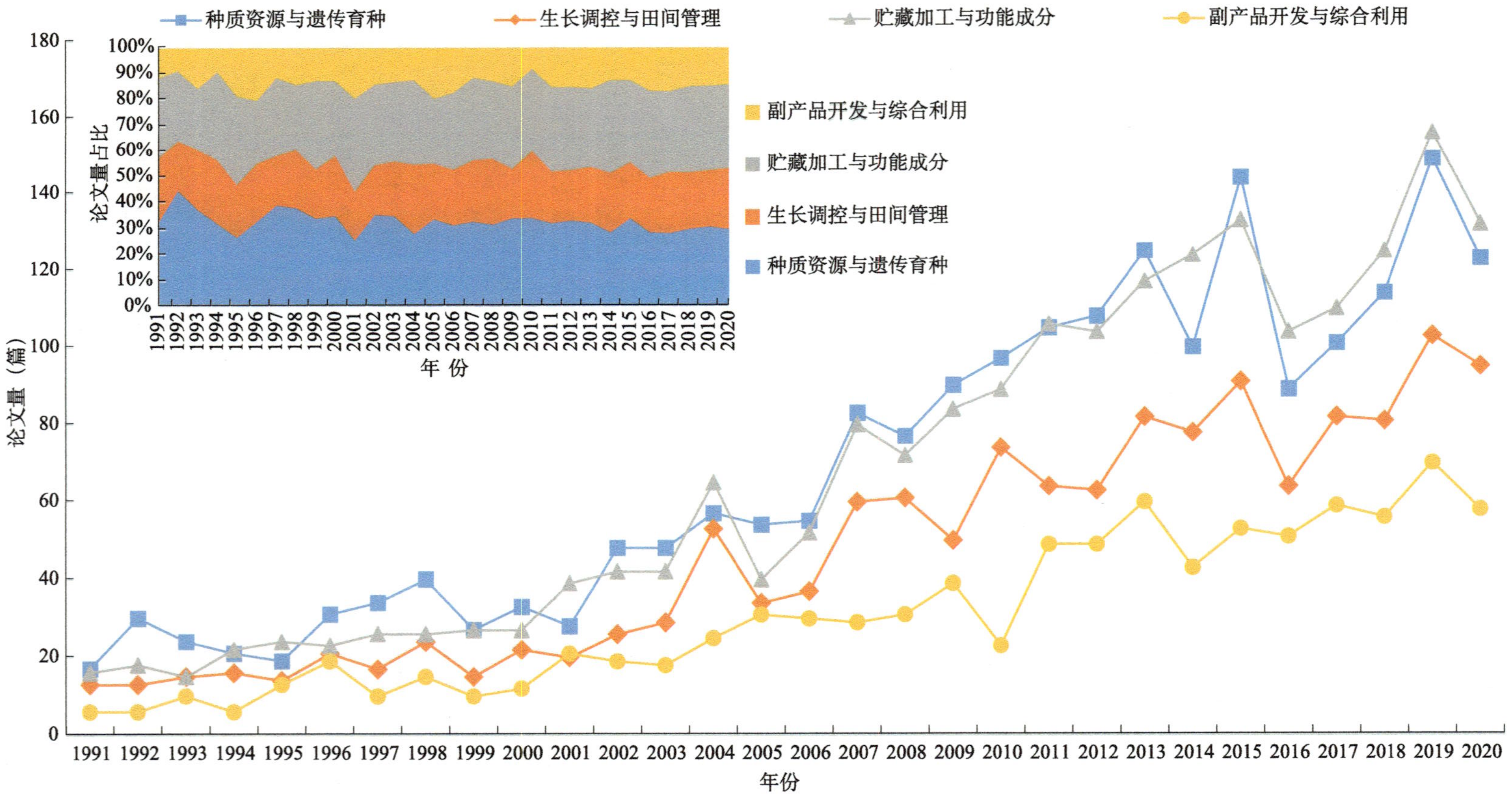

图 3-17　全球番木瓜基础研究领域一级主题论文量及占比年度变化

注：主题论文量变化（堆积面积）图中某一颜色的高度越高，代表该颜色对应主题在当年的论文量占比越高；高度越低，代表该颜色对应主题在当年的论文量占比越低。

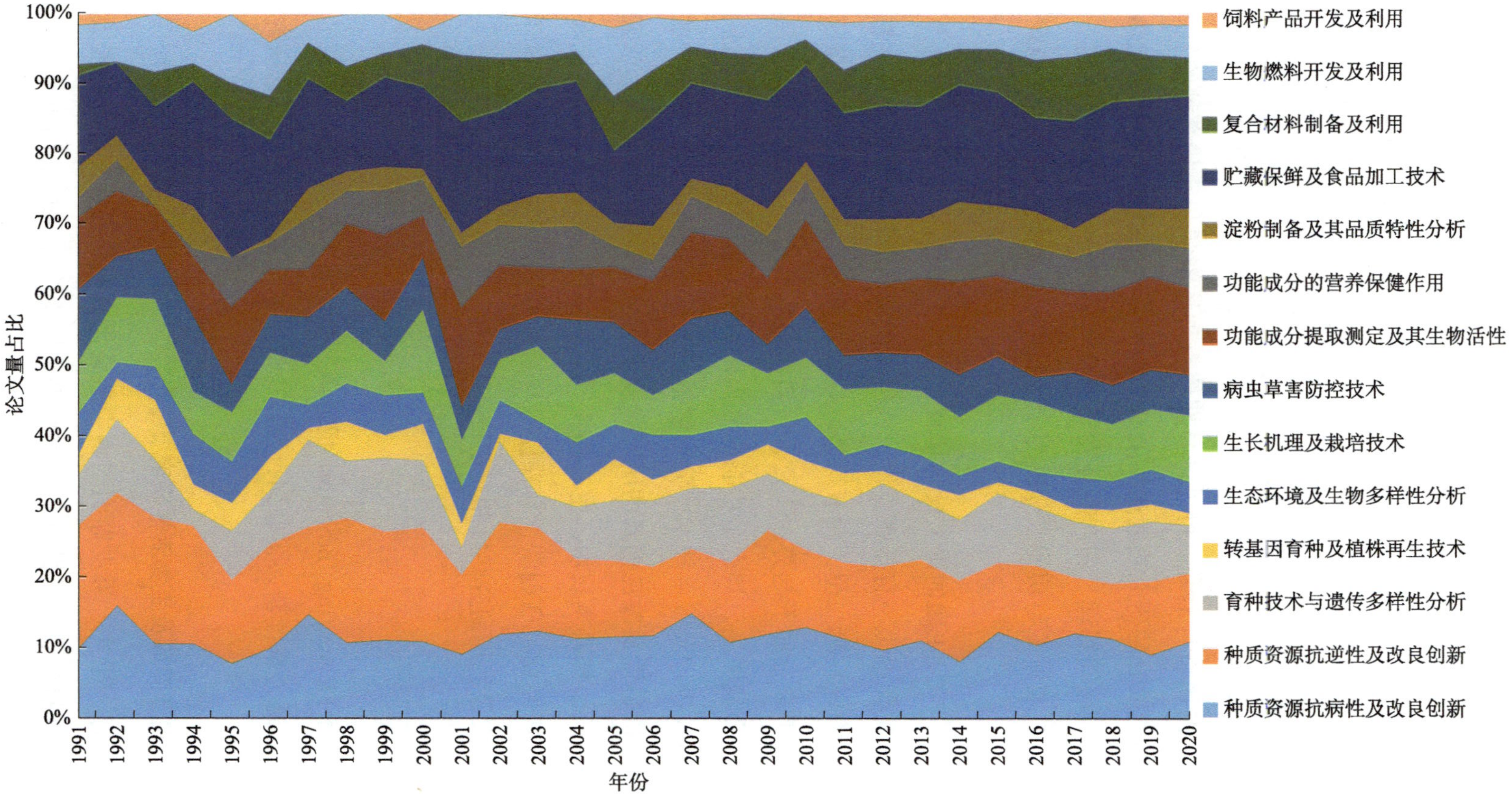

图 3-18 全球番木瓜基础研究领域二级主题论文量占比年度变化

注：主题论文量变化（堆积面积）图中某一颜色的高度越高，代表该颜色对应主题在当年的论文量占比越高；高度越低，代表该颜色对应主题在当年的论文量占比越低。

从一级主题来看，全球番木瓜基础研究领域 4 个主题领域的研究趋势基本一致，总体呈波动上升趋势。对比发现，种质资源与遗传育种、贮藏加工与功能成分的论文量及占比基本排在前两位，种质资源与遗传育种的论文量占比波动下降，贮藏加工与功能成分的论文量占比波动上升，1991—2015 年前者的论文量及占比多高于后者，但 2016 年开始后者的论文量及占比已赶超前者；生长调控与田间管理的论文量及占比排在第三位，论文量占比相对稳定；副产品开发与综合利用的论文量及占比排在末位，论文量占比略有上升。可见，早期侧重种质资源与遗传育种的研究，近年来贮藏加工与功能成分的研究热度逐年上升，种质资源与遗传育种的研究热度有所下降，生长调控与田间管理、副产品开发与综合利用的研究热度相对稳定，种质资源与遗传育种、贮藏加工与功能成分成为全球番木瓜基础研究领域的热点研究领域。

从二级主题来看，二级主题的论文量均呈现逐年增多趋势，其中贮藏保鲜及食品加工技术的论文量及其占比一直排在首位，近年来功能成分提取测定及其生物活性的论文量及占比已稳定在第二位，两者均是全球番木瓜基础研究领域的热点研究方向。对比发现，近年来有如下趋势：①复合材料制备及利用、贮藏保鲜及食品加工技术的研究热度上升最明显，其次是功能成分提取测定及其生物活性、功能成分的营养保健作用、生长机理及栽培技术，淀粉制备及其品质特性分析的研究热度略有上升；②种质资源抗逆性及改良创新的研究热度下降最明显，其次是病虫草害防控技术，转基因育种及植株再生技术、生态环境及生物多样性分析的研究热度略有下降；③种质资源抗病性及改良创新、育种技术与遗传多样性分析、生物燃料开发及利用、饲料产品开发及利用研究热度相对稳定。

3.9.3 研究前沿识别

本研究利用 DDA 的 Emerging Indicators 指标识别全球番木瓜基础研究领域的新兴主题词（表 3-18），通过解读新兴主题词，发现全球番木瓜基础研究领域的研究前沿如下。

（1）番木瓜功能成分提取及生物活性研究

通过研究番木瓜籽、果实、果皮等副产物中酚类化合物、膳食纤维等功能成分的提取、测定技术及其抗氧化、抗菌性等生物活性，以提高杧果的应用价值。相关

表3-18 全球番木瓜基础研究领域新兴主题词

关键词英文	关键词中文	Emerging Indicators
Anti-Oxidant	抗氧化剂	5.268
Antimicrobial Activity	抗菌性	5.201
Sensory Properties	感官特性	3.442
Films	薄膜	3.376
Fresh	新鲜	3.333
Infrared-Spectroscopy	红外光谱	2.947
Solid-Phase Microextraction	固相微萃取	2.456
Polyphenols	多酚	2.209
RNA	RNA（核糖核酸）	2.083
Response Surface Methodology	响应面方法	1.907
Superoxide-Dismutase	超氧化物歧化酶	1.851
Physicochemical Properties	理化特性	1.823

注：Emerging Indicators 值越高，代表该主题词所在研究方向的新颖性越高。

研究有：番木瓜籽提取物对 H_2O_2 诱导 HepG2 细胞氧化应激的抗氧化作用研究[364]；膳食纤维对杧果、番木瓜和菠萝酚类化合物体外消化生物利用率的影响[365]；番木瓜提取物的抑菌活性及化学成分研究[366]；微波辅助提取番木瓜果皮和果肉中抗氧化剂的工艺研究[367]；干燥对番木瓜叶片总多酚含量和抗氧化性能的影响[368]；基于超临界流体萃取回收番木瓜工业废料中的酚类抗氧化剂[369]等。

（2）番木瓜贮藏保鲜工艺研究

通过研究可食用涂膜、气调包装、精油、水杨酸等及不同贮藏条件对采后番木瓜品质特性及保质期的影响，以延长保质期并改善采后番木瓜的质量。相关研究有：芦荟涂膜可延缓番木瓜果实成熟并延长其货架期[370]；海藻酸钠基可食性涂膜气调包装对鲜切番木瓜的质量评价及货架期研究[371]；羧甲基纤维素涂膜结合精油可以延长番木瓜的保质期[372]；食用涂膜对番木瓜果实常温贮藏理化特性及货架期的影响[373]；采后施用水杨酸可减少番木瓜果实在冷藏过程中的腐烂以延长贮藏寿命[374]等。

（3）番木瓜炭疽菌的生物防控技术研究

炭疽菌是番木瓜炭疽病的主要病原之一，通过研究炭疽菌鉴定及精油涂膜等防治措施，以控制番木瓜炭疽病的发生，提升采后番木瓜的品质。相关研究有：5 种植物精油对番木瓜炭疽病的抑制作用[375]；壳聚糖和薄荷精油涂膜防治番木瓜炭疽病的研究[376]；热水处理与壳聚糖涂膜联合防治番木瓜采后炭疽病[377]；番木瓜果实炭疽病的病原鉴定及 3 种马来西亚无刺蜜蜂对其防治效果研究[378]等。

（4）番木瓜及其加工食品的品质评价研究

通过对不同番木瓜品种及脱水、辐射、干燥等不同加工技术处理后番木瓜及其加工食品的理化性质、感官特性、营养品质等进行评价，以提高番木瓜的品质及经济价值。相关研究有：近红外光谱法测定渗透性脱水木瓜中二氧化硫的含量及其分类[379]；地中海气候中温室条件下种植的 6 种番木瓜的理化、营养和感官特性研究[380]；UV-C 辐射对番木瓜果实理化性质和感官特性的影响研究[381]；番木瓜优良品种及杂种果实的理化和感官特性研究[382]；番木瓜果粉的理化及感官特性评价[383]等。

（5）基于番木瓜的生物降解薄膜制备技术研究

利用番木瓜与明胶、抗坏血酸、柠檬酸等物质合成制备可食用、可降解的生物薄膜，对薄膜的品质特性、抗氧化性等进行研究，并将其用作包装材料，可减少传统包装材料的使用并延长产品的保质期。相关研究有：基于番木瓜泥、明胶和脱脂大豆蛋白的可生物降解可食用包装膜制备[384]；基于明胶和番木瓜果皮微粒制备具有抗氧化性能的可生物降解薄膜[385]；辣木—抗坏血酸复合番木瓜食用膜食品保鲜抗氧化活性包装[386]；响应面法评价海藻酸—甘油—柠檬酸浓度对番木瓜泥基可食性膜和涂层的物理、机械和阻隔性能的影响[387]等。

（6）番木瓜病毒病致病机理及防控措施研究

番木瓜环斑病毒、番木瓜花叶病毒是番木瓜中具有破坏性和广泛性的病原体，通过研究番木瓜病毒病致病机理、协同作用、拮抗作用及防护措施，以减少番木瓜病毒病的发生，促进番木瓜的生长发育。相关研究有：番木瓜中番木瓜环斑病毒和番木瓜花叶病毒之间的拮抗作用或协同作用研究[388]；DsRNA 对番木瓜环斑病毒的防护作用[389]；番木瓜环斑病毒与番木瓜花叶病毒拮抗过程中天然免疫应答和适应性免疫应答衍生转录子的差异积累研究[390]；印度西部番木瓜环斑病毒严重分离株的特性[391]等。

3.10 天然橡胶

3.10.1 研究重点

全球天然橡胶基础研究领域已累计发表3 887篇论文，本研究统计了其一级、二级主题的论文量、排名及与全球热带作物基础研究领域的排名对比情况（表3-19）。

从一级主题来看，全球天然橡胶基础研究领域在贮藏加工与功能成分领域的相关研究最多，其次是生长调控与田间管理、种质资源与遗传育种，而在副产品开发与综合利用领域的相关研究相对较少；4个主题在全球天然橡胶基础研究领域的排名分布与全球热带作物基础研究领域一致。

从二级主题来看，全球天然橡胶基础研究领域在生长机理及栽培技术、种质资源抗逆性及改良创新的相关研究最多；其次是生态环境及生物多样性分析、育种技术与遗传多样性分析、复合材料制备及利用、贮藏保鲜及食品加工技术等方向，而在饲料产品开发及利用、转基因育种及植株再生技术等方向的相关研究较少。对比全球热带作物基础研究领域发现，天然橡胶领域在生态环境及生物多样性分析等方向具有研究优势；而在功能成分提取测定及其生物活性、贮藏保鲜及食品加工技术、种质资源抗病性及改良创新、功能成分的营养保健作用等方向的研究相对较弱，还需要进一步加强关注。

重点方向的主要研究内容如下。

（1）生长机理及栽培技术

开展不同土壤条件、碳、氮、肥料、有机物、磷、耕作制度、温室气体排放、种植密度、灌溉等因素及栽培技术对天然橡胶根系生长、光合作用、蒸腾作用、气体交换、叶绿素荧光、气孔导度、转移酶活性等生长发育机理及其产量与品质的影响研究，通过构建最适合天然橡胶生长的种植系统以促进其生长与发育，提高产量与品质。

表3-19 全球天然橡胶基础研究领域一级及二级主题论文量及排名

一级主题	热带作物		天然橡胶			二级主题	热带作物		天然橡胶		
	论文量（篇）	排名	论文量（篇）	排名	排名对比		论文量（篇）	排名	论文量（篇）	排名	排名对比
种质资源与遗传育种	56 695	3	4 273	3	—	种质资源抗病性及改良创新	24 460	5	514	8	↓↓↓
						种质资源抗逆性及改良创新	28 160	4	1 096	2	↑↑
						育种技术与遗传多样性分析	23 385	6	690	4	↑↑
						转基因育种及植株再生技术	6 325	14	188	13	↑
生长调控与田间管理	58 517	2	5 142	2	—	生态环境及生物多样性分析	18 760	11	859	3	↑↑↑↑↑↑↑↑
						生长机理及栽培技术	37 718	2	1 115	1	↑
						病虫草害防控技术	20 579	9	520	7	↑↑
贮藏加工与功能成分	69 043	1	7 730	1	—	功能成分提取测定及其生物活性	31 566	3	453	10	↓↓↓↓↓↓↓
						功能成分的营养保健作用	21 461	8	345	11	↓↓↓
						淀粉制备及其品质特性分析	15 282	12	0		
						贮藏保鲜及食品加工技术	44 217	1	659	6	↓↓↓↓↓
副产品开发与综合利用	39 557	4	3 380	4	—	复合材料制备及利用	22 862	7	668	5	↑↑
						生物燃料开发及利用	19 921	10	513	9	↑
						饲料产品开发及利用	7 235	13	192	12	↑

注：由于各主题之间有交叉研究，因此会出现一级主题总论文量多于领域总论文量，二级主题总论文量多于一级主题总论文量的现象。

（2）种质资源抗逆性及改良创新

开展低温胁迫、干旱胁迫、盐胁迫、水胁迫等非生物胁迫对天然橡胶种子发芽、幼苗生长、蛋白质合成等生长发育的影响机理研究；耐逆性种质资源的引进、选育及评价研究；基于基因表达、拟南芥、转录组、分子克隆等技术开展天然橡胶耐逆性种质资源的改良、创制与选育等。

（3）生态环境及生物多样性分析

开展天然橡胶园不同土地利用方式、气候变化、土地覆盖、生物多样性等对天然橡胶生长发育及产量的影响研究；天然橡胶种植对种植环境生物丰度、群落结构、动物福利等多样性的影响研究；橡胶树种植系统可持续景观管理研究；天然橡胶种植对农民生计、经济效益的影响等。

（4）育种技术与遗传多样性分析

利用序列分析、基因组、RFLP 标记、RAPD 标记、SNP 标记等育种技术开展天然橡胶种质资源的遗传变异与转化、新品种创制与选育等；利用分子标记、序列分析等技术开展种质资源的遗传多样性、系统进化、多态性等分析，以辅助天然橡胶育种技术的顺利开展。

（5）复合材料制备及利用

利用天然橡胶木锯末、天然橡胶木灰等副产物制备活性炭等生物吸附剂，并研究其对废水、重金属、染料等的吸附与去除作用；利用天然橡胶及其副产物开展树脂、异戊二烯、乳胶、手套、轮胎等天然橡胶复合材料及纳米粒子等纳米复合材料的制备技术研究等。

（6）贮藏保鲜及食品加工技术

基于光谱法、色谱法、化学计量法、质谱法、图像分析等技术对天然橡胶的外观品质及化学成分进行分析与评价；天然橡胶籽油的制备、评估及应用研究；天然橡胶籽油酯化工艺的优化、动力学及量化测定研究等。

（7）病虫草害防控技术

螨虫、象甲等主要害虫的种群行为特点、发生及传播规律、繁殖特性、为害特征研究；主要害虫对杀虫剂 / 驱避剂等化学防控措施的毒力测定与效应研究；基于杀虫剂 / 驱避剂等农药、捕食性天敌、性信息素等措施的害虫管理及生物防控研究；利用除草剂开展天然橡胶园的杂草防控研究等。

3.10.2 研究趋势分析

本研究统计了 1991—2020 年全球天然橡胶基础研究领域一级主题论文量及一级、二级主题论文量占比随时间的发展变化趋势（图 3-19 和图 3-20）。

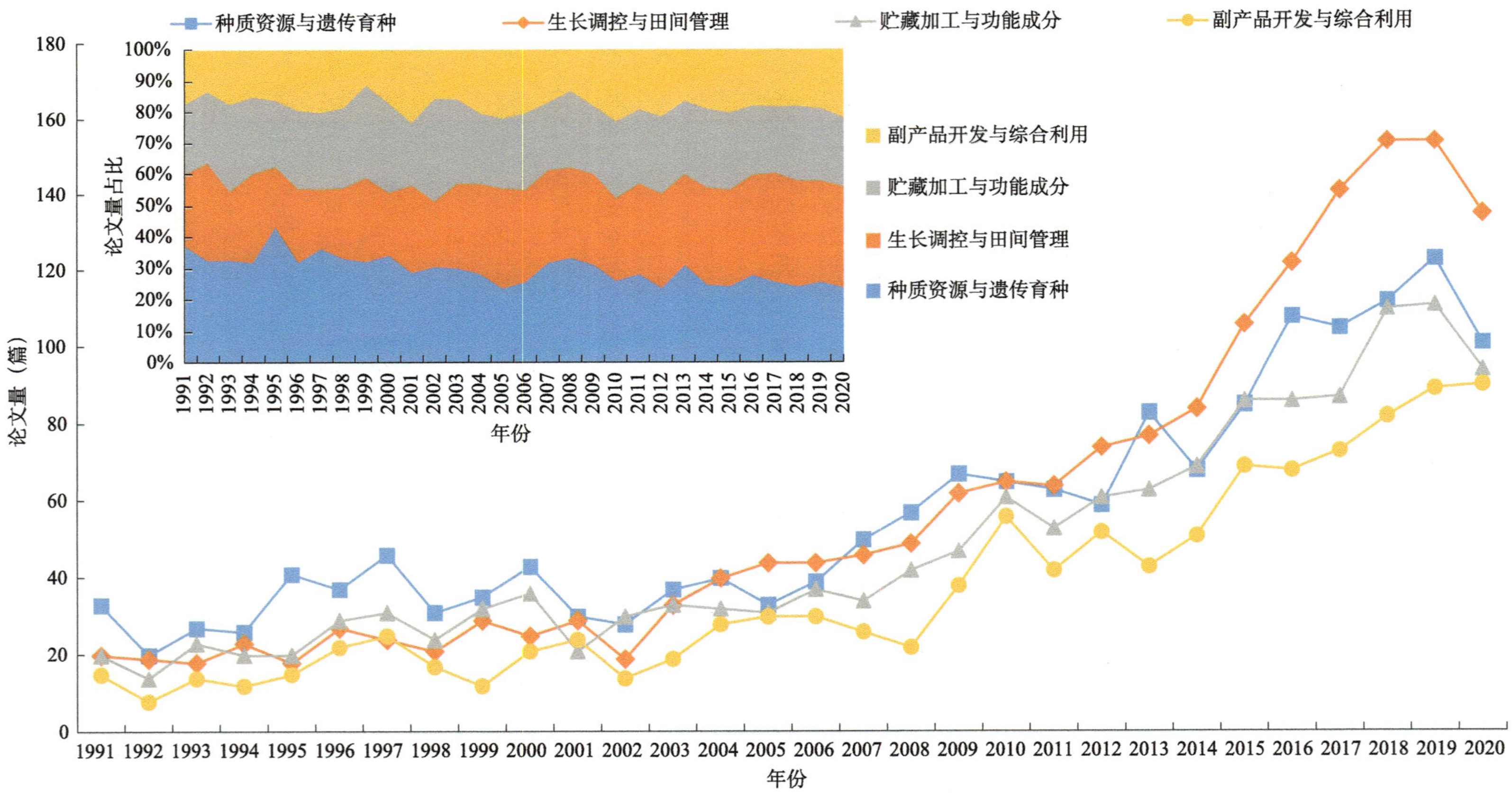

图 3-19　全球天然橡胶基础研究领域一级主题论文量及占比年度变化

注：主题论文量变化（堆积面积）图中某一颜色的高度越高，代表该颜色对应主题在当年的论文量占比越高；高度越低，代表该颜色对应主题在当年的论文量占比越低。

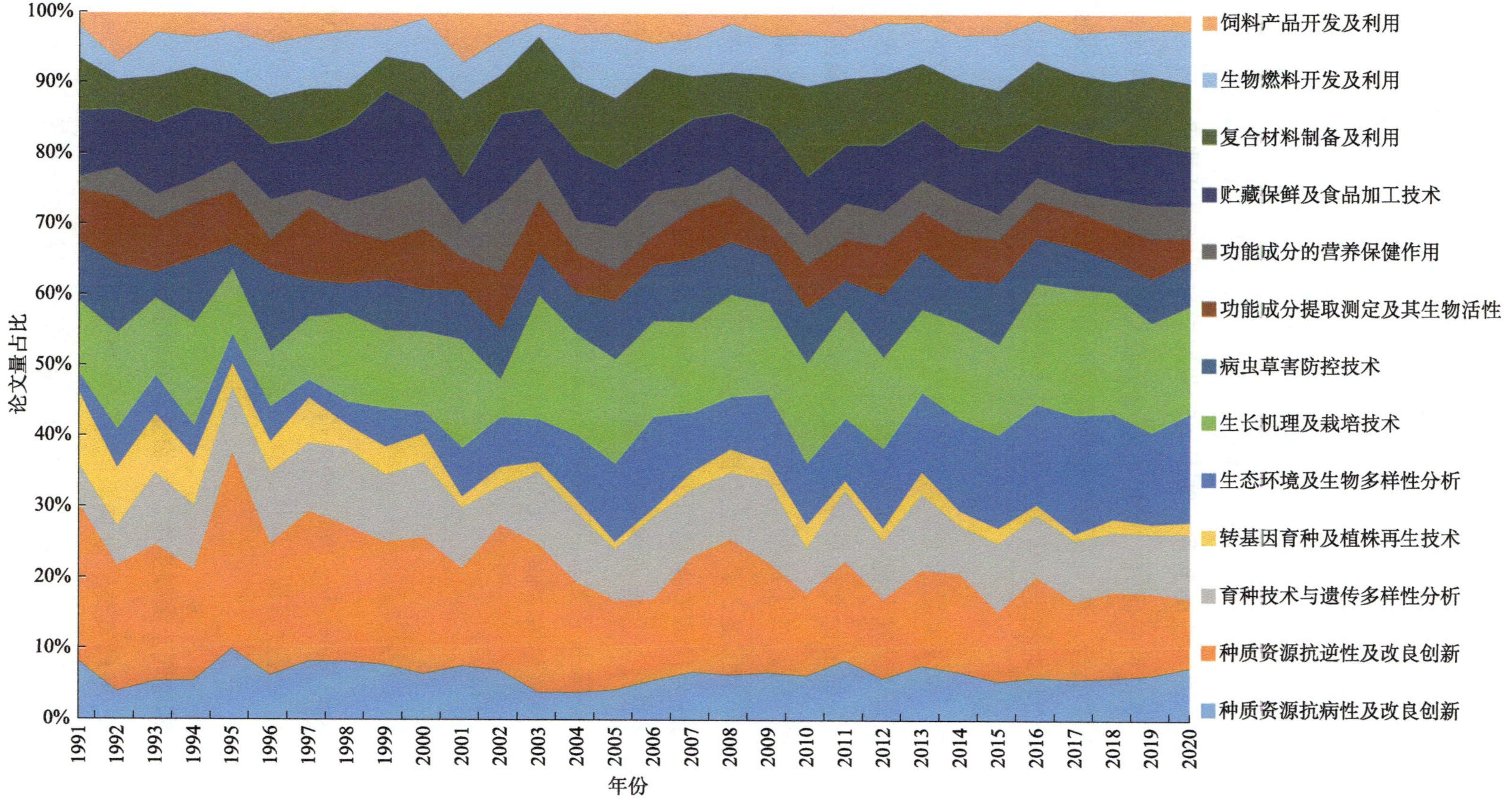

图 3-20　全球天然橡胶基础研究领域二级主题论文量占比年度变化

注：主题论文量变化（堆积面积）图中某一颜色的高度越高，代表该颜色对应主题在当年的论文量占比越高；高度越低，代表该颜色对应主题在当年的论文量占比越低。

从一级主题来看，全球天然橡胶基础研究领域4个主题领域的研究趋势基本一致，总体呈波动上升趋势。对比发现，1991—2004年种质资源与遗传育种的论文量及占比排在首位，但论文量占比逐年波动下降，生长调控与田间管理的论文量及占比排在中间位置，但论文量占比逐年波动上升，2011年开始后者的论文量及占比已跃居首位，且论文量占比稳定在33%左右；贮藏加工与功能成分的论文量及占比排在中间位置，论文量占比总体变化不大；副产品开发与综合利用的论文量及占比排在末位，但论文量占比逐年波动上升，基本与贮藏加工与功能成分持平。可见，早期侧重种质资源与遗传育种的研究，近年来生长调控与田间管理、副产品开发与综合利用的研究热度逐年上升，种质资源与遗传育种的研究热度有所下降，贮藏加工与功能成分的研究热度相对稳定，生长调控与田间管理成为全球天然橡胶基础研究领域的热点研究领域。

从二级主题来看，二级主题的论文量均呈现逐年增多的趋势，早期种质资源抗逆性及改良创新的论文量及其占比一直排在首位，近年来生长机理及栽培技术、生态环境及生物多样性分析的论文量及占比已跃居前列，两者均是全球天然橡胶基础研究领域的热点研究方向。对比发现，近年来有如下趋势：①生态环境及生物多样性分析的研究热度上升最明显，其次是生长机理及栽培技术、育种技术与遗传多样性分析，再次是功能成分的营养保健作用、生物燃料开发及利用，复合材料制备及利用的研究热度略有上升；②种质资源抗逆性及改良创新的研究热度下降最明显，其次是转基因育种及植株再生技术、功能成分提取测定及其生物活性，贮藏保鲜及食品加工技术的研究热度略有下降；③种质资源抗病性及改良创新、饲料产品开发及利用的研究热度相对稳定。

3.10.3 研究前沿识别

本研究利用DDA的Emerging Indicators指标识别全球天然橡胶基础研究领域的新兴主题词（表3-20），通过解读新兴主题词，发现全球天然橡胶基础研究领域的研究前沿如下。

（1）天然橡胶树种植园土壤微生物、生物量及碳储量研究

通过对不同地区、种植系统、管理措施对天然橡胶树种植园土壤碳储量、生物量、微生物群落、土壤状况等进行研究，为构建最适宜的天然橡胶农林系统提供依

表3-20 全球天然橡胶基础研究领域新兴主题词

关键词西文	关键词中文	Emerging Indicators
Carbon	碳	11.687
Carbon Footprint	碳足迹	5.253
Jasmonic Acid	茉莉酸	5.240
Mechanical-Properties	机械性能	4.459
Biochar	生物炭	3.689
Powdery Mildew	白粉病	3.688
Salicylic-Acid	水杨酸	3.649
Sequence Analysis	序列分析	3.536
Organic-Matter	有机物	3.389
Pseudocercospora ulei	假单胞菌	2.949
Particle Protein	颗粒蛋白	2.871
Pathogenicity	致病性	2.539
Carbon Sequestration	固碳	2.519
Rubber Tree Plantations	橡胶树种植园	2.352
Diversification	多元化	2.315
Markers	标记	2.227
Adaptation	适应性	2.038
Land Degradation	土地退化	1.945
Removal	去除	1.933
Natural Rubber Biosynthesis	天然橡胶生物合成	1.793

注：Emerging Indicators 值越高，代表该主题词所在研究方向的新颖性越高。

据。相关研究有：橡胶农林复合系统对土壤团聚体和土壤有机碳的影响研究[392]；巴西橡胶树人工林的碳平衡研究[393]；橡胶林改造后的分类、功能和系统发育多样性的重组研究[394]；土地资源稀缺条件下油棕橡胶林土壤退化研究[395]；橡胶树人工林土壤细菌群落时间序列的变化研究[396]；除草剂对西南橡胶园土壤侵蚀及碳损失的影响[397]；中国热带橡胶园 50 年时间序列的碳储量[398]等。

（2）天然橡胶特异性相关基因的鉴定、表达与调控分析

通过基因组分析、序列分析、转录组分析等技术对天然橡胶生长发育、生物合成、抗寒性、抗病性等相关基因进行鉴定、表达与调控分析，为天然橡胶遗传育种技术提供宝贵资源。相关研究有：水通道蛋白基因的全基因组鉴定和比较分析为巴西橡胶树基因家族的扩展和进化提供了依据[399]；橡胶中木瓜蛋白酶样半胱氨酸蛋白酶编码基因的比较基因组学、系统发育和转录谱分析[400]；利用基因表达芯片鉴定巴西橡胶树幼苗次生分化相关基因的差异表达和信号通路[401]；基于染色体的橡胶树基因组为橡胶树基因组进化和橡胶生物合成提供了新见解[402]；比较转录组分析揭示了橡胶树抗寒性的早期基因表达谱[403]；HbWRKY40在巴西橡胶树病原菌抗性调控中起重要作用[404]等。

（3）天然橡胶生物炭、纳米材料等复合材料的制备技术研究

天然橡胶是重要的工业原料，通过开展天然橡胶生物炭、纳米材料等复合材料的制备技术、增强技术、性能评价等研究，以提高天然橡胶的经济价值和应用价值。相关材料有：纤维素纳米晶增强的氧化天然橡胶纳米复合材料制备[405]；浓缩天然胶乳对棉纤维增强木薯淀粉生物泡沫性能及降解行为的影响[406]；多功能多壁碳纳米管增强的天然橡胶纳米复合材料制备[407]；巴西橡胶树合成的磁铁矿纳米粒子对镉和钠的吸附特性研究[408]；含磷菲结构的征阻燃硅橡胶的合成与性能研究[409]；聚甲基丙烯酸甲酯接枝纤维素对聚乳酸/天然橡胶共混物的增强作用研究[410]；基于硫酸预处理橡胶叶制备生物炭吸附剂以实现水溶液中亚甲基蓝的吸附[411]等。

（4）天然橡胶病害的病原检测、致病机理及防控技术研究

天然橡胶白粉病、炭疽病、叶枯病、落叶病等是为害天然橡胶生长发育的主要病害，通过研究这些病害的病原检测技术、发生规律及致病机理、防控措施、抗病性基因鉴定与表达，以减轻天然橡胶病害的为害程度，并为其抗病品种选育提供参考。相关研究有：橡胶树白粉病的发生规律与影响因素[412]；Dicer样蛋白调控橡胶树炭疽菌的生长、分生和致病性[413]；海南橡胶树炭疽病相关炭疽菌病原检测研究[414]；厄瓜多尔10个巴西橡胶无性系在南美叶枯病逃逸条件下的表现[415]；内源性杀菌剂对橡胶树落叶病的抗真菌活性和诱导防御反应的作用研究[416]；南美高叶枯病胁迫下哥伦比亚橡胶树基因型的表现和抗性的早期评估[417]；橡胶树白粉病抗性相关基因家族的全基因组鉴定[418]等。

4 全球热带作物技术创新态势分析

4.1 技术创新情况

4.1.1 研发趋势分析

1902—2020 年，全球热带作物技术创新领域已累计申请 33 814 件专利，其申请量趋势如图 4-1 所示。由于专利公开及数据库更新的滞后性，2017—2020 年的专利申请量不代表实际情况，相关结果仅做参考。以下涉及相似数据的均属于同类情况，不再赘述。

全球热带作物领域的技术创新最早始于 1902 年左右，此后直到 2007 年专利申请量一直呈现波动增长的趋势，但年均专利申请量均未超过 500 件；2008 年和 2009 年专利申请量有较为明显的增加，2010 年有所回落；随后专利申请量的增长速度大大加快，近几年每年的专利申请量已接近 4 000 件，预计短期内该领域的专利申请量还将持续快速增加。

4.1.2 研发涉及作物分析

全球热带作物技术创新领域的研究共涉及 55 种热带作物，如图 4-2、图 4-3 所示。其中作为世界三大饮料作物之一的咖啡专利申请量最多，占了全部热带作物技术相关专利的 19.36%；其他涉及的重要作物还有甘蔗、天然橡胶、香蕉、椰子、可可、菠萝、火龙果、杧果、柚子、百香果等。可以看出，全球热带作物技术创新领域涉及作物种类非常多，但是研究侧重程度不一，不同作物专利申请量差距很大。

4.1.3 研发涉及分类号分析

全球热带作物技术创新领域涉及的分类号（子类）共有 376 个，其中专利数量在 500 件以上的分类号共有 22 个，如表 4-1 所示。

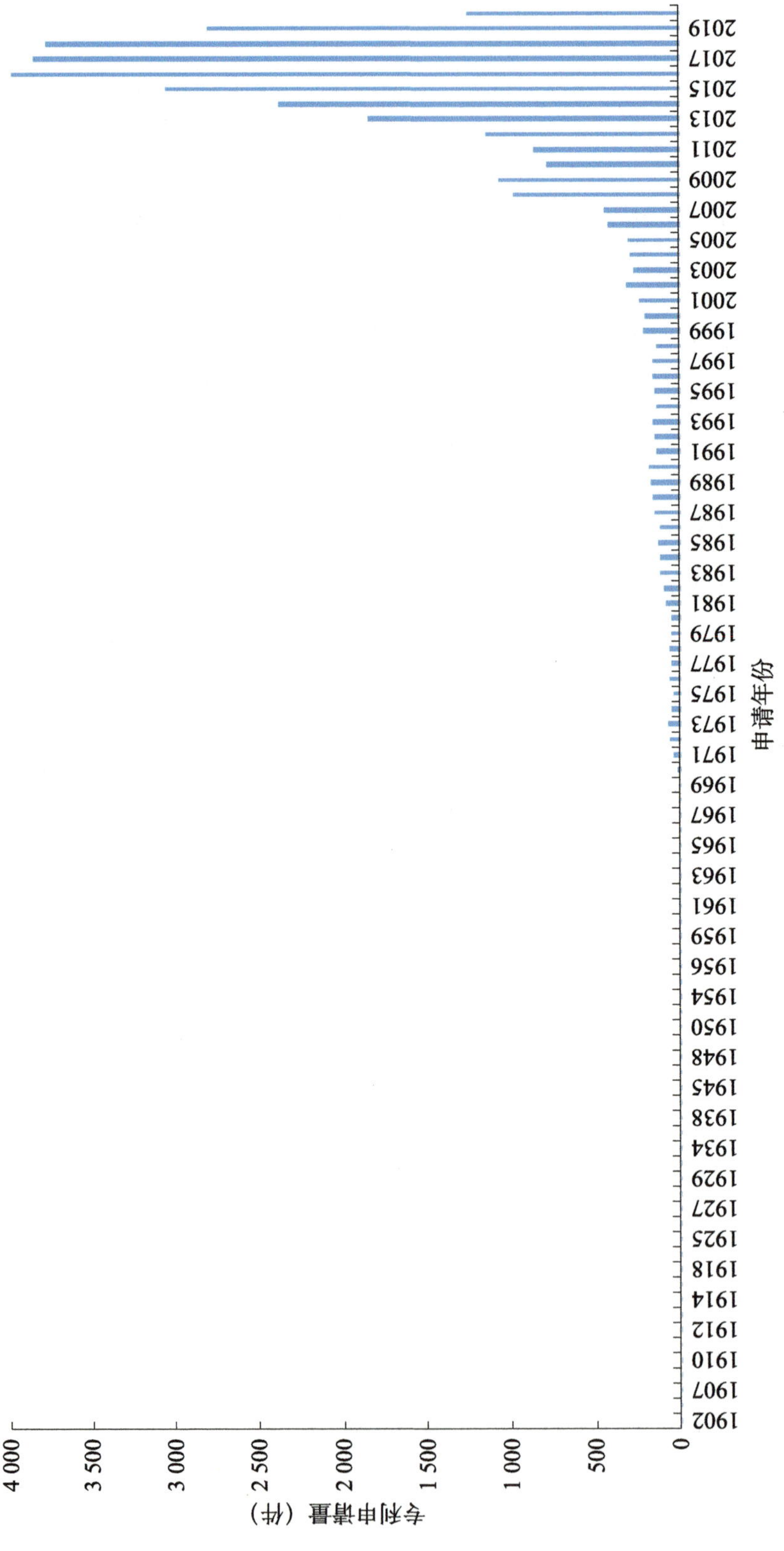

图 4-1 全球热带作物技术创新领域专利申请量趋势

图 4-2　全球热带作物技术创新涉及作物类型（一）

图 4-3 全球热带作物技术创新涉及作物类型（二）

表4-1 全球热带作物技术创新领域涉及的主要分类号

序号	IPC（子类）	专利申请量（件）	含义
1	A23L	9 124	不包含在 A21D 或 A23B 至 A23J 小类中的食品、食料或非酒精饮料；其制备或处理，例如烹调、营养品质的改进、物理处理；食品或食料的一般保存
2	A23F	5 932	咖啡；茶；其代用品；它们的制造、配制或泡制
3	A01G	5 093	园艺；蔬菜、花卉、稻、果树、葡萄、啤酒花或海菜的栽培；林业；浇水
4	A23N	3 437	其他类不包含的处理大量收获的水果、蔬菜或花球茎的机械或装置；大量蔬菜或水果的去皮；制备牲畜饲料装置
5	A01D	2 685	收获；割草
6	A23G	2 321	可可；可可制品，如巧克力；可可或可可制品的代用品；糖食；口香糖；冰激凌；其制备
7	A01C	1 856	种植；播种；施肥
8	A01N	1 308	人体、动植物体或其局部的保存；杀生剂，例如作为消毒剂，作为农药或作为除草剂；害虫驱避剂或引诱剂；植物生长调节剂
9	A23B	1 256	保存，如用罐头贮存肉、鱼、蛋、水果、蔬菜、食用种子；水果或蔬菜的化学催熟；保存、催熟或罐装产品
10	A23C	1 118	乳制品，如奶、黄油、干酪；奶或干酪的代用品；其制备

续表

序号	IPC（子类）	专利申请量（件）	含义
11	A01H	1 022	新植物或获得新植物的方法；通过组织培养技术的植物再生
12	A61K	1 049	医用、牙科用或梳妆用的配制品
13	C05G	1 020	分属于 C05 大类下各小类中肥料的混合物；由一种或多种肥料与无特殊肥效的物质，如农药、土壤调理剂、润湿剂所组成的混合物；以形状为特征的肥料
14	A01P	968	化学化合物或制剂的杀生、害虫驱避、害虫引诱或植物生长调节活性
15	C08L	762	高分子化合物的组合物
16	C08K	646	使用无机物或非高分子有机物作为配料的有机高分子化合物
17	A23K	642	专门适用于动物的喂养饲料；其生产方法
18	C12N	596	微生物或酶；其组合物；繁殖、保藏或维持微生物；变异或遗传工程；培养基
19	A61P	588	化合物或药物制剂的特定治疗活性
20	C08C	523	橡胶的处理或化学改性
21	A23P	507	未被其他单一小类所完全包含的食料成型或加工
22	A01B	501	农业或林业的整地；一般农业机械或农具的部件、零件或附件

4.2 技术创新主题分析

4.2.1 技术创新重点分析

4.2.1.1 技术类别

本研究根据专利分类号（组）含义对全部专利进行主题聚类，共形成育种育苗技术、田间管理技术、贮藏保鲜技术、加工利用技术 4 个一级技术类，下设有 23 个二级技术类和 91 个三级技术类，如图 4-4 所示。

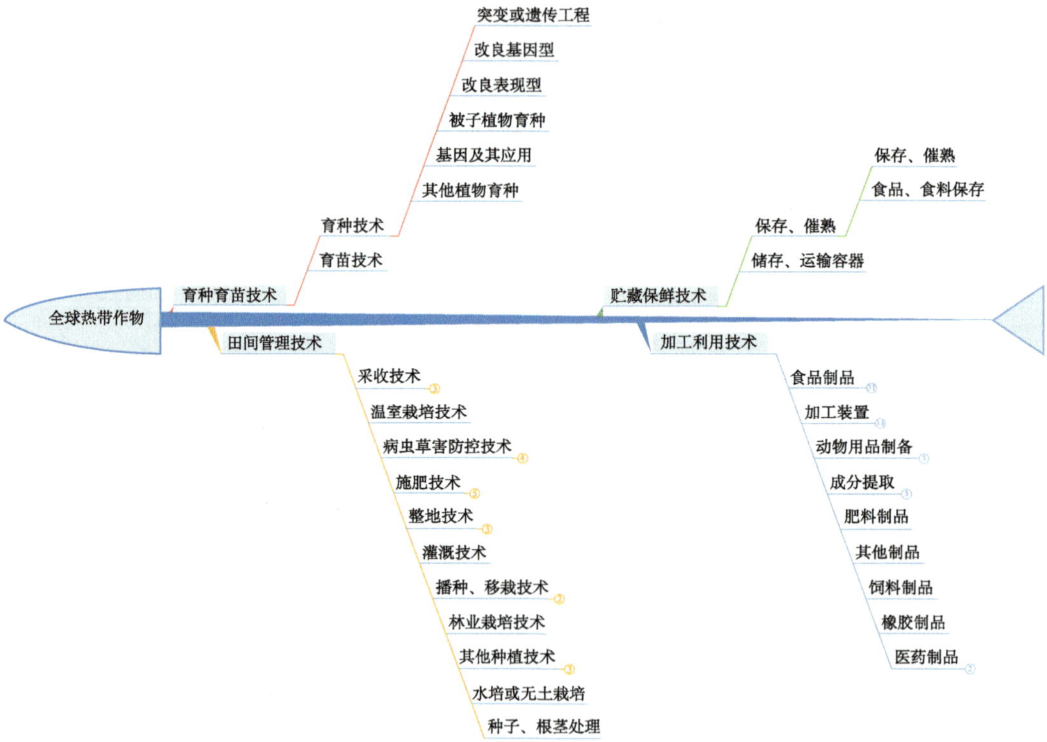

图 4-4　全球热带作物技术创新领域研究分支

4.2.1.2 育种育苗技术

全球关于育种育苗技术的专利共有 1 625 件，占比为 4.81%。育种育苗技术相关专利的专利地图如图 4-5 所示。可以看出，组织培养，育种材料选择，多样性及育种，突变或遗传工程，根、茎处理技术，基质、培养基等是研究重点。

组织培养中，甘蔗和铁皮石斛技术创新涉及的主题词有存活率、生长、品种、移植、养分、发芽、诱导、繁殖等；育种材料选择技术创新涉及的主题词有火龙果、材料、效率、产量、选择等；多样性及育种技术创新涉及的主题词有天然橡胶树、品种、多样等；突变或遗传工程涉及的主题词有甘蔗、基因、选择、生长、促进、产量等；根、茎处理技术涉及的主题词有溶液、浸泡、组织、效率等；基质、培养基涉及的主题词有培养基、材料、溶液、基质、发芽、消毒、土壤、温度等。

4.2.1.3 田间管理技术

全球关于田间管理技术的专利共有 10 180 件，占比为 30.11%。利用 DI 数据库绘制田间管理技术相关专利的专利地图，如图 4-6 所示。可以看出，采收技术，施肥机械及技术，病虫害防治技术，栽培管理技术，种植、整地机械及技术，栽培架，果实保护装置，灌溉技术等是研究重点。

其中，采收技术涉及的主题词有割胶刀、采摘、收割、甘蔗、叶、效率、结构等；施肥机械及技术涉及的主题词有甘蔗、土壤、生长、时期、产量等；病虫害防治技术涉及的主题词有种苗、病害、害虫、管理、果树等；栽培管理技术涉及的主题词有栽培、种苗、管理、甘蔗等；种植、整地机械及技术涉及的主题词有种植机、整地机、效率、车轮等；栽培架涉及的主题词有火龙果、结构、栽培架、支撑轴等；果实保护装置涉及的主题词有保护袋、结构、支撑等；灌溉技术涉及的主题词有灌溉、喷洒设备、时期等。

4.2.1.4 贮藏保鲜技术

全球关于贮藏保鲜技术的专利共有 1 805 件，占比为 5.34%。贮藏保鲜技术相关专利的专利地图如图 4-7 所示。可以看出，香蕉、杧果的保鲜处理方法，保鲜剂研发，水果脱水，咖啡包装是研究重点。

保鲜处理方法中，香蕉保鲜技术创新涉及的主要主题词有货架期、储存、温度、干燥、处理、催熟、密封等，杧果保鲜技术创新涉及的主要主题词有保存、保鲜、温度、表面等；水果脱水技术创新涉及的主要主题词有干燥、质量、原材料、口感、

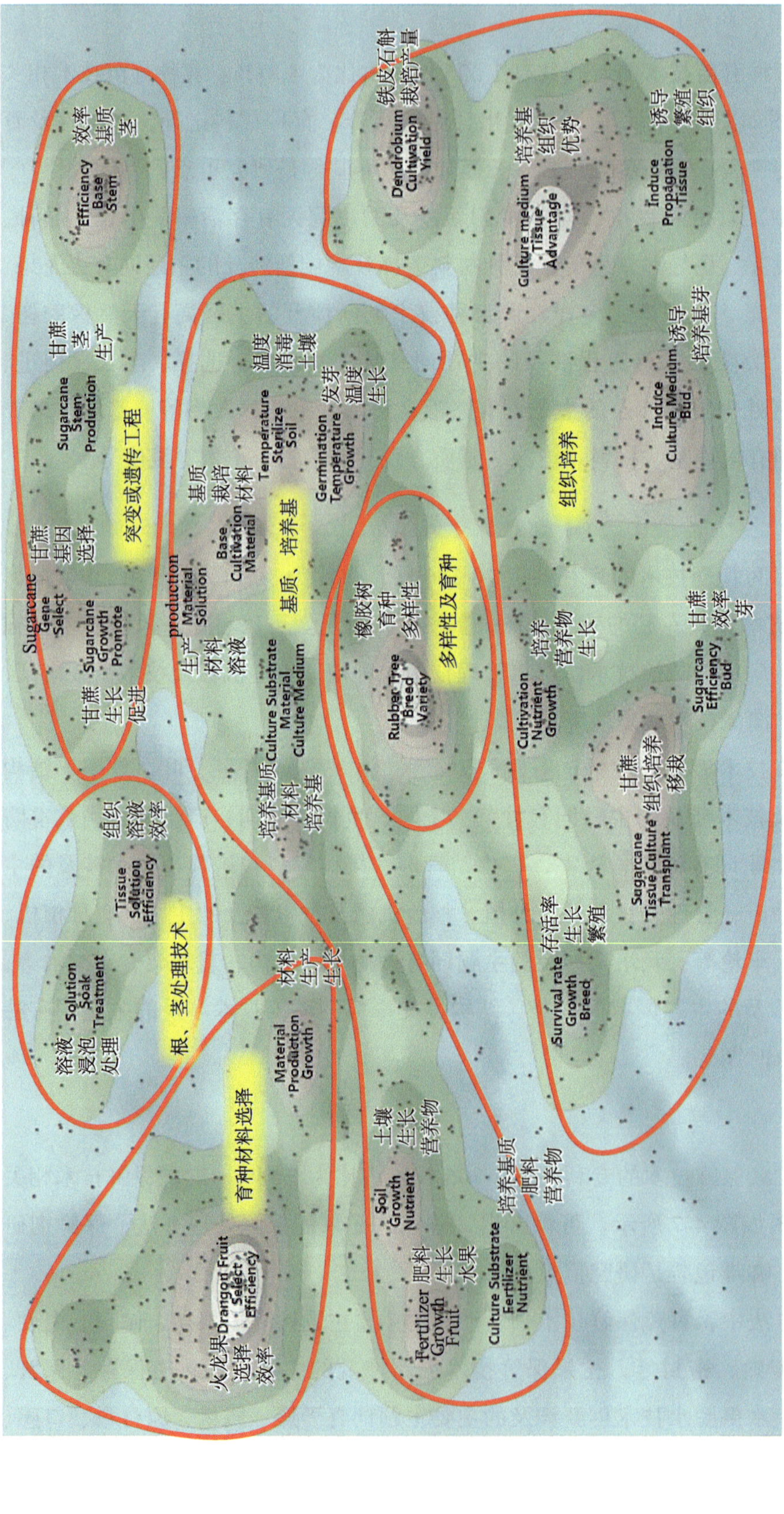

图 4-5 全球热带作物育种育苗技术专利分布

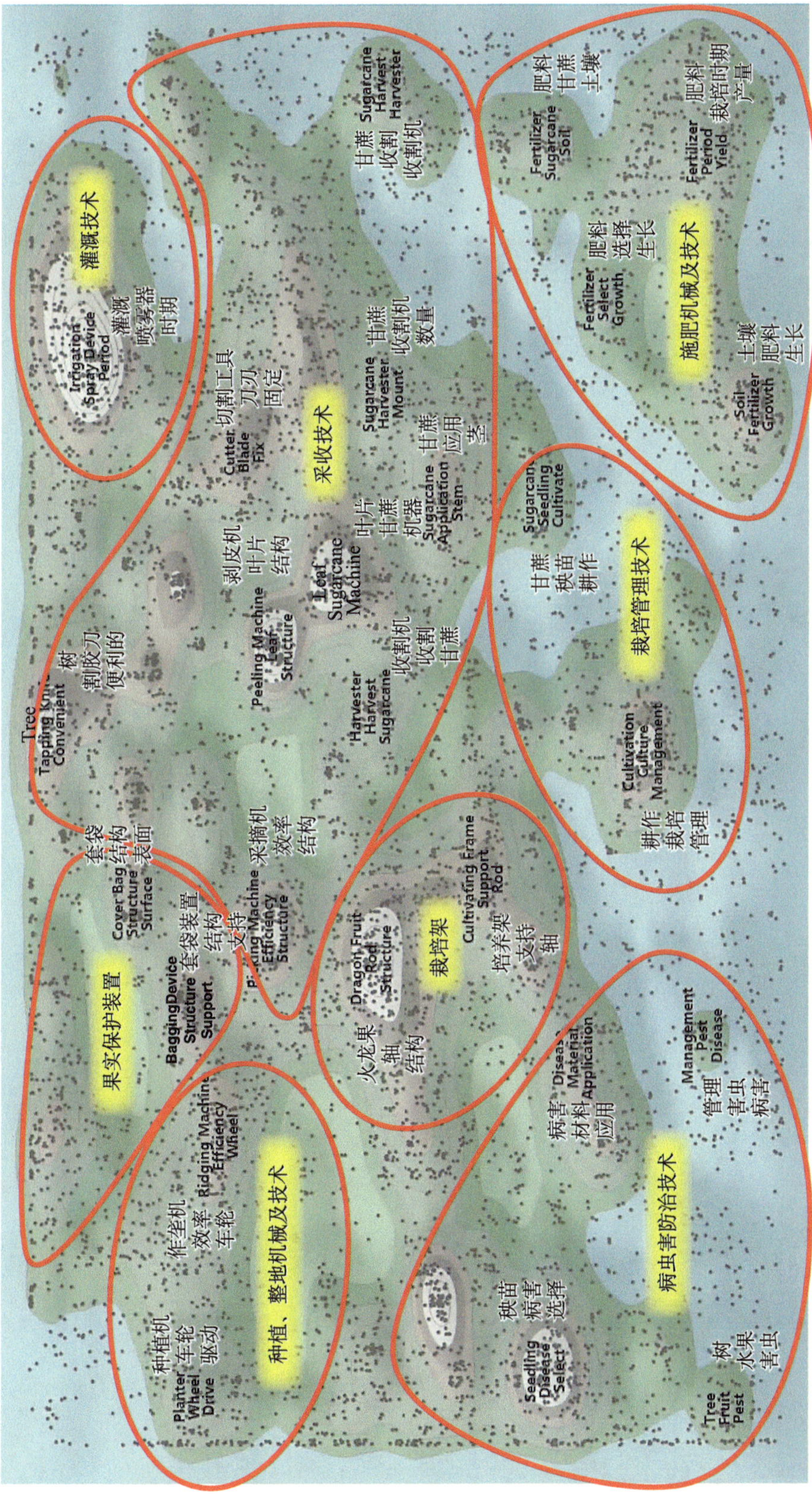

图 4-6 全球热带作物田间管理技术专利分布

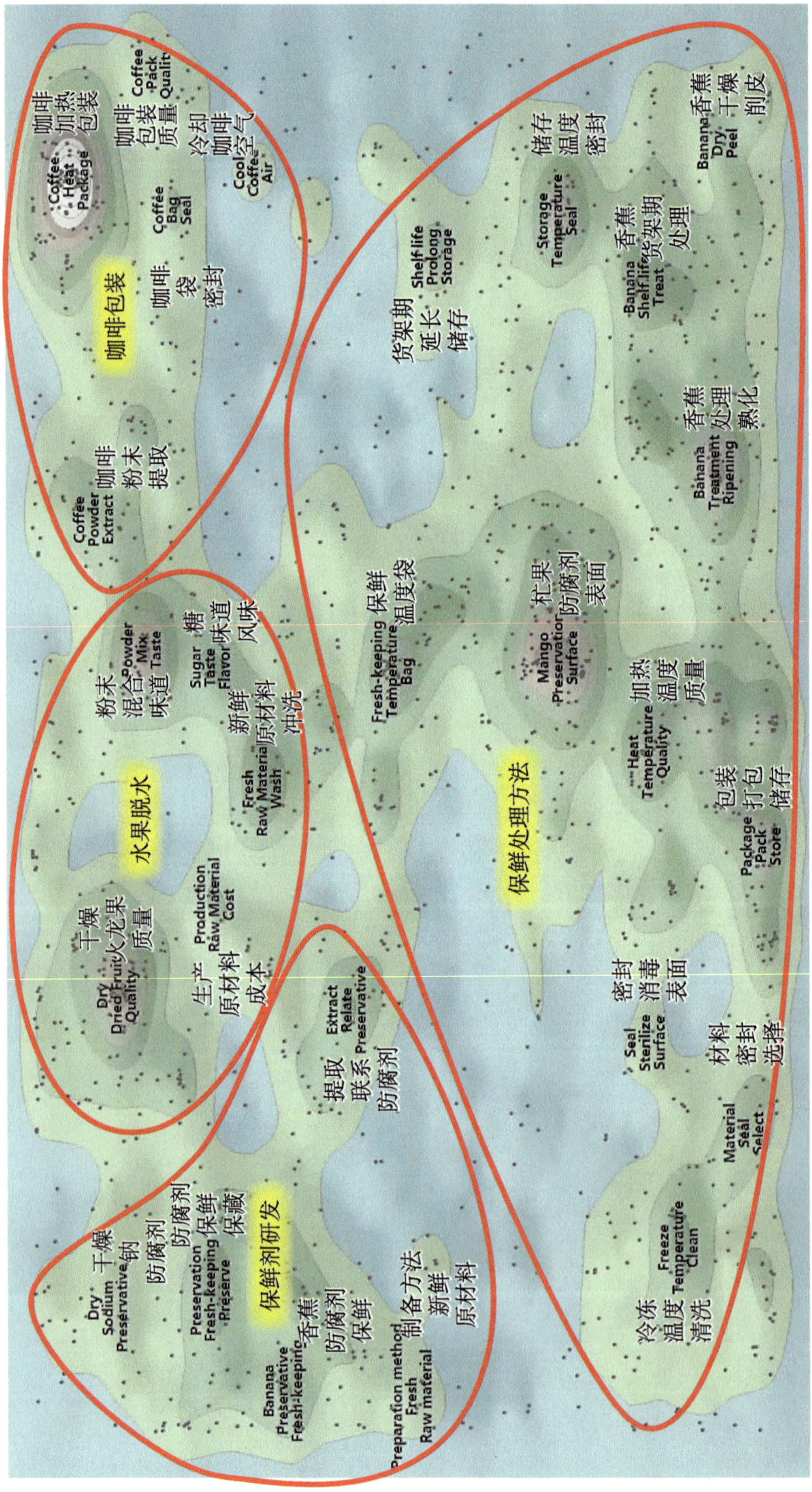

图 4-7 全球热带作物贮藏保鲜技术专利分布

糖分、清洗、粉末等；保鲜剂研发技术涉及的主要主题词有干燥、钠、保鲜、保存、制备方法、原材料、提取等；咖啡包装技术创新涉及的主要主题词有粉末、提取、质量、包装、加热、密封等。

4.2.1.5 加工利用技术

全球关于加工利用技术的专利共有 21 530 件，占比为 63.67%。加工利用技术相关专利的专利地图如图 4-8 所示。可以看出，饮料制品、加工机械、咖啡豆处理技术、功能成分提取技术、营养制品、甜食制品等是研究重点。

其中，饮料制品涉及的主题词有咖啡饮料、奶制品、果浆、果汁、风味等；加工机械涉及的主题词有混合、清洗、切割、开壳、去皮、水果、机械等；咖啡豆处理技术涉及的主题词有干燥、焙烤、加热等；功能成分提取技术涉及的主题词有原材料、油、提取等；营养制品涉及的主题词有粉末、营养等；甜食制品涉及的主题词有糖、甜食等。

4.2.2 技术创新趋势分析

4.2.2.1 申请量趋势分析

本研究对全球热带作物技术创新领域 4 个技术方向的年度专利申请量进行统计分析，如图 4-9 所示。加工利用技术的专利研究起步最早（1902 年），其次是田间管理技术（1928 年），研究初期专利申请量均比较少，1969 年左右两者专利申请量开始缓慢波动上涨，加工利用技术专利申请量在 2008 年和 2009 年有非常明显的波动，2011 年左右两者均进入了快速发展期，专利申请量飞速增长。贮藏保鲜和育种育苗技术的专利研究出现相对较晚，且专利申请量增速较慢，育种育苗技术专利申请量近两年已逐步超过贮藏保鲜技术。

以下将从 4 个技术方向对其研究对象随时间变化的发展趋势进行分析。

4.2.2.2 育种育苗技术

全球育种育苗技术创新领域前十大作物专利申请量的逐年占比情况如图 4-10 所示。育种育苗技术创新领域专利申请量排名前三位的作物分别是甘蔗、铁皮石斛和香蕉。该领域十大作物的逐年发展情况可以简单地分为两个阶段：早期（1982—2007 年）关于香蕉、木薯、咖啡、天然橡胶育种育苗技术的研发占比较高，对于其

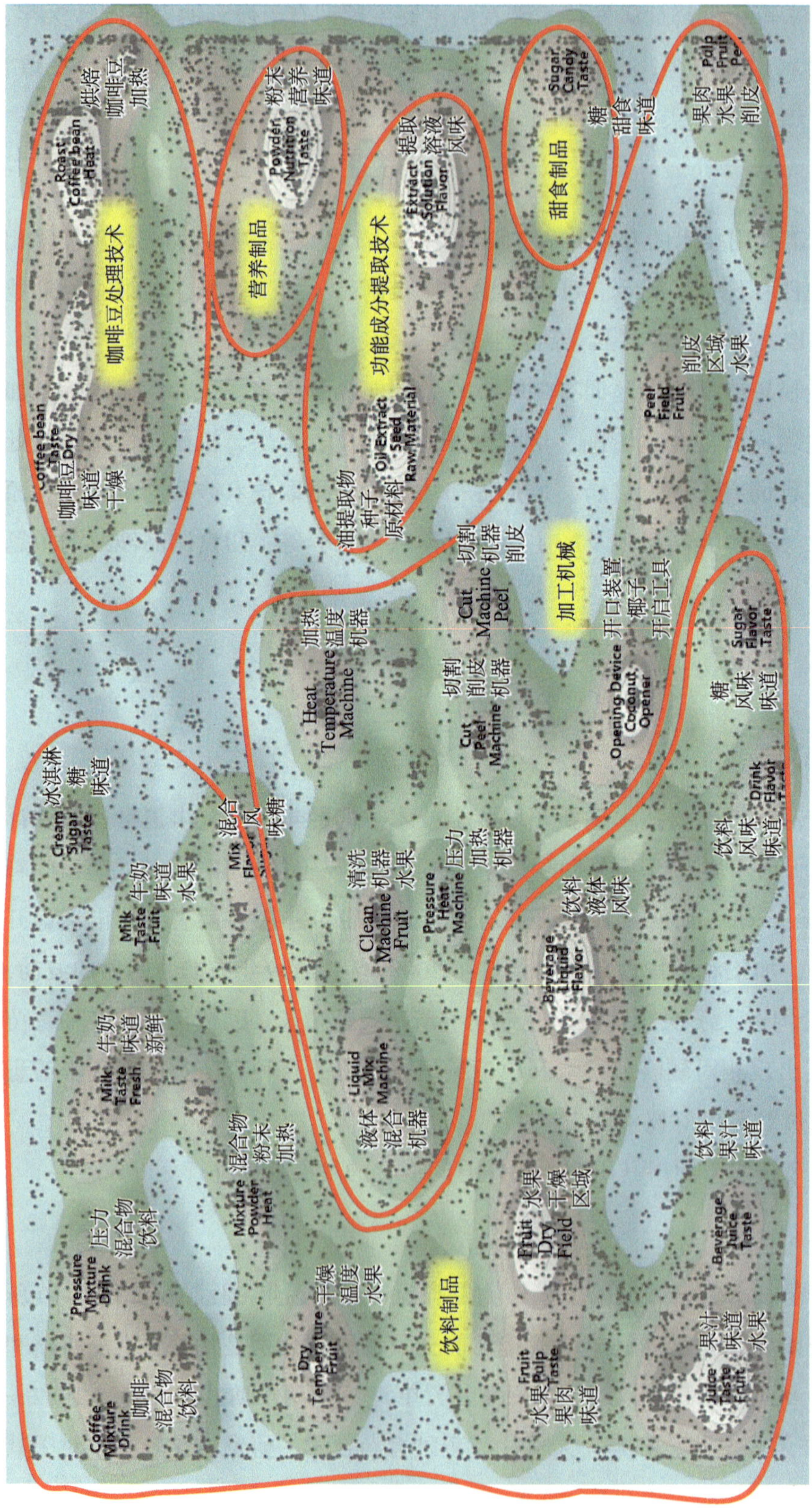

图 4-8 全球热带作物加工利用技术专利分布

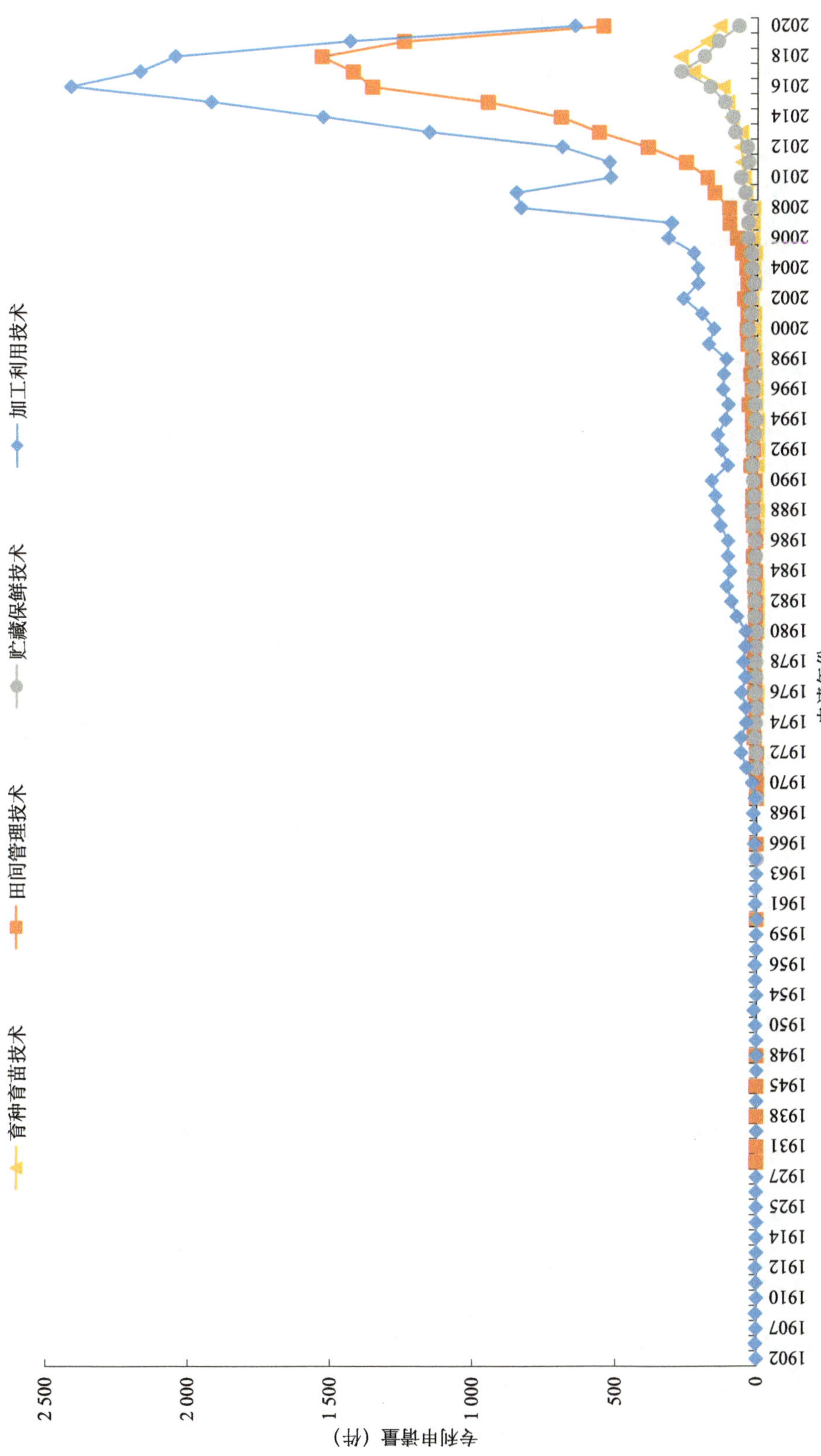

图 4-9 全球热带作物技术创新领域 4 个研发方向的专利申请量变化趋势

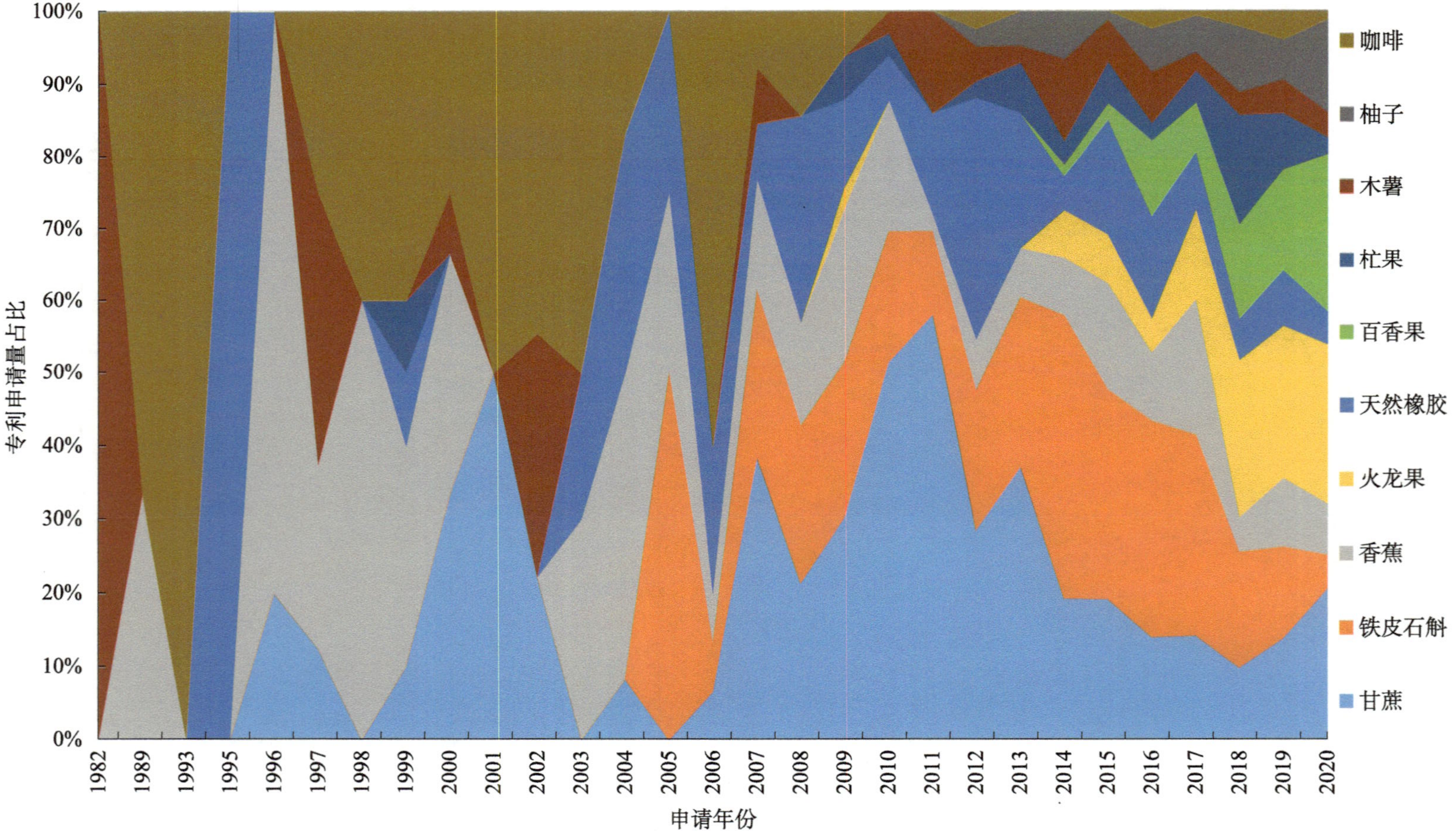

图 4-10　全球热带作物育种育苗技术十大作物专利申请量变化

注：作物专利申请量变化（堆积面积）图中某一颜色的高度越高，代表该颜色对应作物在当年的专利申请量占比越高；高度越低，代表该颜色对应作物在当年的专利申请量占比越低。

他作物的研发较少；后期（2008 年至今）上述几种作物开始有了持续性研究，同时关于火龙果、百香果、柚子等作物的育种育苗研发开始出现，咖啡、香蕉等作物的研发占比明显减少。

4.2.2.3 田间管理技术

全球田间管理技术创新领域前十大作物专利申请量的逐年占比情况如图 4-11 所示。田间管理技术创新领域专利申请量排名前三位的作物分别是甘蔗、火龙果和香蕉。早期田间管理技术的研发对象主要是天然橡胶、菠萝、甘蔗、柚子等作物，其中咖啡、木薯等近年来研发占比明显减少，甘蔗研发占比明显增加；其他近年来研发占比明显升高的作物有火龙果、柚子、杧果和百香果，其中火龙果、杧果、百香果的研发起步较晚。

4.2.2.4 贮藏保鲜技术

全球贮藏保鲜技术创新领域前十大作物专利申请量的逐年占比情况如图 4-12 所示。贮藏保鲜技术创新领域专利申请量排名前三位的作物分别是香蕉、咖啡、杧果。长期以来贮藏保鲜技术研发的主要对象是香蕉和咖啡，其研发占比均呈现逐年波动下降趋势；近年来关于杧果、龙眼、火龙果、柚子的贮藏保鲜技术研发占比逐渐增多，其中，火龙果的研发起步最晚，起步于 2014 年左右；关于菠萝、椰子、番木瓜的研发占比波动不大。

4.2.2.5 加工利用技术

全球加工利用技术创新领域前十大作物专利申请量的逐年占比情况如图 4-13 所示。加工利用技术创新领域专利申请量排名前三位的作物分别是咖啡、可可、椰子。天然橡胶的加工利用研发起步最早，且在较长一段时间里保持 100% 的占比；1963 年之后，咖啡、可可、椰子等作物的相关专利开始出现，且在较长一段时间（1970—2008 年）里各作物的研发占比基本保持稳定；2010 年之后，有关咖啡、可可加工利用技术的研发占比有所降低，椰子、菠萝、杧果、甘蔗等其他作物的研发占比均有不同程度的提升。

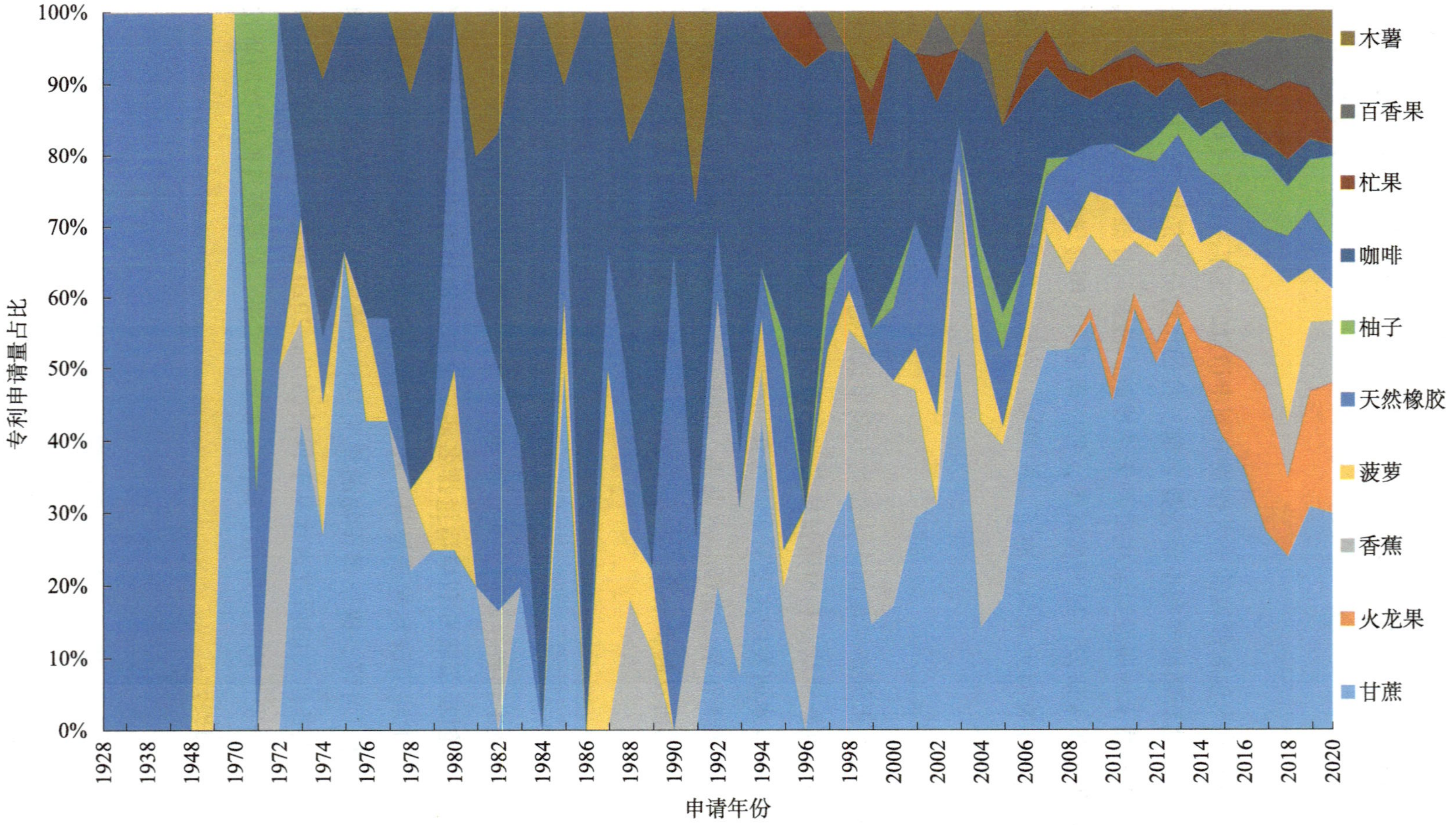

图 4-11　全球热带作物田间管理技术十大作物专利申请量变化

注：作物专利申请量变化（堆积面积）图中某一颜色的高度越高，代表该颜色对应作物在当年的专利申请量占比越高；高度越低，代表该颜色对应作物在当年的专利申请量占比越低。

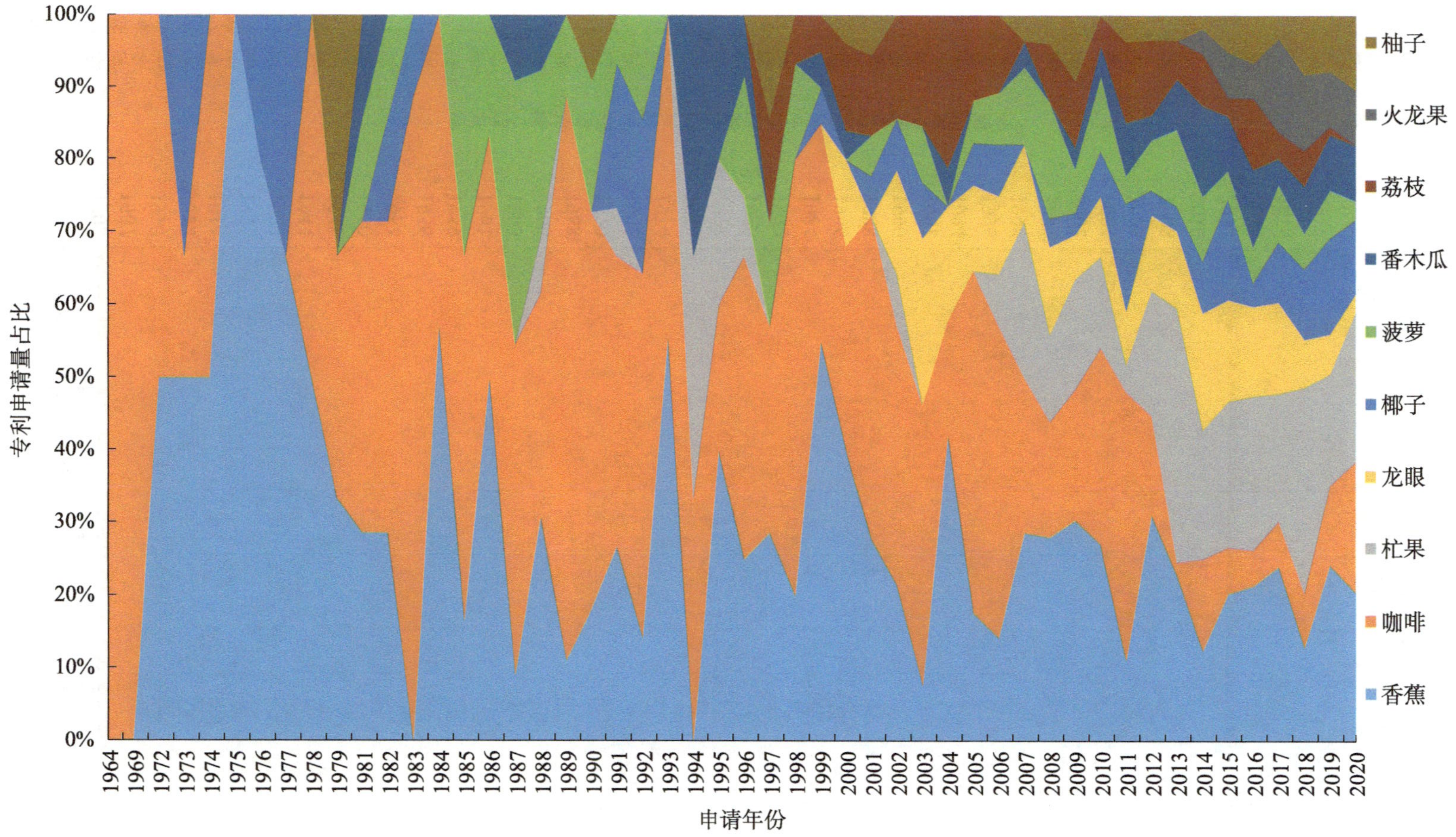

图 4-12　全球热带作物贮藏保鲜技术十大作物专利申请量变化

注：作物专利申请量变化（堆积面积）图中某一颜色的高度越高，代表该颜色对应作物在当年的专利申请量占比越高；高度越低，代表该颜色对应作物在当年的专利申请量占比越低。

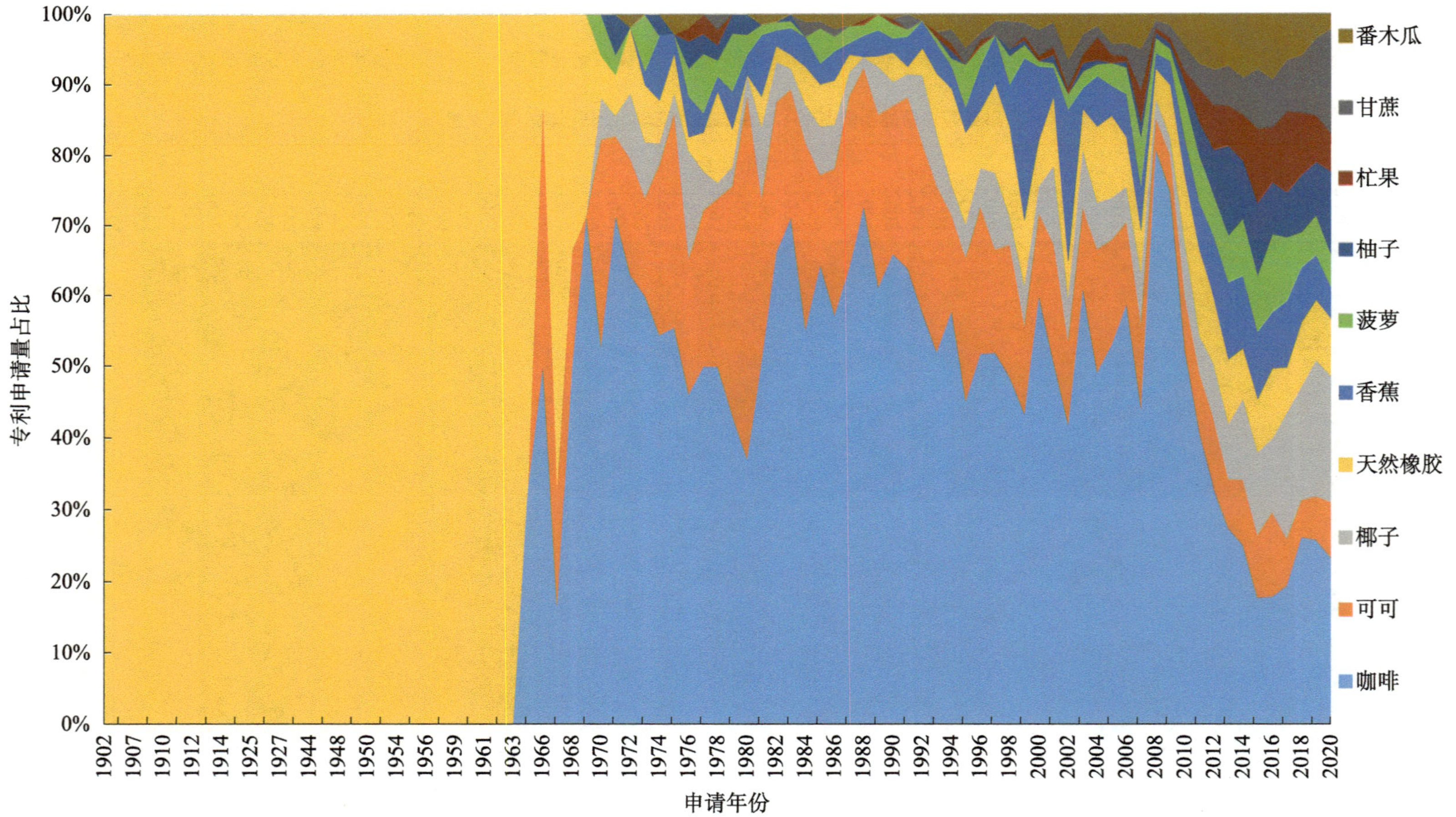

图 4-13　全球热带作物加工利用技术十大作物专利申请量变化

注：作物专利申请量变化（堆积面积）图中某一颜色的高度越高，代表该颜色对应作物在当年的专利申请量占比越高；高度越低，代表该颜色对应作物在当年的专利申请量占比越低。

5 全球主要热带作物技术创新态势分析

5.1 咖 啡

5.1.1 技术分解

全球咖啡技术创新领域已累计申请 6 546 件专利，本研究统计了其一级、二级技术的专利申请量及占比情况（表 5-1）。从一级主题来看，全球咖啡技术创新领域的研究主要集中在加工利用技术方向，专利申请量为 5 973 件，占比达 91.25%；田间管理技术、贮藏保鲜技术的专利申请量不多，占比分别为 6.81%、3.68%；而育种育苗技术方向的专利申请量最少，占比不足 1%。

从二级主题来看，全球咖啡技术创新领域在食品制品技术的专利最多，专利申请量为 5 223 件，占比达 79.79%，其中绝大多数为咖啡制品的制备技术；其次是加工装置，占比为 15.37%；再次是采收技术，医药制品，储存、运输容器，保存、催熟，病虫草害防控技术等技术类别，占比在 1.5% ～ 4.0%。

表5-1 全球咖啡技术创新领域一级及二级技术分解

一级主题	专利申请量（件）	二级主题	专利申请量（件）
育种育苗技术	55	育苗技术	29
		育种技术	42
田间管理技术	446	病虫草害防控技术	108
		播种、移栽技术	2
		采收技术	213
		灌溉技术	9
		林业栽培技术	1
		其他种植技术	66
		施肥技术	30
		水培或无土栽培	14
		温室栽培技术	22
		整地技术	20
		种子、根茎处理	20

续表

一级主题	专利申请量（件）	二级主题	专利申请量（件）
贮藏保鲜技术	241	保存、催熟	109
		储存、运输容器	139
加工利用技术	5 973	成分提取	66
		肥料制品	1
		加工装置	1 006
		其他制品	11
		食品制品	5 223
		饲料制品	30
		医药制品	175

注：由于各主题之间有交叉研究，因此会出现一级主题总专利申请量多于领域总专利申请量，二级主题总专利申请量多于一级主题总专利申请量，一级主题、二级主题专利申请量占比之和大于1的现象。

5.1.2 技术活跃度分析

本研究统计了全球咖啡技术创新领域主要技术类别的专利申请活跃度情况（表5-2）。全球咖啡技术创新领域，灌溉技术的技术活跃度最高，其次是整地技术、施肥技术、其他种植技术、加工装置、水培或无土栽培等技术分支。其中，在育种育苗技术中，育苗技术的活跃度最高；在田间管理技术中，灌溉技术、整地技术、施肥技术、其他种植技术、水培或无土栽培等技术类别的活跃度较高；在贮藏保鲜技术中，保存、催熟的活跃度最高；在加工利用技术中，加工装置的活跃度最高；另外，肥料制品，播种、移栽技术，林业栽培技术为近5年新出现的技术类别。

表5-2 全球咖啡技术创新领域主要技术类别活跃度

一级主题	二级主题	专利活跃度	活跃度等级
育种育苗技术	育苗技术	2.84	↑↑↑
	育种技术	0.57	↓
田间管理技术	病虫草害防控技术	3.95	↑↑↑
	播种、移栽技术	∞	/
	采收技术	3.37	↑↑↑
	灌溉技术	10.50	↑↑↑

续表

一级主题	二级主题	专利活跃度	活跃度等级
田间管理技术	林业栽培技术	∞	/
	其他种植技术	5.50	↑↑↑
	施肥技术	7.35	↑↑↑
	水培或无土栽培	5.13	↑↑↑
	温室栽培技术	4.60	↑↑↑
	整地技术	9.29	↑↑↑
	种子、根茎处理	3.20	↑↑↑
贮藏保鲜技术	保存、催熟	2.34	↑↑↑
	储存、运输容器	1.84	↑↑
加工利用技术	成分提取	2.13	↑↑↑
	肥料制品	∞	/
	加工装置	5.35	↑↑↑
	其他制品	1.80	↑↑
	食品制品	2.24	↑↑↑
	饲料制品	2.76	↑↑↑
	医药制品	2.15	↑↑↑

注：专利活跃度表中“↑”越多，代表专利申请活跃度越高，技术创新活跃度越高；“↓”越多，代表专利申请活跃度越低，技术创新活跃度越低；“∞”代表近 5 年来新出现的技术类别。

5.1.3 重点 / 核心专利分析

本研究统计了全球咖啡技术创新领域被引频次在前十位的专利信息（表 5-3）。全球咖啡技术创新领域的重点 / 核心专利主要是关于咖啡饮料相关产品的加工制备工艺与设备方面的研究。重点 / 核心专利被引频次均在 95 次以上，且申请时间均在 2006 年及以前，其中有 6 件申请于 2000 年以前，最早申请年份为 1983 年。除了 The Coca Cola Company 有 2 件重点 / 核心专利外，其余申请人均只有 1 件。被引频次最高的专利申请人是 Vserossijskij Nauchno Issledovatel’ Skij Institut Konservnoj I Ovoshchesushil’ Noj Promyshlennosti，发明人是 Kas’ janov G I 和 Kvasenkov O I，被引频次达 517 次。

表5-3 全球咖啡技术创新领域相关技术高被引专利

序号	题名	公开号	申请人	发明人	申请年份	被引频次（次）
1	Coffee beverage preparing method	RU2059382C1	Vserossijskij Nauchno Issledovatel' Skij Institut Konservnoj I Ovoshchesushil' Noj Promyshlennosti	Kas' janov G I, Kvasenkov O I	1993	517
2	Method for coffee substitute production	SU1738216A1	Vsesoyuznoe Nauchno Proizvodstvennoe Obedinenie Po Chayu Subtropicheskim Kulturam I Chajnoj Promyshlennosti	Dzneladze Zurab Yustinovich, Todua Revaz Shotaevich, Kvaratskheliya Dzhemal Amiranovich	1990	359
3	Method for producing of fried coffee products	RU2316974C1	Gosudarstvennoe Obrazovatel' Noe Uchrezhdenie Vysshego Professional' Nogo Obrazovanija Voronezhskaja Gosudarstvennaja Tekhnologicheskaja Akademija	Shevtsov Aleksandr Anatol' evich, Ostrikov Aleksandr Nikolaevich, Tkachev Andrej Gennad' evich, Bogdanov Mikhail Mikhajlovich	2006	333
4	High-potency sweetener for hydration and sweetened hydration composition	US20070116823A1	The Coca Cola Company	Indra Prakash, Grant E DuBois	2006	149
5	Method for production of coffee substitutes	RU2050787C1	Vserossijskij Nauchno Issledovatel' Skij Institut Konservnoj I Ovoshchesushil' Noj Promyshlennosti	Artem' ev B V, Kas' janov G I, Kvasenkov O I	1993	130
6	Method for removing caffeine in aqueous solution containing caffeine	JP06142405A	Taiyo Kagaku Co Ltd	Sakanaka Senji, Nakamura Izumi	1992	118
7	Coffee flavor composition, and food and drink containing the same	JP2006020526A	Kawasaki Kiyomitsu	Kawasaki Kiyomitsu	2004	112
8	Method of producing coffee analog	RU2154948C1	Kan Elena Bon Nakovna	Kan Elena Bon Nakovna, Khan V V, Ehm L I	1999	110
9	High-potency sweetener for weight management and compositions sweetened therewith	US20070116840A1	The Coca Cola Company	Indra Prakash, Grant E DuBois	2006	104
10	Coffee roaster	US4494314A	Gell J R, Harold A	Harold A Gell	1983	97

5.2 甘 蔗

5.2.1 技术分解

全球甘蔗技术创新领域已累计申请 3 696 件专利，本研究统计了其一级、二级技术的专利申请量及占比情况（表 5-4）。从一级主题来看，全球甘蔗技术创新领域的研究主要集中在田间管理技术方向，专利申请量为 2 757 件，占比达 74.59%；其次是加工利用技术，占比为 22.29%；再次是贮藏保鲜技术，占比为 5.95%；而育种育苗技术方向的专利申请量最少，占比不足 1%。

从二级主题来看，全球甘蔗技术创新领域在采收技术的专利最多，专利申请量为 1 409 件，占比为 38.12%，其中绝大多数是收获装置的研发；其次是其他种植技术、病虫草害防控技术、加工装置，占比均超过 11%；再次是整地技术、施肥技术、食品制品等技术类别，占比在 7% ～ 9%。

表5-4 全球甘蔗技术创新领域一级及二级技术分解

一级主题	专利申请量（件）	二级主题	专利申请量（件）
育种育苗技术	33	育苗技术	127
		育种技术	115
田间管理技术	2 757	病虫草害防控技术	446
		播种、移栽技术	103
		采收技术	1 409
		肥料制品	2
		灌溉技术	62
		其他种植技术	635
		施肥技术	286
		水培或无土栽培	29
		温室栽培技术	81
		整地技术	298
		种子、根茎处理	175
贮藏保鲜技术	220	保存、催熟	31
		储存、运输容器	3

续表

一级主题	专利申请量（件）	二级主题	专利申请量（件）
加工利用技术	824	成分提取	17
		加工装置	436
		其他制品	7
		食品制品	265
		饲料制品	117
		医药制品	31

注：由于各主题之间有交叉研究，因此会出现一级主题总专利申请量多于领域总专利申请量，二级主题总专利申请量多于一级主题总专利申请量，一级主题、二级主题专利申请量占比之和大于1的现象。

5.2.2 技术活跃度分析

本研究统计了全球甘蔗技术创新领域主要技术类别的专利申请活跃度情况（表5-5）。全球甘蔗技术创新领域，加工装置的技术活跃度最高，其次是整地技术、病虫草害防控技术、施肥技术、温室栽培技术等技术类别。其中，在育种育苗技术中，育苗技术的活跃度最高；在田间管理技术中，整地技术、病虫草害防控技术、施肥技术、温室栽培技术等技术类别的活跃度较高；在贮藏保鲜技术中，保存、催熟的活跃度最高；在加工利用技术中，加工装置、饲料制品、食品制品等技术类别的活跃度较高；另外，肥料制品、其他制品为近5年新出现的技术类别。

表5-5 全球甘蔗技术创新领域主要技术类别活跃度

一级主题	二级主题	专利活跃度	活跃度等级
育种育苗技术	育苗技术	3.58	↑↑↑
	育种技术	1.75	↑↑
田间管理技术	病虫草害防控技术	9.97	↑↑↑
	播种、移栽技术	2.36	↑↑↑
	采收技术	6.36	↑↑↑
	肥料制品	∞	/
	灌溉技术	6.97	↑↑↑
	其他种植技术	6.38	↑↑↑
	施肥技术	8.57	↑↑↑

续表

一级主题	二级主题	专利活跃度	活跃度等级
田间管理技术	水培或无土栽培	2.22	↑↑↑
	温室栽培技术	7.83	↑↑↑
	整地技术	10.66	↑↑↑
	种子、根茎处理	5.97	↑↑↑
贮藏保鲜技术	保存、催熟	5.27	↑↑↑
	储存、运输容器	1.00	—
加工利用技术	成分提取	1.42	↑
	加工装置	15.90	↑↑↑
	其他制品	∞	/
	食品制品	4.07	↑↑↑
	饲料制品	6.08	↑↑↑
	医药制品	1.98	↑↑

注：专利活跃度表中“↑”越多，代表专利申请活跃度越高，技术创新活跃度越高；“↓”越多，代表专利申请活跃度越低，技术创新活跃度越低；“—”代表专利申请活跃度一般，技术创新活跃度一般；“∞”代表近 5 年新出现的技术类别。

5.2.3 重点 / 核心专利分析

本研究统计了全球甘蔗技术创新领域被引频次在前十位的专利信息（表 5-6）。全球甘蔗技术创新领域的重点 / 核心专利主要是关于甘蔗收割及食用产品加工技术的研究。重点 / 核心专利被引频次均在 30 次及以上，且申请时间均在 2013 年及以前，其中有 6 件申请于 2000 年及以前，最早申请年份为 1977 年。所有申请人均只有 1 件重点 / 核心专利，被引频次最高的专利申请人是 Inter American Vanguard Corporation，其发明人是 Fowler Larry，被引频次达 70 次。

表5-6 全球甘蔗技术创新领域相关技术高被引专利

序号	题名	公开号	申请人	发明人	申请年份	被引频次（次）
1	Sugar cane combine harvester	US6363700B1	Inter American Vanguard Corporation	Fowler Larry	2000	70
2	Process for increasing sugar yield in sugarcane	US4404012A	American Cyanamid Company	Orwick, Philip L, Templeton, Andrew R	1981	48

续表

序号	题名	公开号	申请人	发明人	申请年份	被引频次（次）
3	Harvester for sugar cane	US4121778A	Massey Ferguson Services N V	Donald J Quick	1977	43
4	Use of spray-dried and freeze-dried sugarcane leaf essence in improving taste of flavored calcium supplements, foodstuffs, beverages, chewing gum, oral care compositions and calcium supplement	US6251463B1	International Flavors Fragrances Inc	Rossy Phillip A, Davidson Richard H, Miller Kevin P, Warder Ira T, Schulman Marvin, Pittet Alan Owen, Bolen Paul L, Hawn Regina D	1999	41
5	Medicine containing cane sugar polyphenol-containing material as active ingredient, and its use	JP2003137803A	Ryuukyuu Cement KK, Yogi Kenichi	Izeki Takemi, Yogi Kenichi, Yonamine Masao, Sezoko Masayasu, Kaneshiro Masanao	2001	39
6	一种切段式甘蔗联合收割机	CN101690449A	广州市科利亚农业机械有限公司	彭康益	2009	36
7	Sugarcane plant promoters to express heterologous nucleic acids	WO0118211A1	Univ Queensland, Potier Bernard, Birch Robert George	Potier Bernard, Birch Robert George	2000	35
8	Separation of guayule rubber/resin extract from guayule bagasse	GB2164341A	The Firestone Tire Rubber Company	Joanne L Beattie, William M Cole	1985	31
9	Herbicidal compositions comprising 4-amino-3-chloro-5-fluoro-6-(4-chloro-2-fluoro-3-methoxyphenyl) pyridine-2-carboxylic acid or a derivative thereof and imidazolinones	US20140031213A1	Dow Agrosciences Llc	Carla N Yerkes, Richard K Mann, Paul R Schmitzer	2013	30
10	Super sweet sugar crystals and syrups for health and method	US20080014331A1	Badalov Constantin	Constantin Badalov	2006	30

5.3 天然橡胶

5.3.1 技术分解

全球天然橡胶技术创新领域已累计申请 2 252 件专利，本研究统计了其一级、二级技术的专利申请量及占比情况（表 5-7）。从一级主题来看，全球天然橡胶技术创新领域的研究主要集中在加工利用技术方向，专利申请量为 1 279 件，占比达 56.79%；其次是田间管理技术，占比为 24.96%；再次是育种育苗技术，占比为 5.24%；而贮藏保鲜技术方向的专利申请量最少，占比仅 0.18%。

从二级主题来看，全球天然橡胶技术创新领域在橡胶制品技术的专利最多，专利申请量为 1 163 件，占比为 51.64%，其中绝大多数是橡胶材料的研制；其次是采收技术，占比为 13.68%；再次是病虫草害防控技术、其他种植技术、育种技术、加工装置、育苗技术等技术类别，占比在 2% ～ 7%。

表5-7 全球天然橡胶技术创新领域一级及二级技术分解

一级主题	专利申请量（件）	二级主题	专利申请量（件）
育种育苗技术	118	育苗技术	55
		育种技术	80
田间管理技术	562	病虫草害防控技术	140
		播种、移栽技术	3
		采收技术	308
		灌溉技术	11
		其他种植技术	119
		施肥技术	38
		水培或无土栽培	6
		温室栽培技术	16
		整地技术	14
		种子、根茎处理	6

续表

一级主题	专利申请量（件）	二级主题	专利申请量（件）
贮藏保鲜技术	4	保存、催熟	2
		储存、运输容器	2
加工利用技术	1 279	成分提取	27
		肥料制品	1
		加工装置	80
		食品制品	3
		饲料制品	14
		橡胶制品	1 163
		医药制品	11

注：由于各主题之间有交叉研究，因此会出现一级主题总专利申请量多于领域总专利申请量，二级主题总专利申请量多于一级主题总专利申请量，一级主题、二级主题专利申请量占比之和大于1的现象。

5.3.2 技术活跃度分析

本研究统计了全球天然橡胶技术创新领域主要技术类别的专利申请活跃度情况（表 5-8）。全球天然橡胶技术创新领域，加工装置、采收技术的技术活跃度最高，其次是橡胶制品、施肥技术、病虫草害防控技术、灌溉技术等技术类别。其中，在育种育苗技术中，育种技术的活跃度最高；在田间管理技术中，采收技术、施肥技术、病虫草害防控技术、灌溉技术等技术类别的活跃度较高；在加工利用技术中，加工装置、橡胶制品等技术类别的活跃度较高；另外，肥料制品，储存、运输容器为近 5 年新出现的技术类别。

表5-8 全球天然橡胶技术创新领域主要技术类别活跃度

一级主题	二级主题	专利活跃度	活跃度等级
育种育苗技术	育苗技术	2.10	↑↑↑
	育种技术	3.27	↑↑↑
田间管理技术	病虫草害防控技术	4.38	↑↑↑
	播种、移栽技术	0.40	↓↓
	采收技术	29.50	↑↑↑

续表

一级主题	二级主题	专利活跃度	活跃度等级
田间管理技术	灌溉技术	4.00	↑↑↑
	其他种植技术	3.92	↑↑↑
	施肥技术	9.63	↑↑↑
	水培或无土栽培	1.20	↑
	温室栽培技术	1.91	↑↑
	整地技术	2.93	↑↑↑
	种子、根茎处理	1.60	↑↑
贮藏保鲜技术	保存、催熟	0.60	↓
	储存、运输容器	∞	/
加工利用技术	成分提取	2.00	↑↑↑
	肥料制品	∞	/
	加工装置	39.20	↑↑↑
	食品制品	0	↓↓↓
	饲料制品	2.40	↑↑↑
	橡胶制品	10.79	↑↑↑
	医药制品	0.93	—

注：专利活跃度表中“↑”越多，代表专利申请活跃度越高，技术创新活跃度越高；“↓”越多，代表专利申请活跃度越低，技术创新活跃度越低；“—”代表专利申请活跃度一般，技术创新活跃度一般；“∞”代表近5年新出现的技术类别。

5.3.3 重点/核心专利分析

本研究统计了全球天然橡胶技术创新领域被引频次在前十位的专利信息（表5-9）。全球天然橡胶技术创新领域的重点/核心专利主要是关于橡胶材料加工技术的研究。重点/核心专利被引频次均在35次及以上，且申请时间均在2015年及以前，其中有6件申请于2000年及以前，最早申请年份为1967年。Univ Akron、Bridgestone Corp均有2件重点/核心专利，其他申请人均只有1件重点/核心专利。被引频次最高的专利申请人是株洲安宝麟锋新材料有限公司，其发明人是麦千里、彭魁、胡颂平等，被引频次达61次。

表5-9 全球天然橡胶技术创新领域相关技术高被引专利

序号	题名	公开号	申请人	发明人	申请年份	被引频次（次）
1	湿法混炼天然橡胶料的制备方法	CN102153792A	株洲安宝麟锋新材料有限公司	麦千里，彭魁，胡颂平，赵萍	2011	61
2	Reduced-lipid natural rubber latex	US5998512A	Univ Akron	Schloman William W	1998	59
3	Natural rubber master batch, production method thereof, and natural rubber composition	US6841606B2	Bridgestone Corp	Kazuhiro Yanagisawa, Kazuaki Someno, Uchu Mukai	2002	47
4	Hypoallergenic natural rubber latex and a process for making the same	US6054525A	Univ AKRON	Schloman Jr William W, Mcintyre Donald	1996	46
5	Deproteinized natural rubber	JP06056902A	Sumitomo Rubber Ind; Kao Corp	Tanaka Yasuyuki, Hioki Yuichi, Ichikawa Naoya	1992	45
6	Thin-walled natural rubber latex material substantially free of sulfur and nitrosamines	US6051320A	Audra International L L C	Noecker Audra, Ho Teon Hau	1996	43
7	Method of modifying natural rubber with carbon monoxide and coreactant	US3539654A	Auxiliare De L Inst Francais D	Pautrat Rene, Cheritat Roland	1967	41
8	Modified natural rubber and method for producing the same	JP2004359717A	Bridgestone Corp	Kondo Hajime	2003	37
9	斜槽四边调节同平面天然橡胶压板	CN104990791A	温州经济技术开发区滨海志杰机电产品设计工作室	张志雄	2015	36
10	Methods to remove proteins from natural rubber latex	US5563241A	Guthrie Foundation for Education	Beezhold Donald H	1995	35

5.4 香　蕉

5.4.1 技术分解

全球香蕉技术创新领域已累计申请 2 236 件专利，本研究统计了其一级、二级技术的专利申请量及占比情况（表 5-10）。从一级主题来看，全球香蕉技术创新领域在加工利用技术方向的研究最多，专利申请量为 1 131 件，占比达 50.58%；其次是田间管理技术，占比为 36.94%；再次是贮藏保鲜技术，占比为 13.64%；而育种育苗技术方向的专利申请量最少，占比为 5.99%。

从二级主题来看，全球香蕉技术创新领域在食品制品技术的专利最多，专利申请量为 958 件，占比为 42.84%，其中绝大多数为果蔬制品、营养制品的研发；其次是病虫草害防控技术，保存、催熟，其他种植技术，占比均在 11% 以上；再次是采收技术、加工装置、施肥技术、育苗技术等技术类别，占比在 4% ～ 9%。

表5-10　全球香蕉技术创新领域一级及二级技术分解

一级主题	专利申请量（件）	二级主题	专利申请量（件）
育种育苗技术	134	育苗技术	106
		育种技术	52
田间管理技术	826	病虫草害防控技术	330
		播种、移栽技术	7
		采收技术	196
		灌溉技术	17
		林业栽培技术	7
		其他种植技术	253
		施肥技术	122
		水培或无土栽培	24
		温室栽培技术	44
		整地技术	45
		种子、根茎处理	7

续表

一级主题	专利申请量（件）	二级主题	专利申请量（件）
贮藏保鲜技术	305	保存、催熟	292
		储存、运输容器	48
加工利用技术	1 131	成分提取	22
		肥料制品	1
		加工装置	171
		食品制品	958
		饲料制品	57
		医药制品	49

注：由于各主题之间有交叉研究，因此会出现一级主题总专利申请量多于领域总专利申请量，二级主题总专利申请量多于一级主题总专利申请量，一级主题、二级主题专利申请量占比之和大于1的现象。

5.4.2 技术活跃度分析

本研究统计了全球香蕉技术创新领域主要技术类别的专利申请活跃度情况（表5-11）。全球香蕉技术创新领域，灌溉技术的技术活跃度最高，其次是整地技术、施肥技术、林业栽培技术、水培或无土栽培等技术类别。其中，在育种育苗技术中，育苗技术的活跃度最高；在田间管理技术中，灌溉技术、整地技术、施肥技术、林业栽培技术、水培或无土栽培等技术类别的活跃度较高；在贮藏保鲜技术中，保存、催熟的活跃度较高；在加工利用技术中，加工装置、食品制品、饲料制品等技术类别的活跃度较高；另外，肥料制品为近5年新出现的技术类别。

表5-11 全球香蕉技术创新领域主要技术类别活跃度

一级主题	二级主题	专利活跃度	活跃度等级
育种育苗技术	育苗技术	6.05	↑↑↑
	育种技术	1.20	↑
田间管理技术	病虫草害防控技术	9.70	↑↑↑
	播种、移栽技术	0.80	↓
	采收技术	6.73	↑↑↑
	灌溉技术	22.10	↑↑↑

续表

一级主题	二级主题	专利活跃度	活跃度等级
田间管理技术	林业栽培技术	11.50	↑↑↑
	其他种植技术	6.51	↑↑↑
	施肥技术	12.49	↑↑↑
	水培或无土栽培	10.80	↑↑↑
	温室栽培技术	5.29	↑↑↑
	整地技术	13.60	↑↑↑
	种子、根茎处理	2.13	↑↑↑
贮藏保鲜技术	保存、催熟	5.59	↑↑↑
	储存、运输容器	4.40	↑↑↑
加工利用技术	成分提取	1.50	↑↑
	肥料制品	∞	/
	加工装置	7.21	↑↑↑
	食品制品	4.87	↑↑↑
	饲料制品	4.53	↑↑↑
	医药制品	3.83	↑↑↑

注：专利活跃度表中“↑”越多，代表专利申请活跃度越高，技术创新活跃度越高；“↓”越多，代表专利申请活跃度越低，技术创新活跃度越低；“∞”代表近 5 年新出现的技术类别。

5.4.3 重点 / 核心专利分析

本研究统计了全球香蕉技术创新领域被引频次在前十位的专利信息（表 5-12）。全球香蕉技术创新领域的重点 / 核心专利主要是关于香蕉包装贮藏、加工技术的研究。重点 / 核心专利被引频次均在 22 次及以上，且申请时间均在 2013 年及以前，其中有 3 件申请于 2000 年及以前，最早申请年份为 1972 年。Krasnodarskij Nauchno Issledovatel’ Skij Institut Khranenija I Pererabotki Sel’ Skokhozjajstvennoj Produktsii 有 2 件重点 / 核心专利，其他申请人均只有 1 件重点 / 核心专利。被引频次最高专利的专利申请人是 Borden Inc，其发明人是 Cummin A、Daun H、Seymour Gilbert 等，被引频次达 63 次。

表5-12 全球香蕉技术创新领域相关技术高被引专利

序号	题名	公开号	申请人	发明人	申请年份	被引频次（次）
1	Packaging bananas in carbon dioxide permeable film	US3798333A	Borden Inc	Cummin A, Daun H, Seymour Gilbert, Yair Henig	1972	63
2	Packaging of respiring biological materials	US20020127305A1	Clarke Raymond	Raymond Clarke	2001	49
3	Method of preparing banana base for thickened drinks	RU2167567C1	Krasnodarskij Nauchno Issledovatel' Skij Institut Khranenija I Pererabotki Sel' Skokhozjajstvennoj Produktsii	Kvasenkov O I, Il' ina I A, Shazzo R I	1999	38
4	Method of preparing banana base for turbid drinks	RU2171072C2	Krasnodarskij Nauchno Issledovatel' Skij Institut Khranenija I Pererabotki Sel' Skokhozjajstvennoj Produktsii	Kvasenkov O I, Il' ina I A, Shazzo R I	1999	36
5	一种雪梨香蕉玉米果酱及其制备方法	CN103262967A	蚌埠市金旺食品有限公司	黄劲松	2013	32
6	一种绿豆香蕉果冻的制作方法	CN104366174A	青岛道合生物科技有限公司	于丽霞	2013	26
7	Packaging material and method for perishable food product	US20050266129A1	Mir Nazir	Nazir Mir	2004	25
8	低糖香蕉菠萝复合果酱及其制作方法	CN101919507A	中国热带农业科学院海口实验站	盛占武，赵勇，鄢晋晓，金志强，马蔚红，高锦合	2010	24
9	一种香蕉种植副产物发酵饲料及其加工方法	CN101828631A	广东海洋大学	薛晓宁	2009	23
10	Method of handling bananas	WO2011082059A1	Rohm and Haas Company, Mir Nazir, Holcroft Dierdre, James William, Urena Padilla Alvaro	Mir Nazir, Holcroft Dierdre, James William, Urena Padilla Alvaro	2010	22

5.5 椰 子

5.5.1 技术分解

全球椰子技术创新领域已累计申请 1 897 件专利，本研究统计了其一级、二级技术的专利申请量及占比情况（表 5-13）。从一级主题来看，全球椰子技术创新领域的研究主要集中在加工利用技术方向，专利申请量为 1 553 件，占比达 81.87%；其次是田间管理技术，占比为 13.02%；而贮藏保鲜技术、育种育苗技术方向的专利申请量均不多，占比分别为 4.96% 和 2.21%。

从二级主题来看，全球椰子技术创新领域在食品制品技术的专利最多，专利申请量为 851 件，占比为 44.86%，其中绝大多数为饮料制品、营养制品的研发；其次是加工装置，专利申请量为 692 件，占比为 36.48%，其中绝大多数为去壳装置、汁液提取装置的研发；再次是保存、催熟，其他种植技术，病虫草害防控技术，饲料制品，采收技术等技术类别，占比在 2.5% ～ 5.0%。

表5-13 全球椰子技术创新领域一级及二级技术分解

一级主题	专利申请量（件）	二级主题	专利申请量（件）
育种育苗技术	42	育苗技术	30
		育种技术	13
田间管理技术	247	病虫草害防控技术	60
		采收技术	49
		灌溉技术	1
		林业栽培技术	5
		其他种植技术	79
		施肥技术	30
		水培或无土栽培	35
		温室栽培技术	39
		整地技术	7
		种子、根茎处理	11

续表

一级主题	专利申请量（件）	二级主题	专利申请量（件）
贮藏保鲜技术	94	保存、催熟	80
		储存、运输容器	14
加工利用技术	1 553	成分提取	25
		肥料制品	2
		加工装置	692
		其他制品	7
		食品制品	851
		饲料制品	55
		医药制品	45

注：由于各主题之间有交叉研究，因此会出现一级主题总专利申请量多于领域总专利申请量，二级主题总专利申请量多于一级主题总专利申请量，一级主题、二级主题专利申请量占比之和大于1的现象。

5.5.2 技术活跃度分析

本研究统计了全球椰子技术创新领域主要技术类别的专利申请活跃度情况（表5-14）。全球椰子技术创新领域，加工装置、采收技术的技术活跃度最高，其次是育苗技术，储存、运输容器，保存、催熟，食品制品等技术类别。其中，在育种育苗技术中，育苗技术的活跃度最高；在田间管理技术中，采收技术、施肥技术、水培或无土栽培等技术类别的活跃度较高；在贮藏保鲜技术中，储存、运输容器，保存、催熟方向的活跃度均较高；在加工利用技术中，加工装置、食品制品、成分提取等技术类别的活跃度较高；另外，肥料制品、整地技术、灌溉技术为近5年新出现的技术类别。

表5-14　全球椰子技术创新领域主要技术类别活跃度

一级主题	二级主题	专利活跃度	活跃度等级
育种育苗技术	育苗技术	18.15	↑↑↑
	育种技术	4.38	↑↑↑
田间管理技术	病虫草害防控技术	3.47	↑↑↑
	采收技术	21.42	↑↑↑

续表

一级主题	二级主题	专利活跃度	活跃度等级
田间管理技术	灌溉技术	∞	/
	林业栽培技术	2.00	↑↑↑
	其他种植技术	1.96	↑↑
	施肥技术	5.78	↑↑↑
	水培或无土栽培	4.91	↑↑↑
	温室栽培技术	2.59	↑↑↑
	整地技术	∞	/
	种子、根茎处理	2.33	↑↑↑
贮藏保鲜技术	保存、催熟	8.60	↑↑↑
	储存、运输容器	8.80	↑↑↑
加工利用技术	成分提取	5.50	↑↑↑
	肥料制品	∞	/
	加工装置	21.65	↑↑↑
	其他制品	0.77	↓
	食品制品	7.78	↑↑↑
	饲料制品	2.25	↑↑↑
	医药制品	1.70	↑↑

注：专利活跃度表中“↑”越多，代表专利申请活跃度越高，技术创新活跃度越高；“↓”越多，代表专利申请活跃度越低，技术创新活跃度越低；“∞”代表近 5 年新出现的技术类别。

5.5.3 重点 / 核心专利分析

本研究统计了全球椰子技术创新领域被引频次在前十位的专利信息（表 5-15）。全球椰子技术创新领域的重点 / 核心专利主要是关于椰子食品制品及加工装置的研究。重点 / 核心专利被引频次均在 16 次及以上，且申请时间均在 2014 年及以前，其中有 7 件申请于 2000 年以前，最早申请年份为 1974 年。申请人均只有 1 件重点 / 核心专利，被引频次最高的专利申请人是 Asahi Denka Kogyo KK，其发明人是 Kawade Satoshi、Tomoe Tetsutaro，被引频次达 35 次。

表5-15　全球椰子技术创新领域相关技术高被引专利

序号	题名	公开号	申请人	发明人	申请年份	被引频次（次）
1	Oil and fat composition	JP09143490A	Asahi Denka Kogyo Kk	Kawade Satoshi, Tomoe Tetsutaro	1995	35
2	Process for the treatment of coconut and food products resulting therefrom	US3899606A	Pillsbury Co	Forkner John H	1974	34
3	Coconut shredder and cutter appliance	US4350088A	Rubio Jr, Jose V	Jose V Rubio	1980	34
4	Coated coconut, method of preparation and icing therefrom	US4386108A	Gen Mills Inc	Richter Gary W	1982	27
5	一种椰蓉碧根果仁的加工方法	CN104351862A	洽洽食品股份有限公司	陈先保	2014	26
6	Method of making coconut coir pitch cat litter from powder created from crushed coconut husks	US6863027B1		Tilak Silva	2003	24
7	一种花香椰奶年糕的制作方法	CN102488065A	骆慧文	骆慧文，武颖	2011	22
8	Coconut milk-containing food and drink and method for producing the same	JP2003325147A	Sanei Gen Ffi Inc	Hibino Mitsuyuki, Ponsonby Arthur	2002	21
9	Coconut mesocarp as plant culture substrate - is cut into slices and fragmented to form particles comprising fibres with attached parenchymous tissue	FR2692833A1	Socotra	Jean Marc Chaintron	1992	18
10	Gelling system comprising carrageenan and coconut endosperm	WO9639046A1	Mars G B Ltd, Speirs Charles Ivie, Harford Stephen	Speirs Charles Ivie, Harford Stephen	1996	16
11	Coconut husk removing tool	US4383479A	Hill, Edward D	Edward D Hill	1981	16
12	椰子自动切口机	CN101828753A	海南大学	刘四新，李从发，樊军庆	2010	16

5.6 可 可

5.6.1 技术分解

全球可可技术创新领域已累计申请 1 684 件专利，本研究统计了其一级、二级技术的专利申请量及占比情况（表 5-16）。从一级主题来看，全球可可技术创新领域的研究主要集中在加工利用技术方向，专利申请量为 1 610 件，占比达 95.61%；而田间管理技术、贮藏保鲜技术、育种育苗技术方向的专利申请量均不多，占比分别为 3.09%、2.85%、1.90%。

从二级主题来看，全球可可技术创新领域在食品制品技术的专利最多，专利申请量为 1 531 件，占比为 90.91%，其中大多数均为巧克力制品制备及其处理技术的研发；其次是加工装置、医药制品，占比均在 5% 以上；再次是成分提取，保存、催熟，病虫草害防控技术，饲料制品，育种技术，育苗技术等技术类别，占比在 1% ～ 3%。

表5-16 全球可可技术创新领域一级及二级技术分解

一级主题	专利申请量（件）	二级主题	专利申请量（件）
育种育苗技术	32	育苗技术	21
		育种技术	22
田间管理技术	52	病虫草害防控技术	32
		播种、移栽技术	1
		采收技术	3
		灌溉技术	1
		其他种植技术	15
		施肥技术	2
		水培或无土栽培	1
		温室栽培技术	3

续表

一级主题	专利申请量（件）	二级主题	专利申请量（件）
贮藏保鲜技术	48	保存、催熟	41
		储存、运输容器	7
加工利用技术	1 610	成分提取	47
		加工装置	134
		其他制品	4
		食品制品	1 531
		饲料制品	24
		医药制品	97

注：由于各主题之间有交叉研究，因此会出现一级主题总专利申请量多于领域总专利申请量，二级主题总专利申请量多于一级主题总专利申请量，一级主题、二级主题专利申请量占比之和大于1的现象。

5.6.2 技术活跃度分析

本研究统计了全球可可技术创新领域主要技术类别的专利申请活跃度情况（表5-17）。全球可可技术创新领域，病虫草害防控技术的技术活跃度最高，其次是采收技术，食品制品，保存、催熟，加工装置等技术类别。其中，在育种育苗技术中，两个技术类别的活跃度均较低；在田间管理技术中，病虫草害防控技术、采收技术等技术类别的活跃度较高；在贮藏保鲜技术中，保存、催熟的活跃度最高；在加工利用技术中，食品制品、加工装置、医药制品等技术类别的活跃度较高；另外，播种、移栽技术，灌溉技术为近5年新出现的技术类别。

表5-17 全球可可技术创新领域主要技术类别活跃度

一级主题	二级主题	专利活跃度	活跃度等级
育种育苗技术	育苗技术	0.76	↓
	育种技术	0.27	↓↓
田间管理技术	病虫草害防控技术	4.38	↑↑↑
	播种、移栽技术	∞	/
	采收技术	3.70	↑↑↑
	灌溉技术	∞	/

续表

一级主题	二级主题	专利活跃度	活跃度等级
田间管理技术	其他种植技术	1.80	↑↑
	施肥技术	0	↓↓↓
	水培或无土栽培	0	↓↓↓
	温室栽培技术	1.80	↑↑
贮藏保鲜技术	保存、催熟	2.90	↑↑↑
	储存、运输容器	0.90	—
加工利用技术	成分提取	1.29	↑
	加工装置	2.77	↑↑↑
	其他制品	0	↓↓↓
	食品制品	3.54	↑↑↑
	饲料制品	1.37	↑
	医药制品	2.01	↑↑↑

注：专利活跃度表中“↑”越多，代表专利申请活跃度越高，技术创新活跃度越高；“↓”越多，代表专利申请活跃度越低，技术创新活跃度越低；“—”代表专利申请活跃度一般，技术创新活跃度一般；“∞”代表近5年新出现的技术类别。

5.6.3 重点 / 核心专利分析

本研究统计了全球可可技术创新领域被引频次在前十位的专利信息（表 5-18）。全球可可技术创新领域的重点 / 核心专利主要是关于可可食品制备及成分提取技术的研究。重点 / 核心专利被引频次均在 45 次及以上，且申请时间均在 2011 年及以前，其中有 8 件申请于 2000 年以前，最早申请年份为 1977 年。申请人中 Mars Inc、Hammerstone John F JR、Romanczyk Leo J JR、Schmitz Harold H 均有 3 件重点 / 核心专利。被引频次最高的专利申请人是 Mars Inc、Romanczyk Leo J JR、Hammerstone John F JR 等，发明人为 Geyer Hans M 等，被引频次达 81 次。

表5-18 全球可可技术创新领域相关技术高被引专利

序号	题名	公开号	申请人	发明人	申请年份	被引频次（次）
1	Cocoa extract compounds and methods for making and using the same	WO9736497A2	Mars Inc, Romanczyk Leo J JR, Hammerstone John F JR, Buck Margaret M, Post Laurie S, Cipolla Giovanni G, Mcclelland Craig A, Mundt Jeff A, Schmitz Harold H	Romanczyk Leo J JR, Hammerstone John F JR, Buck Margaret M, Post Laurie S, Cipolla Giovanni G, Mcclelland Craig A, Mundt Jeff A, Schmitz Harold H	1997	81
2	Cocoa shell extract	US4156030A	Nestle Sa Soc Ass Tech Prod	Eggen Ingmar B	1977	66
3	Cocoa fruits and products	US4331692A	Drevici Ulla, Drevici Noe	Drevici Ulla, Drevici Noe	1979	62
4	Cocoa components, edible products having enhanced polyphenol content, methods of making same and medical uses	WO9809533A1	Mars Inc, Kealey Kirk S, Snyder Rodney M, Romanczyk Leo J JR, Geyer Hans M, Myers Mary E, Whitacre Eric J, Hammerstone John F JR, Schmitz Harold H	Kealey Kirk S, Snyder Rodney M, Romanczyk Leo J JR, Geyer Hans M, Myers Mary E, Whitacre Eric J, Hammerstone John F JR, Schmitz Harold H	1997	61
5	Method for producing deep red and black cocoa	US5009917A	Gen Foods Inc	Wiant Matthew J, Lynch William R, Lefreniere Robert C	1989	57
6	Method of producing granular cocoa	US4308288A	Morinaga Company Limited	Jun Hara, Masao Takeuchi, Takeshi Morishima	1980	55
7	Composition for improving taste of high-intensity sweetener and application thereof	US20120076908A1	Matsutani Chemical Industry Co Ltd	Hideki Fujihara, Tomohiro Enomoto	2011	53
8	Cocoa extract compounds and methods for making and using the same	WO9736597A1	Mars Incorporated, Romanczyk Leo J JR, Hammerstone John F JR, Buck Margaret M, Post Laurie S, Cipolla Giovanni G, Mcclelland Craig A, Mundt Jeff A, Schmitz Harold H	Romanczyk Leo J JR, Hammerstone John F JR, Buck Margaret M, Post Laurie S, Cipolla Giovanni G, Mcclelland Craig A, Mundt Jeff A, Schmitz Harold H	1996	48
9	Method for obtaining cocoa bean polyphenol extracts, resulting extracts and uses thereof	WO0214251A1	Barry Callebaut France	Lecoupeau Jean Paul, Vercauteren Joseph	2001	46
10	Cocoa product and process of preparation	US4343818A	Societe D' Assistance Technique Pour Produits Nestle S A	Ingmar B Eggen	1980	45

5.7 菠 萝

5.7.1 技术分解

全球菠萝技术创新领域已累计申请 1 573 件专利，本研究统计了其一级、二级技术的专利申请量及占比情况（表 5-19）。从一级主题来看，全球菠萝技术创新领域的研究主要集中在加工利用技术、田间管理技术两个方向，专利申请量分别为 876 件、583 件，占比分别为 55.69%、37.06%；而贮藏保鲜技术、育种育苗技术方向的专利申请量均不多，占比分别为 5.91%、3.12%。

从二级主题来看，全球菠萝技术创新领域在食品制品技术的专利最多，专利申请量为 682 件，占比为 43.36%，其中绝大多数为果蔬制品、营养制品的制备技术；其次是采收技术、加工装置，占比均在 11% 以上；再次是其他种植技术，病虫草害防控技术，保存、催熟，施肥技术等技术类别，占比在 4% ～ 8%。

表5-19 全球菠萝技术创新领域一级及二级技术分解

一级主题	专利申请量（件）	二级主题	专利申请量（件）
育种育苗技术	49	育苗技术	38
		育种技术	19
田间管理技术	583	病虫草害防控技术	102
		播种、移栽技术	6
		采收技术	316
		灌溉技术	8
		林业栽培技术	1
		其他种植技术	124
		施肥技术	67
		水培或无土栽培	39
		温室栽培技术	19
		整地技术	18
		种子、根茎处理	4

续表

一级主题	专利申请量（件）	二级主题	专利申请量（件）
贮藏保鲜技术	93	保存、催熟	92
		储存、运输容器	4
加工利用技术	876	成分提取	16
		肥料制品	2
		加工装置	176
		食品制品	682
		饲料制品	47
		医药制品	15

注：由于各主题之间有交叉研究，因此会出现一级主题总专利申请量多于领域总专利申请量，二级主题总专利申请量多于一级主题总专利申请量，一级主题、二级主题专利申请量占比之和大于1的现象。

5.7.2 技术活跃度分析

本研究统计了全球菠萝技术创新领域主要技术类别的专利申请活跃度情况（表5-20）。全球菠萝技术创新领域，采收技术的技术活跃度最高，其次是施肥技术、病虫草害防控技术、其他种植技术、水培或无土栽培等技术类别。其中，在育种育苗技术中，育苗技术的活跃度最高；在田间管理技术中，采收技术、施肥技术、病虫草害防控技术、其他种植技术、水培或无土栽培等技术类别的活跃度较高；在贮藏保鲜技术中，保存、催熟的活跃度最高；在加工利用技术中，加工装置、食品制品等技术类别的活跃度较高；另外，肥料制品为近5年新出现的技术类别。

表5-20 全球菠萝技术创新领域主要技术类别活跃度

一级主题	二级主题	专利活跃度	活跃度等级
育种育苗技术	育苗技术	4.95	↑↑↑
	育种技术	1.49	↑
田间管理技术	病虫草害防控技术	12.39	↑↑↑
	播种、移栽技术	0.60	↓
	采收技术	46.85	↑↑↑
	灌溉技术	0.60	↓

续表

一级主题	二级主题	专利活跃度	活跃度等级
田间管理技术	林业栽培技术	0	↓↓↓
	其他种植技术	11.25	↑↑↑
	施肥技术	12.68	↑↑↑
	水培或无土栽培	10.97	↑↑↑
	温室栽培技术	3.36	↑↑↑
	整地技术	2.40	↑↑↑
	种子、根茎处理	0.40	↓↓
贮藏保鲜技术	保存、催熟	4.10	↑↑↑
	储存、运输容器	0	↓↓↓
加工利用技术	成分提取	2.82	↑↑↑
	肥料制品	∞	/
	加工装置	8.79	↑↑↑
	食品制品	8.54	↑↑↑
	饲料制品	4.38	↑↑↑
	医药制品	0.95	—

注：专利活跃度表中"↑"越多，代表专利申请活跃度越高，技术创新活跃度越高；"↓"越多，代表专利申请活跃度越低，技术创新活跃度越低；"—"代表专利申请活跃度一般，技术创新活跃度一般；"∞"代表近 5 年新出现的技术类别。

5.7.3 重点 / 核心专利分析

本研究统计了全球菠萝技术创新领域被引频次在前十位的专利信息（表 5-21）。全球菠萝技术创新领域的重点 / 核心专利主要是关于菠萝采摘及加工装置的研究。所有重点 / 核心专利被引频次均在 20 次及以上，且申请时间均在 2016 年及以前，其中有 3 件申请于 2000 年以前，最早申请年份为 1983 年。各申请人均只有 1 件重点 / 核心专利，被引频次最高的专利申请人是 The University of Bristish Columbia，发明人是 Timothy Douglas Durance、Jian Hua Wang、Richard Schlomer Meyer，被引频次达 75 次。

表5-21 全球菠萝技术创新领域相关技术高被引专利

序号	题名	公开号	申请人	发明人	申请年份	被引频次（次）
1	Process for drying mango and pineapples	US5962057A	The University of Bristish Columbia	Timothy Douglas Durance, Jian Hua Wang, Richard Schlomer Meyer	1998	75
2	一种杞菊菠萝蜂蜜膏及其制作方法	CN103519044A	张静	张静	2013	49
3	一种菠萝采摘机械手爪	CN201504423U	中国农业大学	徐丽明，王海峰，汪懋华，张进疆	2009	33
4	低糖香蕉菠萝复合果酱及其制作方法	CN101919507A	中国热带农业科学院海口实验站	盛占武，赵勇，鄯晋晓，金志强，马蔚红，高锦合	2010	24
5	以菠萝皮为原料联合制取菠萝多酚与果汁的方法及其应用	CN101648980A	广东轻工职业技术学院，邓毛程	邓毛程，王瑶，梁耀开，谭才邓，朱晓立，林楚佳	2009	24
6	一种养颜菠萝鸡肉串及其制备方法	CN103300392A	安徽夏星食品有限公司	夏义法，倪皖生，钟容霞，徐飞	2013	22
7	一种菠萝橙子复合酵素饮品的制备方法	CN106616149A	洛阳理工学院	张浩玉，张柯，张琳，陈为，薛冬	2016	22
8	Apparatus for peeling pineapples	US4606263A	Del Monte Corporation	Edward E Ross, Jurgen H Strasser	1985	21
9	双刀式自动菠萝去皮去果眼机	CN202184110U	杨李益	杨李益，李丙章，禹跃明	2011	20
10	一种菠萝茎叶压型发酵饲料及其加工方法	CN101828630A	广东海洋大学	薛晓宁	2009	20
11	Pineapple cutter	US4497245A	Kowa Shoji Kabushiki Kaisha	Kashichi Mori	1983	20

5.8 火龙果

5.8.1 技术分解

全球火龙果技术创新领域已累计申请 1 473 件专利，本研究统计了其一级、二级技术的专利申请量及占比情况（表 5-22）。从一级主题来看，全球火龙果技术创新领域的研究主要集中在田间管理技术方向，专利申请量为 853 件，占比达 57.91%；其次是加工利用技术，占比为 38.49%；再次是育种育苗技术，占比为 8.28%；而贮藏保鲜技术方向的专利申请量不多，占比仅 4.14%。

从二级主题来看，全球火龙果技术创新领域在食品制品技术的专利最多，专利申请量为 495 件，占比为 33.60%，其中绝大多数均为营养制品、饮料制品的研发；其次是其他种植技术、温室栽培技术，占比均超过 20%；再次是施肥技术、病虫草害防控技术等技术类别，占比在 12% ～ 16%。

表5-22 全球火龙果技术创新领域一级及二级技术分解

一级主题	专利申请量（件）	二级主题	专利申请量（件）
育种育苗技术	122	育苗技术	103
		育种技术	25
田间管理技术	853	病虫草害防控技术	191
		播种、移栽技术	1
		采收技术	35
		灌溉技术	75
		其他种植技术	439
		施肥技术	230
		水培或无土栽培	29
		温室栽培技术	315
		整地技术	38
		种子、根茎处理	24

续表

一级主题	专利申请量（件）	二级主题	专利申请量（件）
贮藏保鲜技术	61	保存、催熟	61
		储存、运输容器	1
加工利用技术	567	成分提取	5
		肥料制品	1
		加工装置	82
		食品制品	495
		饲料制品	13
		医药制品	15

注：由于各主题之间有交叉研究，因此会出现一级主题总专利申请量多于领域总专利申请量，二级主题总专利申请量多于一级主题总专利申请量，一级主题、二级主题专利申请量占比之和大于1的现象。

5.8.2 技术活跃度分析

本研究统计了全球火龙果技术创新领域主要技术类别的专利申请活跃度情况（表5-23）。全球火龙果技术创新领域，育苗技术的技术活跃度最高，其次是温室栽培技术、病虫草害防控技术、采收技术、水培或无土栽培等技术类别。其中，在育种育苗技术中，育苗技术的活跃度最高；在田间管理技术中，温室栽培技术、病虫草害防控技术、采收技术等技术类别的活跃度较高；在贮藏保鲜技术中，保存、催熟方向的活跃度最高；在加工利用技术中，食品制品、饲料制品、加工装置等技术类别的活跃度较高；另外，肥料制品，播种、移栽技术，储存、运输容器为近5年新出现的技术类别。

表5-23 全球火龙果技术创新领域主要技术类别活跃度

一级主题	二级主题	专利活跃度	活跃度等级
育种育苗技术	育苗技术	34.65	↑↑↑
	育种技术	1.03	—
田间管理技术	病虫草害防控技术	9.71	↑↑↑
	播种、移栽技术	∞	/
	采收技术	8.53	↑↑↑
	灌溉技术	3.55	↑↑↑

续表

一级主题	二级主题	专利活跃度	活跃度等级
田间管理技术	其他种植技术	6.00	↑↑↑
	施肥技术	4.71	↑↑↑
	水培或无土栽培	8.10	↑↑↑
	温室栽培技术	11.57	↑↑↑
	整地技术	3.60	↑↑↑
	种子、根茎处理	5.00	↑↑↑
贮藏保鲜技术	保存、催熟	3.09	↑↑↑
	储存、运输容器	∞	/
加工利用技术	成分提取	0.27	↓↓
	肥料制品	∞	/
	加工装置	4.32	↑↑↑
	食品制品	5.92	↑↑↑
	饲料制品	4.40	↑↑↑
	医药制品	4.00	↑↑↑

注：专利活跃度表中“↑”越多，代表专利申请活跃度越高，技术创新活跃度越高；“↓”越多，代表专利申请活跃度越低，技术创新活跃度越低；“—”代表专利申请活跃度一般，技术创新活跃度一般；“∞”代表近5年新出现的技术类别。

5.8.3 重点/核心专利分析

本研究统计了全球火龙果技术创新领域被引频次在前十位的专利信息（表5-24）。全球火龙果技术创新领域的重点/核心专利主要是关于火龙果高效栽培方法及食品制备技术的研究。所有重点/核心专利被引频次均在24次及以上，且申请时间均在2010—2015年，其中有4件申请于2015年。各申请人均只有1件重点/核心专利，被引频次最高的专利申请人和发明人均是罗永祺，被引频次达133次。

表5-24 全球火龙果技术创新领域相关技术高被引专利

序号	题名	公开号	申请人	发明人	申请年份	被引频次（次）
1	一种火龙果哈密瓜复合脯及其制备方法	CN103027169A	罗永祺	罗永祺	2012	133

续表

序号	题名	公开号	申请人	发明人	申请年份	被引频次（次）
2	一种促进火龙果优质高产的大棚栽培方法及大棚结构	CN102948305A	上海博翼有机农业技术发展有限公司	李玉梅，吴瑞兵，孔芳芳	2011	43
3	采用水肥一体化灌溉施肥技术的火龙果优质高产栽培方法	CN104737743A	广西金红果农业综合开发有限公司	曹克加，刘大春	2015	41
4	一种火龙果红枣乳饮料制备方法	CN102599247A	常熟市珍门麦芽糖厂	金振国	2012	32
5	一种种植火龙果的方法	CN102210225A	林光德	林光德	2010	28
6	火龙果北方温室栽培方法	CN102047809A	北京市农业技术推广站	许永新，刘永霞，王俊英，周春江，张素丽，王克武，候福强，曹之富，张东雷，郑和，赵士春，高东	2010	28
7	一种火龙果的大棚种植方法	CN104871755A	广德县菁菁果业专业合作社	周洪旗	2015	27
8	一种火龙果高效高产栽培方法	CN104838877A	福安市庄原农业发展有限公司	郭瑞瑾	2015	26
9	一种火龙果的高效种植方法	CN105493808A	广西南宁市绿滋宝农业科技有限公司	刘莹，陈建东	2015	25
10	一种能调节人体新陈代谢、分解体内脂肪的火龙果酵素制剂及制备方法	CN103960657A	湖北汇丰医药科技有限公司	魏征，段汉林，李坤	2014	24

5.9 杧 果

5.9.1 技术分解

全球杧果技术创新领域已累计申请 1 433 件专利，本研究统计了其一级、二级技术的专利申请量及占比情况（表 5-25）。从一级主题来看，全球杧果技术创新领域在加工利用技术方向的研究最多，专利申请量为 828 件，占比达 57.78%；其次是田间管理技术，占比为 30.84%；再次是贮藏保鲜技术，占比为 13.75%；而育种育苗技术方向的专利申请量不多，占比仅 4.54%。

从二级主题来看，全球杧果技术创新领域在食品制品技术的专利最多，专利申请量为 664 件，占比为 46.34%，其中绝大多数均为营养制品、饮料制品的研发；其次是其他种植技术，保存、催熟，加工装置，病虫草害防控技术，施肥技术，占比均超过 8%；再次是育苗技术、采收技术、医药制品、灌溉技术等技术类别，占比在 2% ～ 4%。

表5-25　全球杧果技术创新领域一级及二级技术分解

一级主题	专利申请量（件）	二级主题	专利申请量（件）
育种育苗技术	65	育苗技术	45
		育种技术	22
田间管理技术	442	病虫草害防控技术	158
		采收技术	37
		灌溉技术	29
		林业栽培技术	6
		其他种植技术	230
		施肥技术	118
		水培或无土栽培	9
		温室栽培技术	25
		整地技术	27
		种子、根茎处理	9

续表

一级主题	专利申请量（件）	二级主题	专利申请量（件）
贮藏保鲜技术	197	保存、催熟	196
		储存、运输容器	5
加工利用技术	828	成分提取	9
		肥料制品	2
		加工装置	164
		食品制品	664
		饲料制品	19
		医药制品	31

注：由于各主题之间有交叉研究，因此会出现一级主题总专利申请量多于领域总专利申请量，二级主题总专利申请量多于一级主题总专利申请量，一级主题、二级主题专利申请量占比之和大于1的现象。

5.9.2 技术活跃度分析

本研究统计了全球杧果技术创新领域主要技术类别的专利申请活跃度情况（表5-26）。全球杧果技术创新领域，加工装置、采收技术的技术活跃度较高，其次是育苗技术、病虫草害防控技术等技术类别。其中，在育种育苗技术中，育苗技术的活跃度最高；在田间管理技术中，采收技术、病虫草害防控技术、施肥技术、灌溉技术等技术类别的活跃度较高；在贮藏保鲜技术中，保存、催熟的活跃度最高；在加工利用技术中，加工装置、食品制品、成分提取等技术类别的活跃度较高；另外，肥料制品、整地技术为近5年新出现的技术类别。

表5-26 全球杧果技术创新领域主要技术类别活跃度

一级主题	二级主题	专利活跃度	活跃度等级
育种育苗技术	育苗技术	22.10	↑↑↑
	育种技术	3.40	↑↑↑
田间管理技术	病虫草害防控技术	21.28	↑↑↑
	采收技术	34.65	↑↑↑
	灌溉技术	6.93	↑↑↑
	林业栽培技术	1.00	—
	其他种植技术	4.74	↑↑↑

续表

一级主题	二级主题	专利活跃度	活跃度等级
田间管理技术	施肥技术	7.43	↑↑↑
	水培或无土栽培	2.00	↑↑↑
	温室栽培技术	5.70	↑↑↑
	整地技术	∞	/
	种子、根茎处理	1.60	↑↑
贮藏保鲜技术	保存、催熟	8.29	↑↑↑
	储存、运输容器	1.07	—
加工利用技术	成分提取	6.80	↑↑↑
	肥料制品	∞	/
	加工装置	38.86	↑↑↑
	食品制品	8.57	↑↑↑
	饲料制品	1.40	↑
	医药制品	4.13	↑↑↑

注：专利活跃度表中“↑”越多，代表专利申请活跃度越高，技术创新活跃度越高；“↓”越多，代表专利申请活跃度越低，技术创新活跃度越低；“—”代表专利申请活跃度一般，技术创新活跃度一般；“∞”代表近 5 年新出现的技术类别。

5.9.3 重点 / 核心专利分析

本研究统计了全球杧果技术创新领域被引频次在前十位的专利信息（表 5-27）。全球杧果技术创新领域的重点 / 核心专利主要是关于杧果种植及食用产品加工技术的研究。所有重点 / 核心专利被引频次均在 18 次及以上，且申请时间均在 2017 年及以前，其中有 1 件申请于 2000 年以前，最早申请年份为 1988 年。各申请人均只有 1 件重点 / 核心专利，被引频次最高的专利申请人是广东省农业科学院果树研究所，发明人为蒋依辉，被引频次达 44 次。

表5-27 全球杧果技术创新领域相关技术高被引专利

序号	题名	公开号	申请人	发明人	申请年份	被引频次（次）
1	杧果防腐保鲜剂及其制备方法和应用	CN101480202A	广东省农业科学院果树研究所	蒋依辉	2009	44
2	一种杧果蜂蜜冻干粉及其制备方法	CN104055005A	芜湖市好亦快食品有限公司三山分公司	秦义山	2014	29

续表

序号	题名	公开号	申请人	发明人	申请年份	被引频次（次）
3	Fruit processing apparatus	WO8807333A1	Queensland State	Franklin Thomas George	1988	26
4	一种太阳能杧果采摘机	CN105940863A	海南大学	刘世豪，韩博	2016	23
5	一种杧果清汁的制备方法	CN103584234A	广西壮族自治区农业科学院农产品加工研究所	李昌宝，孙健，李丽，李杰民，刘国民，任二芳，廖芬，辛明，郑凤锦，李明娟，盛金凤	2013	22
6	一种杧果果脯的制作方法	CN101731425A	孙哲浩	孙哲浩，冉清，杜冰，江东文，袁根良，夏雨	2010	22
7	四季蜜芒反季节促花的方法	CN1961643A	广西大学	方中斌，薛进军，黄台明	2006	20
8	杧果醋饮料及其制备方法	CN101248899A	广西科学院	黄志民，孙菲菲，秦艳，韦星明	2008	20
9	富硒杧果的种植方法	CN105613172A	广西绿希望农业发展有限公司	何树悠，黄日明，包鸿铭	2015	18
10	杧果漂白紫胶纳米保鲜剂	CN101040630A	中国林业科学研究院资源昆虫研究所	甘瑾，马李一，张弘，石雷，陈智勇，陈晓鸣	2007	18
11	一种山地种植杧果的方法	CN107801551A	博白县富山水果种植专业合作社	刘怡玲	2017	18

5.10 百香果

5.10.1 技术分解

全球百香果技术创新领域已累计申请 1 071 件专利，本研究统计了其一级、二级技术的专利申请量及占比情况（表 5-28）。从一级主题来看，全球百香果技术创新领域在加工利用技术方向的研究最多，专利申请量为 655 件，占比达 61.16%；其次是田间管理技术，占比为 34.36%；而育种育苗技术、贮藏保鲜技术方向的专利申请量均不多，占比分别为 7.94%、4.58%。

从二级主题来看，全球百香果技术创新领域在食品制品技术的专利最多，专利申请量为 550 件，占比为 51.35%，其中绝大多数均为营养制品、饮料制品的研发；其次是其他种植技术，占比为 23.16%；再次是施肥技术、加工装置、病虫草害防控技术、温室栽培技术、育苗技术等技术类别，占比均在 6% 以上。

表5-28 全球百香果技术创新领域一级及二级技术分解

一级主题	专利申请量（件）	二级主题	专利申请量（件）
育种育苗技术	85	育苗技术	74
		育种技术	13
田间管理技术	368	病虫草害防控技术	93
		播种、移栽技术	4
		采收技术	8
		灌溉技术	31
		林业栽培技术	2
		其他种植技术	248
		施肥技术	126
		水培或无土栽培	13
		温室栽培技术	82
		整地技术	31
		种子、根茎处理	17

续表

一级主题	专利申请量（件）	二级主题	专利申请量（件）
贮藏保鲜技术	49	保存、催熟	48
		储存、运输容器	2
加工利用技术	655	成分提取	10
		肥料制品	5
		加工装置	96
		食品制品	550
		饲料制品	17
		医药制品	32

注：由于各主题之间有交叉研究，因此会出现一级主题总专利申请量多于领域总专利申请量，二级主题总专利申请量多于一级主题总专利申请量，一级主题、二级主题专利申请量占比之和大于1的现象。

5.10.2 技术活跃度分析

本研究统计了全球百香果技术创新领域主要技术类别的专利申请活跃度情况（表5-29）。全球百香果技术创新领域，温室栽培技术的技术活跃度最高，其次是采收技术、病虫草害防控技术、其他种植技术、食品制品、育苗技术等技术类别。其中，在育种育苗技术中，育苗技术的活跃度最高；在田间管理技术中，温室栽培技术、采收技术、病虫草害防控技术、其他种植技术等技术类别的活跃度较高；在贮藏保鲜技术中，保存、催熟的活跃度最高；在加工利用技术中，食品制品、加工装置、医药制品等技术类别的活跃度较高；另外，播种、移栽技术，整地技术，种子、根茎处理，肥料制品为近5年新出现的技术类别。

表5-29 全球百香果技术创新领域主要技术类别活跃度

一级主题	二级主题	专利活跃度	活跃度等级
育种育苗技术	育苗技术	14.60	↑↑↑
	育种技术	2.20	↑↑↑
田间管理技术	病虫草害防控技术	21.25	↑↑↑
	播种、移栽技术	∞	/
	采收技术	26.60	↑↑↑
	灌溉技术	12.00	↑↑↑

续表

一级主题	二级主题	专利活跃度	活跃度等级
田间管理技术	林业栽培技术	0.20	↓↓
	其他种植技术	16.49	↑↑↑
	施肥技术	5.20	↑↑↑
	水培或无土栽培	5.33	↑↑↑
	温室栽培技术	96.00	↑↑↑
	整地技术	∞	/
	种子、根茎处理	∞	/
贮藏保鲜技术	保存、催熟	12.04	↑↑↑
	储存、运输容器	2.00	↑↑↑
加工利用技术	成分提取	2.40	↑↑↑
	肥料制品	∞	/
	加工装置	13.91	↑↑↑
	食品制品	15.37	↑↑↑
	饲料制品	4.50	↑↑↑
	医药制品	9.67	↑↑↑

注：专利活跃度表中"↑"越多，代表专利申请活跃度越高，技术创新活跃度越高；"↓"越多，代表专利申请活跃度越低，技术创新活跃度越低；"∞"代表近5年新出现的技术类别。

5.10.3 重点/核心专利分析

本研究统计了全球百香果技术创新领域被引频次在前十位的专利信息（表5-30）。全球百香果技术创新领域的重点/核心专利主要是关于百香果种植及食用产品加工技术的研究。所有重点/核心专利被引频次均在21次及以上，且申请于2015年及以前，最早申请年份为2006年。所有专利均来自国内，各申请人均只有1件重点/核心专利，被引频次最高的专利申请人和发明人均是黎秋萍，被引频次达82次。

表5-30 全球百香果技术创新领域相关技术高被引专利

序号	题名	公开号	申请人	发明人	申请年份	被引频次（次）
1	一种木瓜西番莲饮料	CN102551136A	黎秋萍	黎秋萍	2011	82
2	一种百香果水蜜桃复合果汁及其制备方法	CN104738730A	黄志娟	黄志娟	2013	66

续表

序号	题名	公开号	申请人	发明人	申请年份	被引频次（次）
3	有机百香果的种植方法	CN105145253A	南宁市马山县福源生态农业发展有限公司	黄伟	2015	34
4	一种百香果种植方法	CN104542152A	贵州台金农业技术开发有限责任公司	申万瑜，周鹏，杨泽涛，张星，杨光应	2014	30
5	百香果种植方法	CN102823404A	农桂标	农桂标	2012	29
6	富硒百香果的种植方法	CN105557427A	广西绿希望农业发展有限公司	何树悠，黄日明，包鸿铭	2015	26
7	一种能提高百香果产量和品质的种植方法	CN102823472A	刘轩华	刘轩华	2012	26
8	一种西番莲果脯制作方法	CN103330042A	合浦果香园食品有限公司	满桂富，农爱梅，陈铭裕，李日坤	2013	25
9	一种百香果种植方法	CN104620822A	安徽省皖江蔬菜产业技术研究院有限责任公司	黄兴学，李自祥，舒明友，张平，李代成，聂茂俊，朱兵，裴启伟	2015	21
10	一种百香果病虫的综合防治方法	CN104322329A	吴华球	吴华球，曾少兰	2014	21
11	百香果果汁饮料的制造方法	CN101077203A	柳州市明朝饮料有限责任公司	何仁，黄光焰，王志辉	2006	21

6 结论与建议

6.1 结 论

（1）全球热带作物整体呈现良好的发展趋势，研究涉及的作物种类较多，但不同作物的研究热度差异明显，小宗作物领域逐步得到关注

全球热带作物领域的基础研究和技术创新均始于20世纪初，至今已有100多年的历史；相关研究主要集中于1961年之后，目前处于快速发展阶段，基础研究量和技术创新量均保持强劲的增长势头，整体发展态势非常有前景。相关研究涉及的作物种类多，不同作物的研究热度差异明显，热带经济作物、经济林木与热带水果等作物的研究热度较高，热带药用等小宗作物的研究也逐步得到关注。甘蔗、咖啡、香蕉、木薯、可可、椰子、杧果、油棕、番木瓜、天然橡胶在基础研究领域具有研究优势；咖啡、甘蔗、天然橡胶、香蕉、椰子、可可、菠萝、火龙果、杧果、柚子、百香果在技术创新领域具有研究优势。

（2）全球热带作物基础研究与技术创新的研究重点聚焦、技术交叉融合、产业链条完善，加工利用是研究热点

全球热带作物基础研究领域的研究聚焦于种质资源与遗传育种、生长调控与田间管理、贮藏加工与功能成分、副产品开发与综合利用4个主题领域，包含14个研究方向；技术创新领域的研究聚焦于育种育苗技术、田间管理技术、贮藏保鲜技术、加工利用技术4个技术领域，包含23个技术类别。基础研究与技术创新的重点技术交叉融合，且覆盖了育种、生产、加工、利用等产业链各个环节；近年来，在基础研究领域，贮藏加工与功能成分、副产品开发与综合利用的研究热度逐年上升，在技术创新领域，加工利用技术、田间管理技术的研究热度逐年上升，加工利用是热带作物领域的研究热点。

（3）全球热带作物基础研究前沿突出

全球热带作物基础研究领域的研究前沿突出，主要聚焦在：咖啡、杧果、可可、辣木等热带作物功能成分提取与生物活性研究；咖啡、杧果、可可、辣木等热带作物功能成分对疾病的调节及抑制作用研究；基于甘蔗渣、椰子壳、咖啡渣等副产物的生物吸附剂制备及其吸附作用研究；基于甘蔗、咖啡、木薯等热带作物的纳米材料制备技术研究；遥感技术在甘蔗、油棕、香蕉等热带作物生产管理中的应用研究；人工智能技术在油棕、甘蔗、杧果、香蕉等热带作物生产及加工中的应用研究；基于木薯、肉桂等热带作物的可降解生物薄膜制备技术研究；基于甘蔗渣、木薯渣、咖啡渣等副产物的沼气、乙醇、氢气等生物燃料制备工艺研究；杧果、番木瓜、荔枝等热带水果病害的病原检测、致病机理及防控技术研究；可可豆发酵工艺及挥发性香气测定与分析；香蕉、番石榴、杧果等热带水果的贮藏保鲜工艺研究等方面。

（4）重点作物的基础研究重点有所差异，研究热点各有侧重

甘蔗等 10 个重点作物基础研究领域的研究重点有所差异，其中，咖啡、香蕉、木薯、可可、椰子、杧果、番木瓜、天然橡胶等多个作物侧重于贮藏加工与功能成分方向的研究，甘蔗、油棕侧重于生长调控与田间管理方向的研究，番木瓜侧重于种质资源与遗传育种方向的研究。甘蔗等 10 个重点作物基础研究领域的研究热点差异较大，各有侧重。其中，生长机理及栽培技术是甘蔗、香蕉、木薯、油棕、天然橡胶等作物的研究热点；贮藏保鲜及食品加工技术是咖啡、香蕉、木薯、可可、椰子、番木瓜等作物的研究热点；功能成分提取测定及其生物活性是咖啡、可可、杧果、番木瓜等作物的研究热点；功能成分的营养保健作用是咖啡、可可等作物的研究热点；淀粉制备及其品质特性分析是木薯、杧果等作物的研究热点；生态环境及生物多样性分析是油棕、天然橡胶作物的研究热点；生物燃料开发及利用是甘蔗等作物的研究热点；复合材料制备及利用是椰子等作物的研究热点。

（5）重点作物的基础研究前沿差异明显、各具特色

甘蔗等 10 个重点作物在基础研究领域的研究前沿差异明显，各有特色。其中，甘蔗领域有基于甘蔗副产物厌氧消化、暗发酵等技术的沼气、氢气制备工艺研究等 8 个研究前沿；咖啡领域有气候变化对咖啡生长机理、咖啡行业的影响及应对措施研究等 8 个研究前沿；香蕉领域有香蕉特异性相关基因的鉴定、表达与分析等 7 个研究前沿；木薯领域有木薯淀粉结构特征及品质特性研究等 6 个研究前沿；可可领域有可可豆发酵工艺及挥发性香气测定与分析等 7 个研究前沿；椰子领域有椰子壳生物炭制备技术及其吸附作用研究等 6 个研究前沿；杧果领域有杧果及其副产物功能成分提取及生物活性研究等 7 个研究前沿；油棕领域有油棕种植园生态环境与生物多样性研究等 6 个研究前沿；番木瓜领域有番木瓜功能成分提取及生物活性研究等 6 个研究前沿；天然橡胶领域有橡胶树种植园土壤微生物、生物量及碳储量研究等 4 个研究前沿。

（6）重点作物的技术创新重点相对聚焦，研发热点差异较大

咖啡等 10 个重点作物技术创新领域的研发重点相对聚焦，大多侧重于加工利用技术、田间管理技术方向的研究，而有关贮藏保鲜技术、育种育苗技术方向的研究较少。其中，咖啡、香蕉、椰子、可可、菠萝、火龙果、杧果、百香果等多个作物侧重于食品制品的技术研发；甘蔗、天然橡胶侧重于采收技术、橡胶制品的技术研发。咖啡等 10 个重点作物技术创新领域的研发热点差异较大，各有侧重，其中灌溉技术是咖啡、香蕉等作物的研发热点；加工装置是甘蔗、天然橡胶、椰子、杧果等作物的研发热点；采收技术是天然橡胶、椰子、菠萝、杧果等作物的研发热点；病虫草害防控技术是可可等作物的研发热点；育苗技术是火龙果等作物的研发热点；温室栽培技术是百香果等作物的研发热点。

（7）重点作物的技术创新核心差异明显，各不相同

咖啡等 10 个重点作物技术创新领域的重点 / 核心专利研发内容差异明显，各不相同。其中，咖啡的重点 / 核心专利主要研究饮料相关产品的加工制备工艺与设备；甘蔗的重点 / 核心专利主要研究收割及食用产品加工技术；天然橡胶的重点 / 核心专利主要研究材料加工技术；香蕉的重点 / 核心专利主要研究包装贮藏、加工技术；椰子的重点 / 核心专利主要研究食品制品及加工装置；可可的重点 / 核心专利主要研究食品制备及成分提取技术；菠萝的重点 / 核心专利主要研究采摘及加工装置；火龙果的重点 / 核心专利主要研究高效栽培方法及食品制备技术；杧果的重点 / 核心专利主要研究种植及食用产品加工技术；百香果的重点 / 核心专利主要研究种植及食用产品加工技术。

6.2 建 议

（1）进一步优化热带作物学科方向布局，努力实现国际引领

农业科技资源布局直接影响到农业科技资源配置效率，进而影响到对农业发展的支撑。热带作物科技资源的布局要紧跟全球热带作物科技研究的前沿，从热带作物实际发展需求出发，加强对热带作物研究力量与科技资源投入的长期规划部署，做好我国热带作物领域学科发展顶层设计，打造国家战略科技力量，优化科研任务部署，建立学科布局合理、有序推进的热带作物科技创新体系。基于对全球热带作物科技发展态势的系统分析，进一步强化热带作物科技优势研究领域，适当拓展研究的广度，增强高价值区、无人区、空白区等研究力量部署，补齐学科建设的短板，不断争取热带作物科技研究领域的突破，努力实现国际引领。

（2）整合热带作物研究力量和科技资源，瞄准全球热带作物科技前沿

领域科技前沿代表着该领域未来可能会给领域发展带来巨大影响或者较大变革的研究主题，尽早对热带作物科技前沿主题进行合理布局，能有更大机会提前占据领域高地。应根据我国及热区“十四五”科技、农业方面发展规划指导精神，合理选择热带作物科技重点发展领域，适当倾斜人力、物力和财力，加大提高科技创新投入强度，在热带作物生物育种核心技术、食品产业关键技术、绿色农业技术、农业信息化技术等研究方向，如种质资源创新、农产品精深加工（吸附剂制备、生物燃料、纳米材料、可降解生物薄膜）和智能农业应用等方面积极谋划布局，实现我国热带作物科技变革性发展，从而不断推动热区农业农村现代化。

（3）聚焦热带作物科技领域的热点、难点和痛点，不断提升研究深度

从全球热带作物科技发展态势来看，无论在论文还是专利的质量方面，我国与世界先进水平都还有一定差距，说明还需要不断提升研究的深度。尤其要针对全球热带作物科技研究热度居高不下的高价值科研主题进行深入分析，找到科学问题的核心，积极寻找解决科学难题的方法与路径，研究解决科研难点和痛点，提升研究的深度，攻克领域难题，杜绝低水平、重复性研究。如热带作物科技领域内的贮藏加工一直是热带作物研究需要解决的难题，该领域需要进一步加大科研力量和资源进行深入、系统的研究。

（4）关注热带小宗特色作物研究领域，进一步挖掘其研究价值

随着人们对农产品消费的多元化和功能性价值的利用，近年来全球热带小宗特色作物研究的关注度呈不断上升的趋势，相比于热带大宗作物领域常见的甘蔗、咖啡、可可等热门热带作物，其他热带特色小宗作物的研究价值在不断得到重视和挖掘。领域内相关研究机构和科研人员要积极跟进热带小宗特色作物的研究进展、相关功能性产品和产业的发展情况，了解尚未触及或有潜在价值的科学问题，挖掘热带小宗特色作物的科研价值和应用价值，积极寻找有价值的研究方向，拓展研究领域范围，加快科研成果的转化，推动热带小宗特色作物产品的市场化和产业化。

（5）打造一流的人才团队，全面提升热带作物科技创新能力

按照建设国家一流热带作物科技的战略目标，以国家需求、科技发展需求和热带作物发展需求为导向，集成整合相关学科资源和优秀人才，打造国内一流的热带作物科技创新团队，为学科建设和学术研究持续输送、培养人才，全面提升热带作物科技创新能力。热带作物科技创新团队建设要以体制创新和组织管理创新为突破口，以科技创新平台建设为载体，以学科建设为主线，向着优化科技资源配置、凝练学科方向、调整科技组织结构及改革人才管理机制等方面推进。要深化人才管理和科研评价体制改革，建立健全人才选拔、培养、评价、使用和合理流动机制，激发科研创新活力。

参考文献

[1] Diaz-de-Cerio E, Gomez-Caravaca A M, Verardo V, et al. Determination of guava (*Psidium guajaua* L.) leaf phenolic compounds using HPLC-DAD-QTOF-MS [J]. Journal of Functional Foods, 2016, 22: 376-388.

[2] Rocchetti G, Blasi F, Montesano D, et al. Impact of conventional/non-conventional extraction methods on the untargeted phenolic profile of *Moringa oleifera* leaves [J]. Food Research International, 2019, 115: 319-327.

[3] Barbosa-Pereira L, Guglielmetti A, Zeppa G. Pulsed electric field assisted extraction of bioactive compounds from cocoa bean shell and coffee silverskin [J]. Food and Bioprocess Technology, 2018, 11 (4): 818-835.

[4] Rodriguez-Perez C, Gilbert-Lopez B, Mendiola J A, et al. Optimization of microwave-assisted extraction and pressurized liquid extraction of phenolic compounds from *Moringa oleifera* leaves by multiresponse surface methodology [J]. Electrophoresis, 2016, 37 (13): 1938-1946.

[5] Zheng R, Su S, Zhou H F, et al. Antioxidant/antihyperglycemic activity of phenolics from sugarcane (*Saccharum officinarum* L.) bagasse and identification by UHPLC-HR-TOFMS [J]. Industrial Crops and Products, 2017, 101: 104-114.

[6] Li L X, Zhang S T, Cui Y, et al. Preparative separation of cacao bean procyanidins by high-speed counter-current chromatography [J]. Journal of Chromatography B-Analytical Technologies in the Biomedical and Life Sciences, 2016, 1036: 10-19.

[7] Lim K J A, Cabajar A A, Lobarbio C F Y, et al. Extraction of bioactive compounds from mango (*Mangifera indica* L. var. *Carabao*) seed kernel with ethanol-water binary solvent systems [J]. Journal of Food Science and Technology-Mysore, 2019, 56 (5): 2536-2544.

[8] Vergara-Jimenez M, Almatrafi M M, Fernandez M L. Bioactive components in *Moringa oleifera* leaves protect against chronic disease [J]. Antioxidants, 2017, 6 (4): 91.

[9] Strat K M, Rowley T J, Smithson A T, et al. Mechanisms by which cocoa flavanols improve metabolic syndrome and related disorders [J]. Journal of Nutritional Biochemistry, 2016, 35: 1-21.

[10] Pan M H, Tung Y C, Yang G L, et al. Molecular mechanisms of the anti-obesity effect of bioactive compounds in tea and coffee [J]. Food & Function, 2016, 7 (11): 4481-4491.

[11] Xiao J, Zhang R F, Zhou Q Y, et al. Lychee (*Litchi chinensis* Sonn.) pulp phenolic extract provides protection against alcoholic liver injury in mice by alleviating intestinal microbiota dysbiosis, intestinal barrier dysfunction, and liver inflammation [J]. Journal of Agricultural and Food Chemistry, 2017, 65 (44): 9675-9684.

[12] Hernandez-Arriaga A M, Oomah B D, Campos-Vega R. Microbiota source impact *in vitro* metabolite colonic production and anti-proliferative effect of spent coffee grounds on human colon cancer cells (HT-29)[J]. Food Research International, 2017, 97: 191-198.

[13] Alanon M E, Palomo I, Rodriguez L, et al. Antiplatelet activity of natural bioactive extracts from mango (*Mangifera Indica* L.) and its by-products [J]. Antioxidants, 2019, 8 (11): 517.

[14] Munagapati V S, Yarramuthi V, Kim Y, et al. Removal of anionic dyes (reactive black 5 and

congo red) from aqueous solutions using banana peel powder as an adsorbent [J]. Ecotoxicology and Environmental Safety, 2018, 148: 601-607.

[15] Wang C H, Gu L F, Liu X Y, et al. Sorption behavior of Cr (VI) on pineapple-peel-derived biochar and the influence of coexisting pyrene [J]. International Biodeterioration & Biodegradation, 2016, 111: 78-84.

[16] Mubarik S, Saeed A, Athar M M, et al. Characterization and mechanism of the adsorptive removal of 2,4,6-trichlorophenol by biochar prepared from sugarcane baggase [J]. Journal of Industrial and Engineering Chemistry, 2016, 33: 115-121.

[17] Melo L C A, Puga A P, Coscione A R, et al. Sorption and desorption of cadmium and zinc in two tropical soils amended with sugarcane-straw-derived biochar [J]. Journal of Soils and Sediments, 2016, 16 (1): 226-234.

[18] Wu W D, Li J H, Niazi N K, et al. Influence of pyrolysis temperature on lead immobilization by chemically modified coconut fiber-derived biochars in aqueous environments [J]. Environmental Science and Pollution Research, 2016, 23 (22): 22890-22896.

[19] Daneshfozoun S, Abdullah M A, Abdullah B. Preparation and characterization of magnetic biosorbent based on oil palm empty fruit bunch fibers, cellulose and *Ceiba pentandra* for heavy metal ions removal [J]. Industrial Crops and Products, 2017, 105: 93-103.

[20] Wen X, Liu H S, Zhang L, et al. Large-scale converting waste coffee grounds into functional carbon materials as high-efficient adsorbent for organic dyes [J]. Bioresource Technology, 2019, 272: 92-98.

[21] Cheng D L, Ngo H H, Guo W S, et al. Feasibility study on a new pomelo peel derived biochar for tetracycline antibiotics removal in swine wastewater [J]. Science of the Total Environment, 2020, 720: 137662.

[22] Karnan T, Selvakumar S A S. Biosynthesis of ZnO nanoparticles using rambutan (*Nephelium lappaceum* L.) peel extract and their photocatalytic activity on methyl orange dye [J]. Journal of Molecular Structure, 2016, 1125: 358-365.

[23] Zhang K T, Sun P P, Liu H, et al. Extraction and comparison of carboxylated cellulose nanocrystals from bleached sugarcane bagasse pulp using two different oxidation methods [J]. Carbohydrate Polymers, 2016, 138: 237-243.

[24] Leite A L M P, Zanon C D, Menegalli F C. Isolation and characterization of cellulose nanofibers from cassava root bagasse and peelings [J]. Carbohydrate Polymers, 2017, 157: 962-970.

[25] Rohaizu R, Wanrosli W D. Sono-assisted TEMPO oxidation of oil palm lignocellulosic biomass for isolation of nanocrystalline cellulose [J]. Ultrasonics Sonochemistry, 2017, 34: 631-639.

[26] Kokila T, Ramesh P S, Geetha D. Biosynthesis of AgNPs using Carica Papaya peel extract and evaluation of its antioxidant and antimicrobial activities [J]. Ecotoxicology and Environmental Safety, 2016, 134: 467-473.

[27] Chu H J, Wang C K, Kong S J, et al. Integration of full-waveform LiDAR and hyperspectral data

to enhance tea and areca classification [J]. Giscience & Remote Sensing, 2016, 53 (4): 542-559.

[28] Wang J, Lan Y B, Zhang H H, et al. Drift and deposition of pesticide applied by UAV on pineapple plants under different meteorological conditions [J]. International Journal of Agricultural and Biological Engineering, 2018, 11 (6): 5-12.

[29] Sarron J, Malezieux E, Sane C A B, et al. Mango yield mapping at the orchard scale based on tree structure and land cover assessed by UAV [J]. Remote Sensing, 2018, 10 (12): 1900.

[30] Freudenberg M, Nolke N, Agostini A, et al. Large scale palm tree detection in high resolution satellite images using U-Net [J]. Remote Sensing, 2019, 11 (3) .

[31] Jiang H, Chen S S, Li D, et al. Papaya tree detection with UAV images using a GPU-accelerated scale-space filtering method [J]. Remote Sensing, 2017, 9 (7): 721.

[32] Ye H C, Huang W J, Huang S Y, et al. Recognition of banana fusarium wilt based on UAV remote sensing [J]. Remote Sensing, 2020, 12 (6): 938.

[33] Shen R P, Huang A Q, Li B L, et al. Construction of a drought monitoring model using deep learning based on multi-source remote sensing data [J]. International Journal of Applied Earth Observation and Geoinformation, 2019, 79: 48-57.

[34] Miphokasap P, Wannasiri W. Estimations of nitrogen concentration in sugarcane using hyperspectral imagery [J]. Sustainability, 2018, 10 (4): 1266.

[35] Perez-Bueno M L, Pineda M, Vida C, et al. Detection of white root rot in avocado trees by remote sensing [J]. Plant Disease, 2019, 103 (6): 1119-1125.

[36] Li W J, Fu H H, Yu L, et al. Deep learning based oil palm tree detection and counting for high-resolution remote sensing images [J]. Remote Sensing, 2017, 9 (1): 22.

[37] Ramcharan A, Baranowski K, McCloskey P, et al. Deep learning for image-based cassava disease detection [J]. Frontiers in Plant Science, 2017, 8: 1852.

[38] Bona E, Marquetti I, Link J V, et al. Support vector machines in tandem with infrared spectroscopy for geographical classification of green arabica coffee [J]. LWT-Food Science and Technology, 2017, 73: 330-336.

[39] Pereira L F S, Barbon S, Valous N A, et al. Predicting the ripening of papaya fruit with digital imaging and random forests [J]. Computers and Electronics in Agriculture, 2018, 145: 76-82.

[40] Sujaritha M, Annadurai S, Satheeshkumar J, et al. Weed detecting robot in sugarcane fields using fuzzy real time classifier [J]. Computers and Electronics in Agriculture, 2017, 134: 160-171.

[41] Tan J Z, Kerr W L. Determining degree of roasting in cocoa beans by artificial neural network (ANN) -based electronic nose system and gas chromatography/mass spectrometry (GC/MS) [J]. Journal of the Science of Food and Agriculture, 2018, 98 (10): 3851-3859.

[42] Selvaraj M G, Vergara A, Ruiz H, et al. AI-powered banana diseases and pest detection [J]. Plant Methods, 2019, 15 (1): 92.

[43] Osako Y, Yamane H, Lin S Y, et al. Cultivar discrimination of litchi fruit images using deep

learning [J]. Scientia Horticulturae, 2020, 269: 109360.

[44] Orsuwan A, Shankar S, Wang L F, et al. Preparation of antimicrobial agar/banana powder blend films reinforced with silver nanoparticles [J]. Food Hydrocolloids, 2016, 60: 476-485.

[45] Han Y Y, Yu M, Wang L J. Physical and antimicrobial properties of sodium alginate/carboxymethyl cellulose films incorporated with cinnamon essential oil [J]. Food Packaging and Shelf Life, 2018, 15: 35-42.

[46] Adilah A N, Jamilaha B, Noranizan M A, et al. Utilization of mango peel extracts on the biodegradable films for active packaging [J]. Food Packaging and Shelf Life, 2018, 16: 1-7.

[47] Marvizadeh M M, Oladzadabbasabadi N, Mohammadi Nafchi A, et al. Preparation and characterization of bionanocomposite film based on tapioca starch/bovine gelatin/nanorod zinc oxide [J]. International Journal of Biological Macromolecules, 2017, 99: 1-7.

[48] Ahmed J, Mulla M Z, Arfat Y A. Thermo-mechanical, structural characterization and antibacterial performance of solvent casted polylactide/cinnamon oil composite films [J]. Food Control, 2016, 69: 196-204.

[49] Llanos J H R, Tadini C C. Preparation and characterization of bio-nanocomposite films based on cassava starch or chitosan, reinforced with montmorillonite or bamboo nanofibers [J]. International Journal of Biological Macromolecules, 2018, 107: 371-382.

[50] Asad M, Saba N, Asiri A M, et al. Preparation and characterization of nanocomposite films from oil palm pulp nanocellulose/poly (vinyl alcohol) by casting method [J]. Carbohydrate Polymers, 2018, 191: 103-111.

[51] Bolado-Rodriguez S, Toquero C, Martin-Juarez J, et al. Effect of thermal, acid, alkaline and alkaline-peroxide pretreatments on the biochemical methane potential and kinetics of the anaerobic digestion of wheat straw and sugarcane bagasse [J]. Bioresource Technology, 2016, 201: 182-190.

[52] Neves P V, Pitarelo A P, Ramos L P. Production of cellulosic ethanol from sugarcane bagasse by steam explosion: Effect of extractives content, acid catalysis and different fermentation technologies [J]. Bioresource Technology, 2016, 208: 184-194.

[53] Luz F C, Volpe M, Fiori L, et al. Spent coffee enhanced biomethane potential via an integrated hydrothermal carbonization-anaerobic digestion process [J]. Bioresource Technology, 2018, 256: 102-109.

[54] Dahunsi S O, Oranusi S, Efeovbokhan V E. Cleaner energy for cleaner production: Modeling and optimization of biogas generation from *Carica papayas* (Pawpaw) fruit peels [J]. Journal of Cleaner Production, 2017, 156: 19-29.

[55] Tan L P, Wang M M, Li X Z, et al. Fractionation of oil palm empty fruit bunch by bisulfite pretreatment for the production of bioethanol and high value products [J]. Bioresource Technology, 2016, 200: 572-578.

[56] Cheng J, Zhang J B, Lin R C, et al. Ionic-liquid pretreatment of cassava residues for the

cogeneration of fermentative hydrogen and methane [J]. Bioresource Technology, 2017, 228: 348-354.

[57] Guarnaccia V, Vitale A, Cirvilleri G, et al. Characterisation and pathogenicity of fungal species associated with branch cankers and stem-end rot of avocado in Italy [J]. European Journal of Plant Pathology, 2016, 146 (4): 963-976.

[58] Ayon-Reyna L E, Gonzalez-Robles A, Rendon-Maldonado J G, et al. Application of a hydrothermal-calcium chloride treatment to inhibit postharvest anthracnose development in papaya [J]. Postharvest Biology and Technology, 2017, 124: 85-90.

[59] Nogueira A F, Fischer I H, Braganca C A D, et al. Identification of Botryosphaeriaceae species that cause stylar-end rot of guavas and characterisation of the disease monocycle [J]. European Journal of Plant Pathology, 2016, 144 (2): 271-287.

[60] Ling J F, Song X B, Xi P G, et al. Identification of *Colletotrichum siamense* causing litchi pepper spot disease in mainland China [J]. Plant Pathology, 2019, 68 (8): 1533-1542.

[61] Wu C J, Chen H K, Ni H F. Identification and characterization of Colletotrichum species associated with mango anthracnose in Taiwan [J]. European Journal of Plant Pathology, 2020, 157 (1): 1-15.

[62] Visintin S, Alessandria V, Valente A, et al. Molecular identification and physiological characterization of yeasts, lactic acid bacteria and acetic acid bacteria isolated from heap and box cocoa bean fermentations in West Africa [J]. International Journal of Food Microbiology, 2016, 216: 69-78.

[63] Caligiani A, Marseglia A, Prandi B, et al. Influence of fermentation level and geographical origin on cocoa bean oligopeptide pattern [J]. Food Chemistry, 2016, 211: 431-439.

[64] Voigt J, Janek K, Textoris-Taube K, et al . Partial purification and characterisation of the peptide precursors of the cocoa-specific aroma components [J]. Food Chemistry, 2016, 192: 706-713.

[65] Sandhya M V S, Yallappa B S, Varadaraj M C, et al. Inoculum of the starter consortia and interactive metabolic process in enhancing quality of cocoa bean (Theobroma cacao) fermentation [J]. LWT-Food Science and Technology, 2016, 65: 731-738.

[66] Mota-Gutierrez J, Botta C, Ferrocino I, et al. Dynamics and biodiversity of bacterial and yeast communities during fermentation of cocoa beans [J]. Applied and Environmental Microbiology, 2018, 84 (19): e01164-18.

[67] Chi H, Song S X, Luo M, et al. Effect of PLA nanocomposite films containing bergamot essential oil, TiO_2 nanoparticles, and Ag nanoparticles on shelf life of mangoes [J]. Scientia Horticulturae, 2019, 249: 192-198.

[68] Meindrawan B, Suyatma N E, Wardana A A, et al. Nanocomposite coating based on carrageenan and ZnO nanoparticles to maintain the storage quality of mango [J]. Food Packaging and Shelf Life, 2018, 18: 140-146.

[69] Prakash A, Baskaran R, Vadivel V. Citral nanoemulsion incorporated edible coating to extend the

shelf life of fresh cut pineapples [J]. LWT-Food Science and Technology, 2020, 118: 108851.

[70] Goffi V, Zampella L, Forniti R, et al. Effects of ozone postharvest treatment on physicochemical and qualitative traits of Actinidia chinensis 'Soreli' during cold storage [J]. Journal of The Science of Food and Agriculture, 2019, 99 (13): 5654-5661.

[71] Li S Y, Ma Y L, Ji T T, et al. Cassava starch/carboxymethylcellulose edible films embedded with lactic acid bacteria to extend the shelf life of banana [J]. Carbohydrate Polymers, 2020, 248: 116805.

[72] Madhav J V, Sethi S, Sharma R R, et al. Influence of lipid and polysaccharide based edible coatings on quality of guava fruits during storage [J]. Indian Journal of Horticulture, 2020, 77 (1): 173-178.

[73] Nualsri C, Kongjan P, Reungsang A. Direct integration of CSTR-UASB reactors for two-stage hydrogen and methane production from sugarcane syrup [J]. International Journal of Hydrogen Energy, 2016, 41 (40): 17884-17895.

[74] Fuess L T, Ferraz A D N, Machado C B, et al. Temporal dynamics and metabolic correlation between lactate-producing and hydrogen-producing bacteria in sugarcane vinasse dark fermentation: The key role of lactate [J]. Bioresource Technology, 2018, 247: 426-433.

[75] Janke L, Leite A F, Batista K, et al. Enhancing biogas production from vinasse in sugarcane biorefineries: Effects of urea and trace elements supplementation on process performance and stability [J]. Bioresource Technology, 2016, 217: 10-20.

[76] Gonzalez L M L, Reyes I P, Romero O R. Anaerobic co-digestion of sugarcane press mud with vinasse on methane yield [J]. Waste Management, 2017, 68: 139-145.

[77] Jafari O, Zilouei H. Enhanced biohydrogen and subsequent biomethane production from sugarcane bagasse using nano-titanium dioxide pretreatment [J]. Bioresource Technology, 2016, 214: 670-678.

[78] Mokomele T, Sousa L D, Balan V, et al. Incorporating anaerobic co-digestion of steam exploded or ammonia fiber expansion pretreated sugarcane residues with manure into a sugarcane-based bioenergy-livestock nexus [J]. Bioresource Technology, 2019, 272: 326-336.

[79] Yang Y T, Zhang X, Su Y C, et al. MiRNA alteration is an important mechanism in sugarcane response to low-temperature environment [J]. BMC Genomics, 2017, 18: 833.

[80] Li M, Liang Z X, Zeng Y, et al. De novo analysis of transcriptome reveals genes associated with leaf abscission in sugarcane (*Saccharum officinarum* L.)[J]. BMC Genomics, 2016, 17: 195.

[81] Huang D L, Gao Y J, Gui Y Y, et al. Transcriptome of high-sucrose sugarcane variety GT35 [J]. Sugar Tech, 2016, 18 (5): 520-528.

[82] Ling H, Huang N, Wu Q B, et al. Transcriptional insights into the sugarcane-sorghum mosaic virus interaction [J]. Tropical Plant Biology, 2018, 11 (44259): 163-176.

[83] Raju G, Shanmugam K, Kasirajan L. High-throughput sequencing reveals genes associated with high-temperature stress tolerance in sugarcane [J]. 3 Biotech, 2020, 10 (5): 198.

[84] Mandegari M A, Farzad S, van Rensburg E, et al. Multi-criteria analysis of a biorefinery for co-production of lactic acid and ethanol from sugarcane lignocellulose [J]. Biofuels Bioproducts & Biorefining-Biofpr, 2017, 11 (6): 971-990.

[85] Huang H B, Long S, Singh V. Techno-economic analysis of biodiesel and ethanol co-production from lipid-producing sugarcane [J]. Biofuels Bioproducts & Biorefining-Biofpr, 2016, 10 (3): 299-315.

[86] Nieder-Heitmann M, Haigh K F, Gorgens J F. Process design and economic analysis of a biorefinery co-producing itaconic acid and electricity from sugarcane bagasse and trash lignocelluloses [J]. Bioresource Technology, 2018, 262: 159-168.

[87] Ozudogru H M R, Nieder-Heitmann M, Haigh K F, et al. Techno-economic analysis of product biorefineries utilizing sugarcane lignocelluloses: Xylitol, citric acid and glutamic acid scenarios annexed to sugar mills with electricity co-production [J]. Industrial Crops and Products, 2019, 133: 259-268.

[88] Vieira S, Barros M V, Sydney A C N, et al. Sustainability of sugarcane lignocellulosic biomass pretreatment for the production of bioethanol [J]. Bioresource Technology, 2020, 299: 122635.

[89] Jeong C Y, Dodla S K, Wang J J. Fundamental and molecular composition characteristics of biochars produced from sugarcane and rice crop residues and by-products [J]. Chemosphere, 2016, 142: 4-13.

[90] Hafshejani L D, Hooshmand A, Naseri A, et al. Removal of nitrate from aqueous solution by modified sugarcane bagasse biochar [J]. Ecological Engineering, 2016, 95: 101-111.

[91] Rattanachueskul N, Saning A, Kaowphong S, et al. Magnetic carbon composites with a hierarchical structure for adsorption of tetracycline, prepared from sugarcane bagasse via hydrothermal carbonization coupled with simple heat treatment process [J]. Bioresource Technology, 2017, 226: 164-172.

[92] Vyavahare G D, Gurav R G, Jadhav P P, et al. Response surface methodology optimization for sorption of malachite green dye on sugarcane bagasse biochar and evaluating the residual dye for phyto and cytogenotoxicity [J]. Chemosphere, 2018, 194: 306-315.

[93] Doumer M E, Rigol A, Vidal M, et al. Removal of Cd, Cu, Pb, and Zn from aqueous solutions by biochars [J]. Environmental Science and Pollution Research, 2016, 23 (3): 2684-2692.

[94] Ahmad S, Nadeem M, Abbas G, et al. Quantification of the effects of climate warming and crop management on sugarcane phenology [J]. Climate Research, 2017, 71 (1): 47-61.

[95] Rai R K, Tripathi N, Gautam D, et al. Exogenous application of ethrel and gibberellic acid stimulates physiological growth of late planted sugarcane with short growth period in sub-tropical India [J]. Journal of Plant Growth Regulation, 2017, 36 (2): 472-486.

[96] Budzinski I G F, de Moraes F E, Cataldi T R, et al. Network analyses and data integration of proteomics and metabolomics from leaves of two contrasting varieties of sugarcane in response to drought [J]. Frontiers in Plant Science, 2019, 10: 1524.

[97] Lin L H, Ntambo M S, Rott P C, et al. Molecular detection and prevalence of *Xanthomonas albilineans*, the causal agent of sugarcane leaf scald, in China [J]. Crop Protection, 2018, 109: 17-23.

[98] Shen W, Xu G, Sun L, et al. Development of a loop-mediated isothermal amplification assay for rapid and sensitive detection of Sporisorium scitamineum in sugarcane [J]. Annals of Applied Biology, 2016, 168 (3): 321-327.

[99] Viswanathan R, Balaji C G, Selvakumar R, et al. Epidemiology of Fusarium diseases in sugarcane: A new discovery of same *Fusarium sacchari* causing two distinct diseases, wilt and pokkah boeng [J]. Sugar Tech, 2017, 19 (6): 638-646.

[100] Kaverinathan K, Scindiya M, Malathi P, et al. Role of melanin in *Colletotrichum falcatum* pathogenesis causing sugarcane red rot [J]. Sugar Tech, 2017, 19 (6): 584-591.

[101] Camargo M S, Coutinho I D, Lourenco S A, et al. Potential prophylactic role of silicon against brown rust (*Puccinia melanocephala*) in sugarcane [J]. European Journal of Plant Pathology, 2020, 157 (1): 77-88.

[102] Zia S, Khan M R, Zeng X A, et al. Combined effect of microwave and ultrasonication treatments on the quality and stability of sugarcane juice during cold storage [J]. International Journal of Food Science and Technology, 2019, 54 (8): 2563-2569.

[103] Kohli G, Jain G, Bisht A, et al. Effect of non-thermal hurdles in shelf life enhancement of sugarcane juice [J]. LWT-Food Science and Technology, 2019, 112: 108233.

[104] Pandraju S, Rao P S. High-pressure processing of sugarcane juice (*Saccharum officinarum*) for shelf-life extension during ambient storage [J]. Sugar Tech, 2020, 22 (2): 340-353.

[105] Panigrahi C, Mishra H N, De S. Effect of ozonation parameters on nutritional and microbiological quality of sugarcane juice [J]. Journal of Food Process Engineering, 2020, 43 (11): e13542.

[106] Geremias-Andrade I M, Rocheto A C, Gallo F A, et al. The shelf life of standardized sugarcane juice stored under refrigeration [J]. Food Science and Technology, 2020, 40 (1): 95-101.

[107] Sreedevi P, Jayachandran L E, Rao P S. Browning and bioactive composition of sugarcane juice (*Saccharum officinarum*) as affected by high hydrostatic pressure processing [J]. Journal of Food Measurement and Characterization, 2018, 12 (3): 1962-1971.

[108] De Souza C H W, Lamparelli R A C, Rocha J V, et al. Height estimation of sugarcane using an unmanned aerial system (UAS) based on structure from motion (SfM) point clouds [J]. International Journal of Remote Sensing, 2017, 38 (44418): 2218-2230.

[109] Luna I, Lobo A. Mapping crop planting quality in sugarcane from UAV imagery: A pilot study in Nicaragua [J]. Remote Sensing, 2016, 8 (6): 500.

[110] Sanches G M, Duft D G, Kolln O T, et al. The potential for RGB images obtained using unmanned aerial vehicle to assess and predict yield in sugarcane fields [J]. International Journal of Remote Sensing, 2018, 39 (15-16): 5402-5414.

[111] Moriya E A S, Imai N N, Tommaselli A M G, et al. Mapping mosaic virus in sugarcane based

on hyperspectral images [J]. Ieee Journal of Selected Topics in Applied Earth Observations and Remote Sensing, 2017, 10 (2): 740-748.

[112] Shendryk Y, Sofonia J, Garrard R, et al. Fine-scale prediction of biomass and leaf nitrogen content in sugarcane using UAV LiDAR and multispectral imaging [J]. International Journal of Applied Earth Observation and Geoinformation, 2020, 92: 102177.

[113] Rodrigues W P, Martins M Q, Fortunato A S, et al. Long-term elevated air [CO_2] strengthens photosynthetic functioning and mitigates the impact of supra-optimal temperatures in tropical *Coffea arabica* and *C. canephora* species [J]. Global Change Biology, 2016, 22 (1): 415-431.

[114] Martins M Q, Rodrigues W P, Fortunato A S, et al. Protective response mechanisms to heat stress in interaction with high [CO_2] conditions in *Coffea* spp. [J]. Frontiers in Plant Science, 2016, 7: 947.

[115] Chemura A, Kutywayo D, Chidoko P, et al. Bioclimatic modelling of current and projected climatic suitability of coffee (*Coffea arabica*) production in Zimbabwe [J]. Regional Environmental Change, 2016, 16 (2): 473-485.

[116] Hirons M, Mehrabi Z, Gonfa T A, et al. Pursuing climate resilient coffee in Ethiopia - A critical review [J]. Geoforum, 2018, 91: 108-116.

[117] Gomes L C, Bianchi F J J A, Cardoso I M, et al. Agroforestry systems can mitigate the impacts of climate change on coffee production: A spatially explicit assessment in Brazil [J]. Agriculture Ecosystems & Environment, 2020, 294: 106858.

[118] Moreira S L S, Pires C V, Marcatti G E, et al. Intercropping of coffee with the palm tree, macauba, can mitigate climate change effects [J]. Agricultural and Forest Meteorology, 2018, 256: 379-390.

[119] Craig A P, Fields C, Liang N J, et al. Performance review of a fast HPLC-UV method for the quantification of chlorogenic acids in green coffee bean extracts [J]. Talanta, 2016, 154: 481-485.

[120] Babova O, Occhipinti A, Maffei M E. Chemical partitioning and antioxidant capacity of green coffee (*Coffea arabica* and *Coffea canephora*) of different geographical origin [J]. Phytochemistry, 2016, 123: 33-39.

[121] Bedoya-Ramirez D, Cilla A, Contreras-Calderon J, et al. Evaluation of the antioxidant capacity, furan compounds and cytoprotective/cytotoxic effects upon Caco-2 cells of commercial Colombian coffee [J]. Food Chemistry, 2017, 219: 364-372.

[122] Krol K, Gantner M, Tatarak A, et al. The content of polyphenols in coffee beans as roasting, origin and storage effect [J]. European Food Research and Technology, 2020, 246 (1): 33-39.

[123] Getachew A T, Chun B S. Influence of hydrothermal process on bioactive compounds extraction from green coffee bean [J]. Innovative Food Science & Emerging Technologies, 2016, 38: 24-31.

[124] Sivrikaya S. A deep eutectic solvent based liquid phase microextraction for the determination of

caffeine in Turkish coffee samples by HPLC-UV [J]. Food Additives and Contaminants Part A-Chemistry Analysis Control Exposure & Risk Assessment, 2020, 37 (3): 488-495.

[125] De Bruyn F, Zhang S J, Pothakos V, et al. Exploring the impacts of postharvest processing on the microbiota and metabolite profiles during green coffee bean production [J]. Applied and Environmental Microbiology, 2017, 83 (1): e02398-16.

[126] Pereira G V D, Neto D P D, Magalhaes A I, et al. Exploring the impacts of postharvest processing on the aroma formation of coffee beans - A review [J]. Food Chemistry, 2019, 272: 441-452.

[127] Haile M, Kang W H. The role of microbes in coffee fermentation and their impact on coffee quality [J]. Journal of Food Quality, 2019, 12: 4836709.

[128] Ribeiro L S, Miguel M G D P, Evangelista S R, et al. Behavior of yeast inoculated during semi-dry coffee fermentation and the effect on chemical and sensorial properties of the final beverage [J]. Food Research International, 2017, 92: 26-32.

[129] Elhalis H, Cox J, Frank D, et al. The crucial role of yeasts in the wet fermentation of coffee beans and quality [J]. International Journal of Food Microbiology, 2020, 333: 108796.

[130] Mojo D, Fischer C, Degefa T. The determinants and economic impacts of membership in coffee farmer cooperatives: Recent evidence from rural Ethiopia [J]. Journal of Rural Studies, 2017, 50: 84-94.

[131] Jezeer R E, Santos M J, Boot R G A, et al. Effects of shade and input management on economic performance of small-scale Peruvian coffee systems [J]. Agricultural Systems, 2018, 162: 179-190.

[132] Gelaw F, Speelman S, Van Huylenbroeck G. Farmers' marketing preferences in local coffee markets: Evidence from a choice experiment in Ethiopia [J]. Food Policy, 2016, 61: 92-102.

[133] Quiroga S, Suarez C, Solis J D, et al. Framing vulnerability and coffee farmers' behaviour in the context of climate change adaptation in Nicaragua [J]. World Development, 2020, 126.

[134] Morel A C, Hirons M, Demissie S, et al. The structures underpinning vulnerability: Examining landscape-society interactions in a smallholder coffee agroforestry system [J]. Environmental Research Letters, 2019, 14 (7): 075006.

[135] Sung S H, Chang Y, Han J. Development of polylactic acid nanocomposite films reinforced with cellulose nanocrystals derived from coffee silverskin [J]. Carbohydrate Polymers, 2017, 169: 495-503.

[136] Conde T, Mussatto S I. Isolation of polyphenols from spent coffee grounds and silverskin by mild hydrothermal pretreatment [J]. Preparative Biochemistry & Biotechnology, 2016, 46 (4): 406-409.

[137] Iriondo-DeHond A, Martorell P, Genoves S, et al. Coffee silverskin extract protects against accelerated aging caused by oxidative agents [J]. Molecules, 2016, 21 (6): 721.

[138] Ates G, Elmaci Y. Coffee silverskin as fat replacer in cake formulations and its effect on physical, chemical and sensory attributes of cakes [J]. LWT-Food Science and Technology, 2018, 90:

519-525.

[139] Malara A, Paone E, Frontera P, et al. Sustainable exploitation of coffee silverskin in water remediation [J]. Sustainability, 2018, 10 (10): 3547.

[140] Hijosa-Valsero M, Garita-Cambronero J, Paniagua-Garcia A I, et al. Biobutanol production from coffee silverskin [J]. Microbial Cell Factories, 2018, 17: 154.

[141] Nzekoue F K, Angeloni S, Navarini L, et al. Coffee silverskin extracts: quantification of 30 bioactive compounds by a new HPLC-MS/MS method and evaluation of their antioxidant and antibacterial activities [J]. Food Research International, 2020, 133: 109128.

[142] Jung K W, Choi B H, Hwang M J, et al. Fabrication of granular activated carbons derived from spent coffee grounds by entrapment in calcium alginate beads for adsorption of acid orange 7 and methylene blue [J]. Bioresource Technology, 2016, 219: 185-195.

[143] Cho D W, Yoon K, Kwon E E, et al. Fabrication of magnetic biochar 'as a treatment medium for As (V) via pyrolysis of FeCl3-pretreated spent coffee ground [J]. Environmental Pollution, 2017, 229: 942-949.

[144] Liu S H, Huang Y Y. Valorization of coffee grounds to biochar-derived adsorbents for CO_2 adsorption [J]. Journal of Cleaner Production, 2018, 175: 354-360.

[145] Nguyen V T, Nguyen T B, Chen C W, et al. Influence of pyrolysis temperature on polycyclic aromatic hydrocarbons production and tetracycline adsorption behavior of biochar derived from spent coffee ground [J]. Bioresource Technology, 2019, 284: 197-203.

[146] Zhang X B, Zhang Y C, Ngo H H, et al. Characterization and sulfonamide antibiotics adsorption capacity of spent coffee grounds based biochar and hydrochar [J]. Science of the Total Environment, 2020, 716: 137015.

[147] Bressanello D, Liberto E, Cordero C, et al. Coffee aroma: Chemometric comparison of the chemical information provided by three different samplings combined with GC-MS to describe the sensory properties in cup [J]. Food Chemistry, 2017, 214: 218-226.

[148] Correia R M, Tosato F, Domingos E, et al. Portable near infrared spectroscopy applied to quality control of Brazilian coffee [J]. Talanta, 2018, 176: 59-68.

[149] Pramudya R C, Seo H S. Influences of product temperature on emotional responses to, and sensory attributes of, coffee and green tea beverages [J]. Frontiers in Psychology, 2018, 8: 2264.

[150] Dong W J, Zhao J P, Hu R S, et al. Differentiation of Chinese robusta coffees according to species, using a combined electronic nose and tongue, with the aid of chemometrics [J]. Food Chemistry, 2017, 229: 743-751.

[151] Dong W J, Hu R S, Long Y Z, et al. Comparative evaluation of the volatile profiles and taste properties of roasted coffee beans as affected by drying method and detected by electronic nose, electronic tongue, and HS-SPME-GC-MS [J]. Food Chemistry, 2019, 272: 723-731.

[152] Honorato J, Debona D, Zambolim L, et al. Factors influencing the performance of phosphites on the control of coffee leaf rust [J]. Bragantia, 2021, 80: e0221.

[153] Hinnah F D, Sentelhas P C, Patricio F R A, et al. Performance of a weather-based forecast system for chemical control of coffee leaf rust [J]. Crop Protection, 2020, 137: 105225.

[154] Castillo N E T, Melchor-Martinez E M, Sierra J S O, et al. Impact of climate change and early development of coffee rust - An overview of control strategies to preserve organic cultivars in Mexico [J]. Science of the Total Environment, 2020, 738: 140225.

[155] Shan W, Chen J Y, Kuang J F, et al. Banana fruit NAC transcription factor MaNAC5 cooperates with MaWRKYs to enhance the expression of pathogenesis-related genes against *Colletotrichum musae* [J]. Molecular Plant Pathology, 2016, 17 (3): 330-338.

[156] Dash P K, Rai R. Translating the "Banana Genome" to delineate stress resistance, dwarfing, parthenocarpy and mechanisms of fruit ripening [J]. Frontiers in Plant Science, 2016, 7: 1543.

[157] Dou T X, Hu C H, Sun X X, et al. MpMYBS3 as a crucial transcription factor of cold signaling confers the cold tolerance of banana [J]. Plant Cell Tissue and Organ Culture, 2016, 125 (1): 93-106.

[158] Dan M, Huang M H, Liao F, et al. Identification of ethylene responsive miRNAs and their targets from newly harvested banana fruits using high-throughput sequencing [J]. Journal of Agricultural and Food Chemistry, 2018, 66 (40): 10628-10639.

[159] Yan H L, Wu F W, Jiang G X, et al. Genome-wide identification, characterization and expression analysis of NF-Y gene family in relation to fruit ripening in banana [J]. Postharvest Biology and Technology, 2019, 151: 98-110.

[160] Meer L, Mumtaz S, Labbo A M, et al. Genome-wide identification and expression analysis of calmodulin-binding transcription activator genes in banana under drought stress [J]. Scientia Horticulturae, 2019, 244: 10-14.

[161] Sun J M, Zhang J Z, Fang H, et al. Comparative transcriptome analysis reveals resistance-related genes and pathways in *Musa acuminata* banana 'Guijiao 9' in response to Fusarium wilt [J]. Plant Physiology and Biochemistry, 2019, 141: 83-94.

[162] Bubici G, Kaushal M, Prigigallo M I, et al. Biological control agents against Fusarium wilt of banana [J]. Frontiers in Microbiology, 2019, 10: 1290.

[163] Shen Z Z, Xue C, Penton C R, et al. Suppression of banana Panama disease induced by soil microbiome reconstruction through an integrated agricultural strategy [J]. Soil Biology & Biochemistry, 2019, 128: 164-174.

[164] Qin S W, Ji C Y, Li Y F, et al. Comparative transcriptomic analysis of Race 1 and Race 4 of *Fusarium oxysporum* f. sp. *cubense* induced with different carbon sources [J]. G3-Genes Genomes Genetics, 2017, 7 (7): 2125-2138.

[165] Almeida N O, Teixeira R A, Carneiro F A, et al. Occurrence and correlations of nematodes, *Fusarium oxysporum* and edaphic factors on banana plantations [J]. Journal of Phytopathology, 2018, 166 (4): 265-272.

[166] Liu S W, Li J, Zhang Y, et al. Fusaric acid instigates the invasion of banana by *Fusarium*

oxysporum f. sp. *cubense* TR4 [J]. New Phytologist, 2020, 225 (2): 913-929.

[167] Sunisha C, Sowmya H D, Usharani T R, et al. Deployment of stacked antimicrobial genes in banana for stable tolerance against *Fusarium oxysporum* f. sp. *cubense* through genetic transformation [J]. Molecular Biotechnology, 2020, 62 (1): 8-17.

[168] Martinez-Ruano J A, Caballero-Galvan A S, Restrepo-Serna D L, et al. Techno-economic and environmental assessment of biogas production from banana peel (*Musa paradisiaca*) in a biorefinery concept [J]. Environmental Science and Pollution Research, 2018, 25 (36): 35971-35980.

[169] Palacios S, Ruiz H A, Ramos-Gonzalez R, et al. Comparison of physicochemical pretreatments of banana peels for bioethanol production [J]. Food Science and Biotechnology, 2017, 26 (4): 993-1001.

[170] Rai P, Pandey A, Pandey A. Optimization of sugar release from banana peel powder waste (BPPW) using box-behnken design (BBD): BPPW to biohydrogen conversion [J]. International Journal of Hydrogen Energy, 2019, 44 (47): 25505-25513.

[171] Kamdem I, Hiligsmann S, Vanderghem C, et al. Enhanced biogas production during anaerobic digestion of steam-pretreated lignocellulosic biomass from williams cavendish banana plants [J]. Waste and Biomass Valorization, 2018, 9 (2): 175-185.

[172] da Silva I F, Souto L R F, Collins S R A, et al . Impact of hot water and alkaline pre-treatments in cellulosic ethanol production from banana pseudostem [J]. Bioenergy Research, 2020, 13 (4): 1159-1170.

[173] Vu H T, Scarlett C J, Vuong Q V. Phenolic compounds within banana peel and their potential uses: A review [J]. Jokurnal of Functional Foods, 2018, 40: 238-248.

[174] Pereira G A, Molina G, Arruda H S, et al. Optimizing the homogenizer-assisted extraction (HAE) of total phenolic compounds from banana peel [J]. Journal of Food Process Engineering, 2017, 40 (3): e12438.

[175] Yan L, Fernando W M A D B, Brennan M, et al. Effect of extraction method and ripening stage on banana peel pigments [J]. International Journal of Food Science and Technology, 2016, 51 (6): 1449-1456.

[176] Silva V D M, Arquelau P B F, Silva M R, et al. Use of paper spray-mass spectrometry to determine the chemical profile of ripe banana peel flour and evaluation of its physicochemical and antioxidant properties [J]. Quimica Nova, 2020, 43 (5): 579-585.

[177] Khoozani A A, Birch J, Bekhit A E A. Production, application and health effects of banana pulp and peel flour in the food industry [J]. Journal of Food Science and Technology-Mysore, 2019, 56 (2): 548-559.

[178] Remya R, Jyothi A N, Sreekumar J. Morphological, structural and digestibility properties of RS4 enriched octenyl succinylated sweet potato, banana and lentil starches [J]. Food Hydrocolloids, 2018, 82: 219-229.

[179] Campuzano A, Rosell C M, Cornejo F. Physicochemical and nutritional characteristics of banana

flour during ripening [J]. Food Chemistry, 2018, 256: 11-17.

[180] Bakare A H, Ogunbowale O D, Adegunwa M O, et al. Effects of pretreatments of banana (Musa AAA,Omini) on the composition, rheological properties, and baking quality of its flour and composite blends with wheat flour [J]. Food Science & Nutrition, 2017, 5 (2): 182-196.

[181] Khoozani A A, Kebede B, Bekhit A E A. Rheological, textural and structural changes in dough and bread partially substituted with whole green banana flour [J]. LWT-Food Science and Technology, 2020, 126: 109252.

[182] Zhou N, Chen H G, Xi J T, et al. Biochars with excellent Pb (II) adsorption property produced from fresh and dehydrated banana peels via hydrothermal carbonization [J]. Bioresource Technology, 2017, 232: 204-210.

[183] Lam S S, Liew R K, Cheng C K, et al. Pyrolysis production of fruit peel biochar for potential use in treatment of palm oil mill effluent [J]. Journal of Environmental Management, 2018, 213: 400-408.

[184] Liu S, Li J H, Xu S, et al. A modified method for enhancing adsorption capability of banana pseudostem biochar towards methylene blue at low temperature [J]. Bioresource Technology, 2019, 282: 48-55.

[185] Oladipo A A, Ahaka E O, Gazi M. High adsorptive potential of calcined magnetic biochar derived from banana peels for Cu^{2+}, Hg^{2+}, and Zn^{2+} ions removal in single and ternary systems [J]. Environmental Science and Pollution Research, 2019, 26 (31): 31887-31899.

[186] Pramanik S, Lai S, Ray R, et al. Effect of drip fertigation on yield, water use efficiency, and nutrients availability in banana in West Bengal, India [J]. Communications in Soil Science and Plant Analysis, 2016, 47 (13-14): 1691-1700.

[187] Coelho E F, dos Santos M R, Donato S L R, et al. Soil-water-plant relationship and fruit yield under partial root-zone drying irrigation on banana crop [J]. Scientia Agricola, 2019, 76 (5): 362-367.

[188] Kumar D, Kumar R, Singh V K, et al. Effect of nitrogen and potassium fertigation on growth, yield, quality and nutrient use efficiency of banana under subtropics [J]. Indian Journal of Horticulture, 2020, 77 (2): 254-260.

[189] Lage G G A, de Souza J A A, Cotrim C E, et al. Physiological and productive characteristics of the banana 'Prata-Ana' subjected to different irrigation intervals and emitter heights [J]. Acta Scientiarum-Agronomy, 2020, 42: e44000.

[190] Donato S L R, dos Santos M R, Arantes A D, et al. 'Prata-Ana' banana under irrigation levels, planting densities and bunch trimming [J]. Revista Brasileira de Fruticultura, 2020, 42 (5) .

[191] Garcia M C, Franco C M L, Soares M S, et al. Structural characteristics and gelatinization properties of sour cassava starch [J]. Journal of Thermal Analysis and Calorimetry, 2016, 123 (2): 919-926.

[192] Lemos P V F, Barbosa L S, Ramos I G, et al. The important role of crystallinity and amylose

ratio in thermal stability of starches [J]. Journal of Thermal Analysis and Calorimetry, 2018, 131 (3): 2555-2567.

[193] Tan X Y, Gu B, Li X X, et al. Effect of growth period on the multi-scale structure and physicochemical properties of cassava starch [J]. International Journal of Biological Macromolecules, 2017, 101: 9-15.

[194] Lemos P V F, Barbosa L S, Ramos I G, et al. Characterization of amylose and amylopectin fractions separated from potato, banana, corn, and cassava starches [J]. International Journal of Biological Macromolecules, 2019, 132: 32-42.

[195] Dudu O E, Oyedeji A B, Oyeyinka S A, et al. Impact of steam-heat-moisture treatment on structural and functional properties of cassava flour and starch [J]. International Journal of Biological Macromolecules, 2019, 126: 1056-1064.

[196] Tappiban P, Ying Y N, Pang Y H, et al. Gelatinization, pasting and retrogradation properties and molecular fine structure of starches from seven cassava cultivars [J]. International Journal of Biological Macromolecules, 2020, 150: 831-838.

[197] Zhang B, Mei J Q, Chen B, et al. Digestibility, physicochemical and structural properties of octenyl succinic anhydride-modified cassava starches with different degree of substitution [J]. Food Chemistry, 2017, 229: 136-141.

[198] Monroy Y, Rivero S, Garcia M A. Microstructural and techno-functional properties of cassava starch modified by ultrasound [J]. Ultrasonics Sonochemistry, 2018, 42: 795-804.

[199] Palavecino P M, Penci M C, Ribotta P D. Impact of chemical modifications in pilot-scale isolated sorghum starch and commercial cassava starch [J]. International Journal of Biological Macromolecules, 2019, 135: 521-529.

[200] Castanha N, Miano A C, Jones O G, et al. Starch modification by ozone: Correlating molecular structure and gel properties in different starch sources [J]. Food Hydrocolloids, 2020, 108: 106027.

[201] Lima D C, Maniglia B C, Matta M D, et al. Dual-process of starch modification: Combining ozone and dry heating treatments to modify cassava starch structure and functionality [J]. International Journal of Biological Macromolecules, 2021, 167: 894-905.

[202] Huang P, Ge C J, Feng D, et al. Effects of metal ions and pH on ofloxacin sorption to cassava residue-derived biochar [J]. Science of the Total Environment, 2018, 616: 1384-1391.

[203] Schwantes D, Goncalves A C, Coelho G F, et al. Chemical Modifications of Cassava Peel as Adsorbent Material for Metals Ions from Wastewater [J]. Journal of Chemistry, 2016, 2016: 1-15.

[204] Xie X L, Huang J, Zhang Y Q, et al. Aminated cassava residue-based magnetic microspheres for Pb (II) adsorption from wastewater [J]. Korean Journal of Chemical Engineering, 2019, 36 (2): 226-235.

[205] Li X, Luo J W, Deng H, et al. Effect of cassava waste biochar on sorption and release behavior of

atrazine in soil [J]. Science of the Total Environment, 2018, 644: 1617-1624.

[206] Wu J, Yang J W, Huang G H, et al. Hydrothermal carbonization synthesis of cassava slag biochar with excellent adsorption performance for Rhodamine B [J]. Journal of Cleaner Production, 2020, 251.

[207] Fu L L, Ding Z H, Han B Y, et al. Physiological investigation and transcriptome analysis of polyethylene glycol (PEG) -induced dehydration stress in Cassava [J]. International Journal of Molecular Sciences, 2016, 17 (3): 283.

[208] Ezui K S, Leffelaar P A, Franke A C, et al. Simulating drought impact and mitigation in cassava using the LINTUL model [J]. Field Crops Research, 2018, 219: 256-272.

[209] Zeng C Y, Ding Z H, Zhou F, et al. The discrepant and similar responses of genome-wide transcriptional profiles between drought and cold stresses in Cassava [J]. International Journal of Molecular Sciences, 2017, 18 (12): 2668.

[210] Cheng Y E, Dong M Y, Fan X W, et al. A study on cassava tolerance to and growth responses under salt stress [J]. Environmental and Experimental Botany, 2018, 155: 429-440.

[211] Duque L O, Setter T L. Partitioning index and non-structural carbohydrate dynamics among contrasting cassava genotypes under early terminal water stress [J]. Environmental and Experimental Botany, 2019, 163: 24-35.

[212] Medina-Jaramillo C, Ochoa-Yepes O, Bernal C, et al. Active and smart biodegradable packaging based on starch and natural extracts [J]. Carbohydrate Polymers, 2017, 176: 187-194.

[213] Assis R Q, Pagno C H, Costa T M H, et al. Synthesis of biodegradable films based on cassava starch containing free and nanoencapsulated beta-carotene [J]. Packaging Technology and Science, 2018, 31 (3): 157-166.

[214] Salazar-Sanchez M D R, Campo-Erazo S D, Villada-Castillo H S, et al. Structural changes of cassava starch and polylactic acid films submitted to biodegradation process [J]. International Journal of Biological Macromolecules, 2019, 129: 442-447.

[215] Huntrakul K, Yoksan R, Sane A, et al. Effects of pea protein on properties of cassava starch edible films produced by blown-film extrusion for oil packaging [J]. Food Packaging and Shelf Life, 2020, 24: 100480.

[216] Chen Q F, Shi Y H, Chen G X, et al. Enhanced mechanical and hydrophobic properties of composite cassava starch films with stearic acid modified MCC (microcrystalline cellulose) /NCC (nanocellulose) as strength agent [J]. International Journal of Biological Macromolecules, 2020, 142: 846-854.

[217] Othman S H, Abd Majid N, Tawakkal I S M A, et al. Tapioca starch films reinforced with microcrystalline cellulose for potential food packaging application [J]. Food Science and Technology, 2019, 39 (3): 605-612.

[218] Chavadej S, Wangmor T, Maitriwong K, et al. Separate production of hydrogen and methane from cassava wastewater with added cassava residue under a thermophilic temperature in relation to

digestibility [J]. Journal of Biotechnology, 2019, 291: 61-71.

[219] Corbari S D M L, Andreani C L, Torres D G B, et al. Strategies to improve the biohydrogen production from cassava wastewater in fixed-bed reactors [J]. International Journal of Hydrogen Energy, 2019, 44 (32): 17214-17223.

[220] Cremonez P A, Sampaio S C, Teleken J G, et al. Effect of substrate concentrations on methane and hydrogen biogas production by anaerobic digestion of a cassava starch-based polymer [J]. Industrial Crops and Products, 2020, 151: 112471.

[221] Mari A G, Andreani C L, Tonello T U, et al. Biohydrogen and biomethane production from cassava wastewater in a two-stage anaerobic sequencing batch bioflim reactor [J]. International Journal of Hydrogen Energy, 2020, 45 (8): 5165-5174.

[222] Kongor J E, Hinneh M, de Walle D V, et al. Factors influencing quality variation in cocoa (Theobroma cacao) bean flavour profile - A review [J]. Food Research International, 2016, 82: 44-52.

[223] Batista N N, Ramos C L, Dias D R, et al. The impact of yeast starter cultures on the microbial communities and volatile compounds in cocoa fermentation and the resulting sensory attributes of chocolate [J]. Journal of Food Science and Technology-Mysore, 2016, 53 (2): 1101-1110.

[224] Visintin S, Ramos L, Batista N, et al. Impact of *Saccharomyces cerevisiae* and *Torulaspora delbrueckii* starter cultures on cocoa beans fermentation [J]. International Journal of Food Microbiology, 2017, 257: 31-40.

[225] Hamdouche Y, Meile J C, Lebrun M, et al. Impact of turning, pod storage and fermentation time on microbial ecology and volatile composition of cocoa beans [J]. Food Research International, 2019, 119: 477-491.

[226] Utrilla-Vazquez M, Rodriguez-Campos J, Avendano-Arazate C H, et al. Analysis of volatile compounds of five varieties of Maya cocoa during fermentation and drying processes by Venn diagram and PCA [J]. Food Research International, 2020, 129: 108834.

[227] Cordero C, Guglielmetti A, Sgorbini B, et al. Odorants quantitation in high-quality cocoa by multiple headspace solid phase micro-extraction: Adoption of FID-predicted response factors to extend method capabilities and information potential [J]. Analytica Chimica Acta, 2019, 1052: 190-201.

[228] Wartenberg A C, Blaser W J, Roshetko J M, et al. Soil fertility and *Theobroma cacao* growth and productivity under commonly intercropped shade-tree species in Sulawesi, Indonesia [J]. Plant and Soil, 2020, 453 (44198): 87-104.

[229] Oliveira P H G, Gama-Rodrigues A C, Gama-Rodrigues E F, et al. Litter and soil-related variation in functional group abundances in cacao agroforests using structural equation modeling [J]. Ecological Indicators, 2018, 84: 254-262.

[230] Singh K, Majeed I, Panigrahi N, et al. Near infrared diffuse reflectance spectroscopy for rapid and comprehensive soil condition assessment in smallholder cacao farming systems of Papua New

Guinea [J]. Catena, 2019, 183.

[231] Asigbaase M, Dawoe E, Lomax B H, et al. Biomass and carbon stocks of organic and conventional cocoa agroforests, Ghana [J]. Agriculture Ecosystems & Environment, 2021, 306: 107192.

[232] Sacchetti G, Ioannone F, De Gregorio M, et al. Non enzymatic browning during cocoa roasting as affected by processing time and temperature [J]. Journal of Food Engineering, 2016, 169: 44-52.

[233] Tas N G, Gokmen V. Effect of alkalization on the Maillard reaction products formed in cocoa during roasting [J]. Food Research International, 2016, 89: 930-936.

[234] Oracz J, Nebesny E. Effect of roasting parameters on the physicochemical characteristics of high-molecular-weight Maillard reaction products isolated from cocoa beans of different *Theobroma cacao* L. groups [J]. European Food Research and Technology, 2019, 245 (1): 111-128.

[235] Oracz J, Nebesny E, Zyzelewicz D. Identification and quantification of free and bound phenolic compounds contained in the high-molecular weight melanoidin fractions derived from two different types of cocoa beans by UHPLC-DAD-ESI-HR-MSn [J]. Food Research International, 2019, 115: 135-149.

[236] Oracz J, Zyzelewicz D. *In vitro* antioxidant activity and FTIR characterization of high-molecular weight melanoidin fractions from different types of cocoa beans [J]. Antioxidants, 2019, 8 (11): 560.

[237] Valadez-Carmona L, Plazola-Jacinto C P, Hernandez-Ortega M, et al. Effects of microwaves, hot air and freeze-drying on the phenolic compounds, antioxidant capacity, enzyme activity and microstructure of cacao pod husks (*Theobroma cacao* L.) [J]. Innovative Food Science & Emerging Technologies, 2017, 41: 378-386.

[238] Mazzutti S, Rodrigues L G G, Mezzomo N, et al. Integrated green-based processes using supercritical CO_2 and pressurized ethanol applied to recover antioxidant compounds from cocoa (*Theobroma cacao*) bean hulls [J]. Journal of Supercritical Fluids, 2018, 135: 52-59.

[239] Munoz-Almagro N, Valadez-Carmona L, Mendiola J A, et al. Structural characterisation of pectin obtained from cacao pod husk. Comparison of conventional and subcritical water extraction [J]. Carbohydrate Polymers, 2019, 217: 69-78.

[240] Jokic S, Pavlovic N, Jozinovic A, et al. High-voltage electric discharge extraction of bioactive compounds from the cocoa bean shell [J]. Chemical and Biochemical Engineering Quarterly, 2019, 33 (2): 271-280.

[241] Sansone R, Ottaviani J I, Rodriguez-Mateos A, et al. Methylxanthines enhance the effects of cocoa flavanols on cardiovascular function: randomized, double-masked controlled studies [J]. American Journal of Clinical Nutrition, 2017, 105 (2): 352-360.

[242] Martin-Pelaez S, Camps-Bossacoma M, Massot-Cladera M, et al. Effect of cocoa's theobromine on intestinal microbiota of rats [J]. Molecular Nutrition & Food Research, 2017, 61 (10):

1700238.

[243]Mayorga-Gross A L, Esquivel P. Impact of cocoa products intake on plasma and urine metabolites: A review of targeted and non-targeted studies in humans [J]. Nutrients, 2019, 11 (5): 1163.

[244]Jang M H, Mukherjee S, Choi M J, et al. Theobromine alleviates diet-induced obesity in mice via phosphodiesterase-4 inhibition [J]. European Journal of Nutrition, 2020, 59 (8): 3503-3516.

[245]Camandola S, Plick N, Mattson M P. Impact of coffee and cacao purine metabolites on neuroplasticity and neurodegenerative disease [J]. Neurochemical Research, 2019, 44 (1): 214-227.

[246]de Araujo R P, de Almeida A A F, Pereira L S, et al. Photosynthetic, antioxidative, molecular and ultrastructural responses of young cacao plants to Cd toxicity in the soil [J]. Ecotoxicology and Environmental Safety, 2017, 144: 148-157.

[247]Arevalo-Gardini E, Arevalo-Hernandez C O, Baligar V C, et al. Heavy metal accumulation in leaves and beans of cacao (*Theobroma cacao* L.) in major cacao growing regions in Peru [J]. Science of the Total Environment, 2017, 605: 792-800.

[248]Chavez E, He Z L, Stoffella P J, et al. Chemical speciation of cadmium: An approach to evaluate plant-available cadmium in Ecuadorian soils under cacao production [J]. Chemosphere, 2016, 150: 57-62.

[249]Arguello D, Chavez E, Lauryssen F, et al. Soil properties and agronomic factors affecting cadmium concentrations in cacao beans: A nationwide survey in Ecuador [J]. Science of the Total Environment, 2019, 649: 120-127.

[250]Zug K L M, Yupanqui H A H, Meyberg F, et al. Cadmium accumulation in peruvian cacao (*Theobroma cacao* L.) and opportunities for mitigation [J]. Water Air and Soil Pollution, 2019, 230 (3): 72.

[251]Chavez E, He Z L, Stoffella P J, et al. Evaluation of soil amendments as a remediation alternative for cadmium-contaminated soils under cacao plantations [J]. Environmental Science and Pollution Research, 2016, 23 (17): 17571-17580.

[252]Mancini G, Papirio S, Lens P N L, et al. Effect of N-methylmorpholine-N-oxide pretreatment on biogas production from rice straw, cocoa shell, and hazelnut skin [J]. Environmental Engineering Science, 2016, 33 (11): 843-850.

[253]Dahunsi S O, Osueke C O, Olayanju T M A, et al. Co-digestion of *Theobroma cacao* (cocoa) pod husk and poultry manure for energy generation: Effects of pretreatment methods [J]. Bioresource Technology, 2019, 283: 229-241.

[254]Dahunsi S O, Adesulu-Dahunsi A T, Izebere J O. Cleaner energy through liquefaction of cocoa (*Theobroma cacao*) pod husk: Pretreatment and process optimization [J]. Journal of Cleaner Production, 2019, 226: 578-588.

[255]Antwi E, Engler N, Nelles M, et al. Anaerobic digestion and the effect of hydrothermal pretreatment on the biogas yield of cocoa pods residues [J]. Waste Management, 2019, 88: 131-

140.

[256] Islam M A, Ahmed M J, Khanday W A, et al. Mesoporous activated coconut shell-derived hydrochar prepared via hydrothermal carbonization-NaOH activation for methylene blue adsorption [J]. Journal of Environmental Management, 2017, 203: 237-244.

[257] Wu W D, Li J H, Lan T, et al. Unraveling sorption of lead in aqueous solutions by chemically modified biochar derived from coconut fiber: A microscopic and spectroscopic investigation [J]. Science of the Total Environment, 2017, 576: 766-774.

[258] Yue L M, Xia Q Z, Wang L W, et al. CO_2 adsorption at nitrogen-doped carbons prepared by K_2CO_3 activation of urea-modified coconut shell [J]. Journal of Colloid and Interface Science, 2018, 511: 259-267.

[259] Khosravi R, Azizi A, Ghaedrahmati R, et al. Adsorption of gold from cyanide leaching solution onto activated carbon originating from coconut shell-optimization, kinetics and equilibrium studies [J]. Journal of Industrial and Engineering Chemistry, 2017, 54: 464-471.

[260] Guo L P, Yang J, Hu G S, et al. Role of hydrogen peroxide preoxidizing on CO_2 adsorption of nitrogen-doped carbons produced from coconut shell [J]. Acs Sustainable Chemistry & Engineering, 2016, 4 (5): 2806-2813.

[261] Hao Z, Wang C H, Yan Z S, et al. Magnetic particles modification of coconut shell-derived activated carbon and biochar for effective removal of phenol from water [J]. Chemosphere, 2018, 211: 962-969.

[262] Famurewa A C, Ufebe O G, Egedigwe C A, et al. Virgin coconut oil supplementation attenuates acute chemotherapy hepatotoxicity induced by anticancer drug methotrexate via inhibition of oxidative stress in rats [J]. Biomedicine & Pharmacotherapy, 2017, 87: 437-442.

[263] Narayanankutty A, Mukesh R K, Ayoob S K, et al. Virgin coconut oil maintains redox status and improves glycemic conditions in high fructose fed rats [J]. Journal of Food Science and Technology-Mysore, 2016, 53 (1): 895-901.

[264] Ghani N A A, Channip A A, Hwa P C H, et al. Physicochemical properties, antioxidant capacities, and metal contents of virgin coconut oil produced by wet and dry processes [J]. Food Science & Nutrition, 2018, 6 (5): 1298-1306.

[265] Chandran J, Nayana N, Roshini N, et al. Oxidative stability, thermal stability and acceptability of coconut oil flavored with essential oils from black pepper and ginger [J]. Journal of Food Science and Technology-Mysore, 2017, 54 (1): 144-152.

[266] Teng M, Zhao Y J, Khoo A L, et al. Impact of coconut oil consumption on cardiovascular health: A systematic review and meta-analysis [J]. Nutrition Reviews, 2020, 78 (3): 249-259.

[267] Amit, Jamwal R, Kumari S, et al. Utilizing ATR-FTIR spectroscopy combined with multivariate chemometric modelling for the swift detection of mustard oil adulteration in virgin coconut oil [J]. Vibrational Spectroscopy, 2020, 109: 103066.

[268] Sucupira N R, Alves E G, Silva L M A, et al. NMR spectroscopy and chemometrics to evaluate

different processing of coconut water [J]. Food Chemistry, 2017, 216: 217-224.

[269] Richardson P I C, Muhamadali H, Ellis D I, et al. Rapid quantification of the adulteration of fresh coconut water by dilution and sugars using Raman spectroscopy and chemometrics [J]. Food Chemistry, 2019, 272: 157-164.

[270] Jiang P P, Xiang D, Wang X B. Effect of different treatment on the properties of coconut milk emulsions [J]. Food Science and Technology Research, 2016, 22 (1): 83-89.

[271] Giri S S, Sukumaran V, Sen S S, et al. Use of a potential probiotic, *Lactobacillus casei* L4, in the preparation of fermented coconut water beverage [J]. Frontiers in Microbiology, 2018, 9: 1976.

[272] Chetachukwu A S, Thongraung C, Yupanqui C T. Effect of short-chain inulin on the rheological and sensory characteristics of reduced fat set coconut milk yoghurt [J]. Journal of Texture Studies, 2018, 49 (4): 434-447.

[273] Wang W Z, Chen H M, Ke D M, et al. Effect of sterilization and storage on volatile compounds, sensory properties and physicochemical properties of coconut milk [J]. Microchemical Journal, 2020, 153: 104532.

[274] Balasundram V, Ibrahim N, Kasmani R M, et al. Thermogravimetric catalytic pyrolysis and kinetic studies of coconut copra and rice husk for possible maximum production of pyrolysis oil [J]. Journal of Cleaner Production, 2017, 167: 218-228.

[275] Muharja M, Junianti F, Ranggina D, et al. An integrated green process: Subcritical water, enzymatic hydrolysis, and fermentation, for biohydrogen production from coconut husk [J]. Bioresource Technology, 2018, 249: 268-275.

[276] Nogueira C D, Padilha C E D, de Jesus A A, et al. Pressurized pretreatment and simultaneous saccharification and fermentation with in situ detoxification to increase bioethanol production from green coconut fibers [J]. Industrial Crops and Products, 2019, 130: 259-266.

[277] Soares J, Demeke M M, Foulquie-Moreno M R, et al. Green coconut mesocarp pretreated by an alkaline process as raw material for bioethanol production [J]. Bioresource Technology, 2016, 216: 744-753.

[278] Granados-Fitch M G, Quintana-Melgoza J M, Juarez-Arellano E A, et al. Mechanism to H-2 production on rhenium carbide from pyrolysis of coconut shell [J]. International Journal of Hydrogen Energy, 2019, 44 (5): 2784-2796.

[279] Bhullar M S, Patras A, Kilanzo-Nthenge A, et al. Microbial inactivation and cytotoxicity evaluation of UV irradiated coconut water in a novel continuous flow spiral reactor [J]. Food Research International, 2018, 103: 59-67.

[280] Gabriel A A, Colambo J C R. Comparative resistances of selected spoilage and pathogenic bacteria in ultraviolet-C-treated, turbulent-flowing young coconut liquid endosperm [J]. Food Control, 2016, 69: 134-140.

[281] Estilo E E C, Gabriel A A. Previous stress exposures influence subsequent UV-C resistance of

Salmonella enterica in coconut liquid endosperm [J]. LWT-Food Science and Technology, 2017, 86: 139-147.

[282] Mahnot N K, Mahanta C L, Keener K M, et al. Strategy to achieve a 5-log Salmonella inactivation in tender coconut water using high voltage atmospheric cold plasma (HVACP) [J]. Food Chemistry, 2019, 284: 303-311.

[283] Gabriel A A, Tongco A M P, Barnes A A. Utility of UV-C radiation as anti-Salmonella decontamination treatment for desiccated coconut flakes [J]. Food Control, 2017, 71: 117-123.

[284] Thaiphanit S, Schleining G, Anprung P. Effects of coconut (*Cocos nucifera* L.) protein hydrolysates obtained from enzymatic hydrolysis on the stability and rheological properties of oil-in-water emulsions [J]. Food Hydrocolloids, 2016, 60: 252-264.

[285] Gani A, Benjakul S. Impact of virgin coconut oil nanoemulsion on properties of croaker surimi gel [J]. Food Hydrocolloids, 2018, 82: 34-44.

[286] Pengon S, Chinatangkul N, Limmatvapirat C, et al. The effect of surfactant on the physical properties of coconut oil nanoemulsions [J]. Asian Journal of Pharmaceutical Sciences, 2018, 13 (5): 409-414.

[287] Ji S Y, Wu J, Xu F R, et al. Synthesis, purification, and characterization of a structured lipid based on soybean oil and coconut oil and its applications in curcumin-loaded nanoemulsions [J]. European Journal of Lipid Science and Technology, 2020, 122 (10): 2000086.

[288] Lopez-Cobo A, Verardo V, Diaz-de-Cerio E, et al. Use of HPLC-and GC-QTOF to determine hydrophilic and lipophilic phenols in mango fruit (*Mangifera indica* L.) and its by-products [J]. Food Research International, 2017, 100: 423-434.

[289] Velderrain-Rodriguez G R, Torres-Moreno H, Villegas-Ochoa M A, et al. Gallic acid content and an antioxidant mechanism are responsible for the antiproliferative activity of 'Ataulfo' mango peel on LS180 cells [J]. Molecules, 2018, 23 (3): 695.

[290] Pacheco-Ordaz R, Antunes-Ricardo M, Gutierrez-Uribe J A, et al. Intestinal permeability and cellular antioxidant activity of phenolic compounds from mango (*Mangifera indica* cv. *Ataulfo*) Peels [J]. International Journal of Molecular Sciences, 2018, 19 (2): 514.

[291] Mercado-Mercado G, Montalvo-Gonzalez E, Gonzalez-Aguilar G A, et al. Ultrasound-assisted extraction of carotenoids from mango (*Mangifera indica* L. 'Ataulfo') by-products on *in vitro* bioaccessibility [J]. Food Bioscience, 2018, 21: 125-131.

[292] Kaushik N, Rao P S, Mishra H N. Process optimization for thermal-assisted high pressure processing of mango (*Mangifera indica* L.) pulp using response surface methodology [J]. LWT-Food Science and Technology, 2016, 69: 372-381.

[293] Lasano N F, Hamid A H, Karim R, et al. Nutritional composition, anti-diabetic properties and identification of active compounds using UHPLC-ESI-Orbitrap-MS/MS in *Mangifera odorata* L. peel and seed kernel [J]. Molecules, 2019, 24 (2): 320.

[294] Rojas R, Alvarez-Perez O B, Contreras-Esquivel J C, et al. Valorisation of mango peels:

Extraction of pectin and antioxidant and antifungal polyphenols [J]. Waste and Biomass Valorization, 2020, 11 (1): 89-98.

[295] Gold-Smith F, Fernandez A, Bishop K. Mangiferin and Cancer: Mechanisms of Action [J]. Nutrients, 2016, 8 (7) .

[296] Husain F M, Ahmad I, Al-thubiani A S, et al. Leaf extracts of *Mangifera indica* L. inhibit quorum sensing - Regulated production of virulence factors and biofilm in test bacteria [J]. Frontiers in Microbiology, 2017, 8: 727.

[297] Sayago-Ayerdi S G, Zamora-Gasga V M, Venema K. Prebiotic effect of predigested mango peel on gut microbiota assessed in a dynamic *in vitro* model of the human colon (TIM-2) [J]. Food Research International, 2019, 118: 89-95.

[298] Kim H, Krenek K A, Fang C, et al. Polyphenolic derivatives from mango (*Mangifera Indica* L.) modulate fecal microbiome, short-chain fatty acids production and the HDAC1/AMPK/LC3 axis in rats with DSS-induced colitis [J]. Journal of Functional Foods, 2018, 48: 243-251.

[299] Jiang T C, Han F L, Gao G Y, et al. Mangiferin exert cardioprotective and anti-apoptotic effects in heart failure induced rats [J]. Life Sciences, 2020, 249: 117476.

[300] Narayanan V A, Jacob R, Paulson J M, et al. Mango leaf extract synthesized silver nanorods exert anticancer activity on breast cancer and colorectal carcinoma cells [J]. Journal of Drug Delivery Science and Technology, 2018, 44: 8-12.

[301] Dayal V, Dubey A K, Singh S K, et al. Growth, yield and physiology of mango (*Mangifera indica* L.) cultivars as affected by polyembryonic rootstocks [J]. Scientia Horticulturae, 2016, 199: 186-197.

[302] Jutamanee K, Onnom S. Improving photosynthetic performance and some fruit quality traits in mango trees by shading [J]. Photosynthetica, 2016, 54 (4): 542-550.

[303] Dos Santos M R, Donato S L R, Coelho E F, et al. Irrigation deficit strategies on physiological and productive parameters of 'Tommy Atkins' mango [J]. Revista Caatinga, 2016, 29 (1): 173-182.

[304] El-Motaium R A, Shaban A E A, Badawy S H, et al. Alleviation of alternate bearing phenomenon in mango (*Mangifera indica* L.) trees using boron and nitrogen fertilization [J]. Journal of Plant Nutrition, 2019, 42 (20): 2861-2872.

[305] Boudon F, Persello S, Jestin A, et al. V-Mango: a functional-structural model of mango tree growth, development and fruit production [J]. Annals of Botany, 2020, 126 (4): 745-763.

[306] Liu S M, Huang H, Huber D J, et al. Delay of ripening and softening in 'Guifei' mango fruit by postharvest application of melatonin [J]. Postharvest Biology and Technology, 2020, 163: 111136.

[307] Rastegar S, Khankahdani H H, Rahimzadeh M. Effectiveness of alginate coating on antioxidant enzymes and biochemical changes during storage of mango fruit [J]. Journal of Food Biochemistry, 2019, 43 (11): e12990.

[308] Sakhale B K, Gaikwad S S, Chavan R F. Application of 1-methylcyclopropene on mango fruit (Cv. Kesar): Potential for shelf life enhancement and retention of quality [J]. Journal of Food Science and Technology-Mysore, 2018, 55 (2): 776-781.

[309] Sharma S, Rao T V R. Responses of fresh-cut products of four mango cultivars under two different storage conditions [J]. Journal of Food Science and Technology-Mysore, 2017, 54 (6): 1689-1702.

[310] Rastegar S, Khankahdani H H, Rahimzadeh M. Effect of gamma-aminobutyric acid on the antioxidant system and biochemical changes of mango fruit during storage [J]. Journal of Food Measurement and Characterization, 2020, 14 (2): 778-789.

[311] de Oliveira K A R, Berger L R R, de Araujo S A, et al. Synergistic mixtures of chitosan and *Mentha piperita* L. essential oil to inhibit Colletotrichum species and anthracnose development in mango cultivar Tommy Atkins [J]. Food Microbiology, 2017, 66: 96-103.

[312] Mo J Y, Zhao G, Li Q L, et al. Identification and characterization of colletotrichum species associated with mango anthracnose in Guangxi, China [J]. Plant Disease, 2018, 102 (7): 1283-1289.

[313] Feng G, Zhang X S, Zhang Z K, et al. Fungicidal activities of camptothecin semisynthetic derivatives against Colletotrichum gloeosporioides *in vitro* and in mango fruit [J]. Postharvest Biology and Technology, 2019, 147: 139-147.

[314] Konsue W, Dethoup T, Limtong S. Biological control of fruit rot and anthracnose of postharvest mango by antagonistic yeasts from economic crops leaves [J]. Microorganisms, 2020, 8 (3): 317.

[315] Tang L H, Mo J Y, Guo T X, et al. *In vitro* antifungal activity of dimethyl trisulfide against Colletotrichum gloeosporioides from mango [J]. World Journal of Microbiology & Biotechnology, 2020, 36 (1): 4.

[316] Jawad A H, Mamat N F H, Abdullah M F, et al. Adsorption of methylene blue onto acid-treated mango peels: Kinetic, equilibrium and thermodynamic study [J]. Desalination and Water Treatment, 2017, 59: 210-219.

[317] Vyavahare G, Jadhav P, Jadhav J, et al. Strategies for crystal violet dye sorption on biochar derived from mango leaves and evaluation of residual dye toxicity [J]. Journal of Cleaner Production, 2019, 207: 296-305.

[318] Correia L B, Fiuza R A, de Andrade R C, et al. CO_2 capture on activated carbons derived from mango fruit (*Mangifera indica* L.) seed shells A TG study [J]. Journal of Thermal Analysis and Calorimetry, 2018, 131 (1): 579-586.

[319] Khan M N, Bhutto S, Wasim A A, et al. Removal studies of lead onto activated carbon derived from lignocellulosic *Mangifera indica* seed shell [J]. Desalination and Water Treatment, 2016, 57 (24): 11211-11220.

[320] Olufemi B A, Otolorin F. Comparative adsorption of crude oil using mango (*Mangnifera indica*)

shell and mango shell activated carbon [J]. Environmental Engineering Research, 2017, 22 (4): 384-392.

[321] Okeowo I O, Balogun E O, Ademola A J, et al. Adsorption of phenol from wastewater using microwave-assisted ag-au nanoparticle-modified mango seed shell-activated carbon [J]. International Journal of Environmental Research, 2020, 14 (2): 215-233.

[322] Stein M, Bargoti S, Underwood J. Image based mango fruit detection, localisation and yield estimation using multiple view geometry [J]. Sensors, 2016, 16 (11): 1915.

[323] Qureshi W S, Payne A, Walsh K B, et al. Machine vision for counting fruit on mango tree canopies [J]. Precision Agriculture, 2017, 18 (2): 224-244.

[324] Koirala A, Walsh K B, Wang Z, et al. Deep learning for real-time fruit detection and orchard fruit load estimation: Benchmarking of 'MangoYOLO' [J]. Precision Agriculture, 2019, 20 (6): 1107-1135.

[325] Rahman M M, Robson A, Bristow M. Exploring the Potential of high resolution WorldView-3 imagery for estimating yield of mango [J]. Remote Sensing, 2018, 10 (12): 1866.

[326] Wendel A, Underwood J, Walsh K. Maturity estimation of mangoes using hyperspectral imaging from a ground based mobile platform [J]. Computers and Electronics in Agriculture, 2018, 155: 298-313.

[327] Gabriels S H E J, Mishra P, Mensink M G J, et al. Non-destructive measurement of internal browning in mangoes using visible and near-infrared spectroscopy supported by artificial neural network analysis [J]. Postharvest Biology and Technology, 2020, 166: 111206.

[328] Teuscher M, Gerard A, Brose U, et al. Experimental biodiversity enrichment in oil-palm-dominated landscapes in Indonesia [J]. Frontiers in Plant Science, 2016, 7: 1538.

[329] Ghazali A, Asmah S, Syafiq M, et al. Effects of monoculture and polyculture farming in oil palm smallholdings on terrestrial arthropod diversity [J]. Journal of Asia-Pacific Entomology, 2016, 19 (2): 415-421.

[330] Glinskis E A, Gutierrez-Velez V H. Quantifying and understanding land cover changes by large and small oil palm expansion regimes in the Peruvian Amazon [J]. Land Use Policy, 2019, 80: 95-106.

[331] Okoro S U, Schickhoff U, Boehner J, et al. Climate impacts on palm oil yields in the Nigerian Niger Delta [J]. European Journal of Agronomy, 2017, 85: 38-50.

[332] Dhandapani S, Ritz K, Evers S, et al. Environmental impacts as affected by different oil palm cropping systems in tropical peatlands [J]. Agriculture Ecosystems & Environment, 2019, 276: 8-20.

[333] Vijay V, Reid C D, Finer M, et al. Deforestation risks posed by oil palm expansion in the Peruvian Amazon [J]. Environmental Research Letters, 2018, 13 (11): 114010.

[334] Uning R, Latif M T, Othman M, et al. A review of Southeast Asian oil palm and its CO_2 fluxes [J]. Sustainability, 2020, 12 (12): 5077.

[335] Marwanto S, Sabiham S, Funakawa S. Importance of CO_2 production in subsoil layers of drained tropical peatland under mature oil palm plantation [J]. Soil & Tillage Research, 2019, 186: 206-213.

[336] Ahmadi P, Muharam F M, Ahmad K, et al. Early detection of ganoderma basal stem rot of oil palms using artificial neural network spectral analysis [J]. Plant Disease, 2017, 101 (6): 1009-1016.

[337] Sarria G A, Martinez G, Varon F, et al. Histopathological studies of the process of *Phytophthora palmivora* infection in oil palm [J]. European Journal of Plant Pathology. 2016, 145 (1): 39-51.

[338] Nusaibah S A, Akmar A S N, Idris A S, et al. Involvement of metabolites in early defense mechanism of oil palm (*Elaeis guineensis* Jacq.) against Ganoderma disease [J]. Plant Physiology and Biochemistry, 2016, 109: 156-165.

[339] Maluin F N, Hussein M Z, Yusof N A, et al. Preparation of chitosan-hexaconazole nanoparticles as fungicide nanodelivery system for combating ganoderma disease in oil palm [J]. Molecules, 2019, 24 (13): 2498.

[340] Dewi R T K, Mubarik N R, Suhartono M T. Medium optimization of beta-glucanase production by Bacillus subtilis SAHA 32.6 used as biological control of oil palm pathogen [J]. Emirates Journal of Food and Agriculture, 2016, 28 (2): 116-125.

[341] Amugoli O M, Ddamulira G, Asiimwe A, et al. Occurrence, distribution and farmers' knowledge on the management of fusarium wilt of oil palm among smallholders in kalangala, uganda [J]. Journal of Oil Palm Research, 2020, 32 (3): 488-496.

[342] Comeau L P, Hergoualc'h K, Hartill J, et al. How do the heterotrophic and the total soil respiration of an oil palm plantation on peat respond to nitrogen fertilizer application [J]. Geoderma, 2016, 268: 41-51.

[343] Behera S K, Mathur R K, Shukla A K, et al. Spatial variability of soil properties and delineation of soil management zones of oil palm plantations grown in a hot and humid tropical region of southern India [J]. Catena, 2018, 165: 251-259.

[344] Tao H H, Snaddon J L, Slade E M, et al. Long-term crop residue application maintains oil palm yield and temporal stability of production [J]. Agronomy for Sustainable Development, 2017, 37 (4): 33.

[345] Cui J, Davanture M, Zivy M, et al. Metabolic responses to potassium availability and waterlogging reshape respiration and carbon use efficiency in oil palm [J]. New Phytologist, 2019, 223 (1): 310-322.

[346] Behera S K, Suresh K, Rao B N, et al. Soil nutrient status and leaf nutrient norms in oil palm (*Elaeis guineensis* Jacq.) plantations grown in the west Coastal Area of India [J]. Communications in Soil Science and Plant Analysis, 2016, 47 (2): 255-262.

[347] Boafo D K, Kraisornpornson B, Panphon S, et al. Effect of organic soil amendments on soil

quality in oil palm production [J]. Applied Soil Ecology, 2020, 147: 103358.

[348] Suksong W, Kongjan P, Prasertsan P, et al. Optimization and microbial community analysis for production of biogas from solid waste residues of palm oil mill industry by solid-state anaerobic digestion [J]. Bioresource Technology, 2016, 214: 166-174.

[349] Sitthikitpanya S, Reungsang A, Prasertsan P, et al. Two-stage thermophilic bio-hydrogen and methane production from oil palm trunk hydrolysate using *Thermoanaerobacterium thermosaccharolyticum* KKU19 [J]. International Journal of Hydrogen Energy, 2017, 42 (47): 28222-28232.

[350] Suksong W, Wongfaed N, Sangsri B, et al. Enhanced solid-state biomethanisation of oil palm empty fruit bunches following fungal pretreatment [J]. Industrial Crops and Products, 2020, 145: 112099.

[351] Gonzales R R, Kim J S, Kim S H. Optimization of dilute acid and enzymatic hydrolysis for dark fermentative hydrogen production from the empty fruit bunch of oil palm [J]. International Journal of Hydrogen Energy, 2019, 44 (4): 2191-2202.

[352] Mamimin C, Kongjan P, O-Thong S, et al. Enhancement of biohythane production from solid waste by co-digestion with palm oil mill effluent in two-stage thermophilic fermentation [J]. International Journal of Hydrogen Energy, 2019, 44 (32): 17224-17237.

[353] Cros D, Bocs S, Riou V, et al. Genomic preselection with genotyping-by-sequencing increases performance of commercial oil palm hybrid crosses [J]. BMC Genomics, 2017, 18: 839.

[354] Weckx S, Inze D, Maene L. Tissue Culture of Oil Palm: Finding the Balance Between Mass Propagation and Somaclonal Variation [J]. Frontiers in Plant Science, 2019, 10: 722.

[355] Osorio-Guarin J A, Garzon-Martinez G A, Delgadillo-Duran P, et al. Genome-wide association study (GWAS) for morphological and yield-related traits in an oil palm hybrid (*Elaeis oleifera* x *Elaeis guineensis*) population [J]. BMC Plant Biology, 2019, 19 (1): 533.

[356] Yarra R, Jin L F, Zhao Z H, et al. Progress in tissue culture and genetic transformation of oil palm: An overview [J]. International Journal of Molecular Sciences, 2019, 20 (21): 5353.

[357] Lim S L, Subramaniam S, Zamzuri I, et al. Biotization of *in vitro* calli and embryogenic calli of oil palm (*Elaeis guineensis* Jacq.) with diazotrophic bacteria Herbaspirillum seropedicae (Z78)[J]. Plant Cell Tissue and Organ Culture, 2016, 127 (1): 251-262.

[358] Madon M, Arulandoo X, Sritharan K, et al. Short communication: Genomic constitution of oil palm interspecific hybrid crosses monitored by genomic in situ hybridisation (GISH)[J]. Journal of Oil Palm Research, 2018, 30 (2): 338-344.

[359] Cheng Y Q, Yu L, Xu Y D, et al. Mapping oil palm extent in Malaysia using ALOS-2 PALSAR-2 data [J]. International Journal of Remote Sensing, 2018, 39 (2): 432-452.

[360] Yusoff N M, Muharam F M, Khairunniza-Bejo S. Towards the use of remote-sensing data for monitoring of abandoned oil palm lands in Malaysia: A semi-automatic approach [J]. International Journal of Remote Sensing, 2017, 38 (2): 432-449.

[361] Cheng Y Q, Yu L, Xu Y D, et al. Mapping oil palm plantation expansion in Malaysia over the past decade (2007-2016) using ALOS-1/2 PALSAR-1/2 data [J]. International Journal of Remote Sensing, 2019, 40 (19): 7389-7408.

[362] Asari N, Suratman M N, Jaafar J. Modelling and mapping of above ground biomass (AGB) of oil palm plantations in Malaysia using remotely-sensed data [J]. International Journal of Remote Sensing, 2017, 38 (16): 4741-4764.

[363] Xu K B, Qian J, Hu Z Y, et al. A new machine learning approach in detecting the oil palm plantations using remote sensing data [J]. Remote Sensing, 2021, 13 (2): 236.

[364] Salla S, Sunkara R, Ogutu S, et al. Antioxidant activity of papaya seed extracts against H_2O_2 induced oxidative stress in HepG2 cells [J]. LWT-Food Science and Technology, 2016, 66: 293-297.

[365] Velderrain-Rodriguez G, Quiros-Sauceda A, Mercado-Mercado G, et al. Effect of dietary fiber on the bioaccessibility of phenolic compounds of mango, papaya and pineapple fruits by an *in vitro* digestion model [J]. Food Science and Technology, 2016, 36 (2): 188-194.

[366] Muhamad S A S, Jamilah B, Russly A R, et al. The antibacterial activities and chemical composition of extracts from *Carica papaya* cv. Sekaki/Hong Kong seed [J]. International Food Research Journal, 2017, 24 (2): 810-818.

[367] Vallejo-Castillo V, Munoz-Mera J, Perez-Bustos M F, et al. Recovery of antioxidants from papaya (*Carica Papaya* L.) peel and pulp by microwave-assisted extraction [J]. Revista Mexicana de Ingenieria Quimica, 2020, 19 (1): 85-98.

[368] Yap J Y, Hii C L, Ong S P, et al. Effects of drying on total polyphenols content and antioxidant properties of *Carica papaya* leaves [J]. Journal of the Science of Food and Agriculture, 2020, 100 (7): 2932-2937.

[369] Castro-Vargas H I, Baumann W, Ferreira S R S, et al. Valorization of papaya (*Carica papaya* L.) agroindustrial waste through the recovery of phenolic antioxidants by supercritical fluid extraction [J]. Journal of Food Science and Technology-Mysore, 2019, 56 (6): 3055-3066.

[370] Mendy T K, Misran A, Mahmud T M M, et al. Application of *Aloe vera* coating delays ripening and extend the shelf life of papaya fruit [J]. Scientia Horticulturae, 2019, 246: 769-776.

[371] Tabassum N, Khan M A. Modified atmosphere packaging of fresh-cut papaya using alginate based edible coating: Quality evaluation and shelf life study [J]. Scientia Horticulturae, 2020, 259: 108853.

[372] Zillo R R, da Silva P P M, de Oliveira J, et al. Carboxymethylcellulose coating associated with essential oil can increase papaya shelf life [J]. Scientia Horticulturae, 2018, 239: 70-77.

[373] Hazarika T K, Lalthanpuii, Mandal D. Influence of edible coatings on physico-chemical characteristics and shelf-life of papaya (*Carica papaya*) fruits during ambient storage [J]. Indian Journal of Agricultural Sciences, 2017, 87 (8): 1077-1083.

[374] Hanif A, Ahmad S, Shahzad S, et al. Postharvest application of salicylic acid reduced decay and

enhanced storage life of papaya fruit during cold storage [J]. Journal of Food Measurement and Characterization, 2020, 14 (6): 3078-3088.

[375] Sarkhosh A, Schaffer B, Vargas A I, et al. Antifungal activity of five plant-extracted essential oils against anthracnose in papaya fruit [J]. Biological Agriculture & Horticulture, 2018, 34 (1): 18-26.

[376] Braga S D, Lundgren G A, Macedo S A, et al. Application of coatings formed by chitosan and Mentha essential oils to control anthracnose caused by *Colletotrichum gloesporioides* and *C. brevisporum* in papaya (*Carica papaya* L.) fruit [J]. International Journal of Biological Macromolecules, 2019, 139: 631-639.

[377] Vilaplana R, Chicaiza G, Vaca C, et al. Combination of hot water treatment and chitosan coating to control anthracnose in papaya (*Carica papaya* L.) during the postharvest period [J]. Crop Protection, 2020, 128: 105007.

[378] Maringgal B, Hashim N, Tawakkal I S M A, et al. The causal agent of anthracnose in papaya fruit and control by three different Malaysian stingless bee honeys, and the chemical profile [J]. Scientia Horticulturae, 2019, 257: 108590.

[379] Rongtong B, Suwonsichon T, Ritthiruangdej P, et al. Determination of sulfur dioxide content in osmotically dehydrated papaya and its classification by near infrared spectroscopy [J]. Journal of Near Infrared Spectroscopy, 2018, 26 (6): 359-368.

[380] Farina V, Tinebra I, Perrone A, et al. Physicochemical, nutraceutical and sensory traits of six papaya (*Carica papaya* L.) cultivars grown in greenhouse conditions in the mediterranean climate [J]. Agronomy-Basel, 2020, 10 (4): 501.

[381] Sesma-Morales L, Salvador-Figueroa M, Galvez-Lopez D, et al. UV-C irradiation of 'Maradol' papaya fruits: Effect on physicochemical qualities and sensory characteristics [J]. Journal of Food Safety and Food Quality-Archiv fur Lebensmittelhygiene, 2020, 71 (2): 38-44.

[382] Carvalho E D L, Reis R C, Borges V P, et al. Physicochemical and sensory properties of papaya fruits of elite lines and hybrids [J]. Semina-Ciencias Agrarias, 2020, 41 (1): 121-129.

[383] Kandasamy P, Varadharaju N, Dhakre D S, et al. Assessment of physicochemical and sensory characteristics of foam-mat dried papaya fruit powder [J]. International Food Research Journal, 2019, 26 (3): 819-829.

[384] Tulamandi S, Rangarajan V, Rizvi S S H, et al.A biodegradable and edible packaging film based on papaya puree, gelatin, and defatted soy protein [J]. Food Packaging and Shelf Life, 2016, 10: 60-71.

[385] Crizel T D, Rios A D, Alves V D, et al. Biodegradable films based on gelatin and papaya peel microparticles with antioxidant properties [J]. Food and Bioprocess Technology, 2018, 11 (3): 536-550.

[386] Rodriguez G M, Sibaja J C, Espitia P J P, et al. Antioxidant active packaging based on papaya edible films incorporated with *Moringa oleifera* and ascorbic acid for food preservation [J]. Food

Hydrocolloids, 2020, 103: 105630.

[387] Rangel-Marron M, Mani-Lopez E, Palou E, et al. Effects of alginate-glycerol-citric acid concentrations on selected physical, mechanical, and barrier properties of papaya puree-based edible films and coatings, as evaluated by response surface methodology [J]. LWT-Food Science and Technology, 2019, 101: 83-91.

[388] Chavez-Calvillo G, Contreras-Paredes C A, Mora-Macias J, et al. Antagonism or synergism between papaya ringspot virus and papaya mosaic virus in *Carica papaya* is determined by their order of infection [J]. Virology, 2016, 489: 179-191.

[389] Vadlamudi T, Patil B L, Kaldis A, et al. DsRNA-mediated protection against two isolates of papaya ringspot virus through topical application of dsRNA in papaya [J]. Journal of Virological Methods, 2020, 275: 113750.

[390] Vargas-Mejia P, Vega-Arreguin J, Chavez-Calvillo G, et al. Differential accumulation of innate- and adaptive-immune-response-derived transcripts during antagonism between papaya ringspot virus and papaya mosaic virus [J]. Viruses-Basel, 2020, 12 (2): 230.

[391] Gorane A, Verma R, Naik A, et al. Characterization of a severe isolate of papaya ringspot virus from papaya in western India [J]. Journal of Plant Pathology, 2019, 101 (4): 1203-1209.

[392] Chen C F, Liu W J, Jiang X J, et al. Effects of rubber-based agroforestry systems on soil aggregation and associated soil organic carbon: Implications for land use [J]. Geoderma, 2017, 299: 13-24.

[393] Blagodatsky S, Xu J C, Cadisch G. Carbon balance of rubber (*Hevea brasiliensis*) plantations: A review of uncertainties at plot, landscape and production level [J]. Agriculture Ecosystems & Environment, 2016, 221: 8-19.

[394] Liu C, Guenard B, Blanchard B, et al. Reorganization of taxonomic, functional, and phylogenetic ant biodiversity after conversion to rubber plantation [J]. Ecological Monographs, 2016, 86 (2): 215-227.

[395] Guillaume T, Holtkamp A M, Damris M, et al. Soil degradation in oil palm and rubber plantations under land resource scarcity [J]. Agriculture Ecosystems & Environment, 2016, 232: 110-118.

[396] Zhou Y J, Li J H, Friedman C R, et al. Variation of soil bacterial communities in a chronosequence of rubber tree (*Hevea brasiliensis*) plantations [J]. Frontiers in Plant Science, 2017, 8: 849.

[397] Liu H X, Blagodatsky S, Giese M, et al. Impact of herbicide application on soil erosion and induced carbon loss in a rubber plantation of Southwest China [J]. Catena, 2016, 145: 180-192.

[398] Liu C G, Pang J P, Jepsen M R, et al. Carbon stocks across a fifty year chronosequence of rubber plantations in tropical China [J]. Forests, 2017, 8 (6): 209.

[399] Zou Z, Yang L F, Gong J, et al. Genome-wide identification of *Jatropha curcas* aquaporin genes and the comparative analysis provides insights into the gene family expansion and evolution in *Hevea brasiliensis* [J]. Frontiers in Plant Science, 2016, 7: 395.

[400] Zou Z, Xie G S, Yang L F. Papain-like cysteine protease encoding genes in rubber (*Hevea brasiliensis*): Comparative genomics, phylogenetic, and transcriptional profiling analysis [J]. Planta, 2017, 246 (5): 999-1018.

[401] Loh S C, Thottathil G P, Othman A S. Identification of differentially expressed genes and signalling pathways in bark of *Hevea brasiliensis* seedlings associated with secondary laticifer differentiation using gene expression microarray [J]. Plant Physiology and Biochemistry, 2016, 107: 45-55.

[402] Liu J, Shi C, Shi C C, et al. The chromosome-based rubber tree genome provides new insights into spurge genome evolution and rubber biosynthesis [J]. Molecular Plant, 2020, 13 (2): 336-350.

[403] Cheng H, Chen X, Fang J L, et al. Comparative transcriptome analysis reveals an early gene expression profile that contributes to cold resistance in *Hevea brasiliensis* (the Para rubber tree) [J]. Tree Physiology, 2018, 38 (9): 1409-1423.

[404] Yang J, Wang Q N, Luo H L, et al. HbWRKY40 plays an important role in the regulation of pathogen resistance in *Hevea brasiliensis* [J]. Plant Cell Reports, 2020, 39 (8): 1095-1107.

[405] Mariano M, El Kissi N, Dufresne A. Cellulose nanocrystal reinforced oxidized natural rubber nanocomposites [J]. Carbohydrate Polymers, 2016, 137: 174-183.

[406] Sanhawong W, Banhalee P, Boonsang S, et al. Effect of concentrated natural rubber latex on the properties and degradation behavior of cotton-fiber-reinforced cassava starch biofoam [J]. Industrial Crops and Products, 2017, 108: 756-766.

[407] Jose T, Moni G, Salini S, et al. Multifunctional multi-walled carbon nanotube reinforced natural rubber nanocomposites [J]. Industrial Crops and Products, 2017, 105: 63-73.

[408] Sebastian A, Nangia A, Prasad M N V. Cadmium and sodium adsorption properties of magnetite nanoparticles synthesized from *Hevea brasiliensis* Muell. Arg. bark: Relevance in amelioration of metal stress in rice [J]. Journal of Hazardous Materials, 2019, 371: 261-272.

[409] Chen W, Liu Y S, Xu C G, et al. Synthesis and properties of an intrinsic flame retardant silicone rubber containing phosphaphenanthrene structure [J]. RSC Advances, 2017, 7 (63): 39786-39795.

[410] Rosli N A, Ahmad I, Anuar F H, et al. Application of polymethylmethacrylate-grafted cellulose as reinforcement for compatibilised polylactic acid/natural rubber blends [J]. Carbohydrate Polymers, 2019, 213: 50-58.

[411] Jawad A H, Mallah S H, Mastuli M S. Adsorption behavior of methylene blue on acid-treated rubber (*Hevea brasiliensis*) leaf [J]. Desalination and Water Treatment, 2018, 124: 297-307.

[412] Liyanage K K, Khan S, Mortimer P E, et al. Powdery mildew disease of rubber tree [J]. Forest Pathology, 2016, 46 (2): 90-103.

[413] Wang Q N, An B, Hou X R, et al. Dicer-like proteins regulate the growth, conidiation, and pathogenicity of colletotrichum gloeosporioides from *Hevea brasiliensis* [J]. Frontiers in

Microbiology, 2018, 8: 2621.

[414] Cao X R, Xu X M, Che H Y, et al. Three colletotrichum species, including a new species, are associated to leaf anthracnose of rubber tree in Hainan, China [J]. Plant Disease, 2019, 103 (1): 117-124.

[415] Rivano F, Vera J, Cevallos V, et al. Performance of 10 *Hevea brasiliensis* clones in Ecuador, under South American leaf blight escape conditions [J]. Industrial Crops and Products, 2016, 94: 762-773.

[416] Thaochan N, Pornsuriya C, Chairin T, et al. Roles of systemic fungicide in antifungal activity and induced defense responses in rubber tree (*Hevea brasiliensis*) against leaf fall disease caused by Neopestalotiopsis cubana [J]. Physiological and Molecular Plant Pathology, 2020, 111: 101511.

[417] Sterling A, Galindo-Rodriguez L C, Suarez-Cordoba Y D, et al. Early assessing performance and resistance of Colombian rubber tree genotypes under high South American leaf blight pressure in Amazon [J]. Industrial Crops and Products, 2019, 141: 111775.

[418] Liyanage K K, Khan S, Herath V, et al. Genome wide identification of the MLO gene family associated with powdery mildew resistance in rubber trees (*Hevea brasiliensis*) [J]. Tropical Plant Biology, 2020, 13 (4): 331-342.

本书编著得到“一带一路”国际数字（智慧）热带农业科技专业创新院、海南省热带作物信息技术应用研究重点实验室、中央级公益性科研院所基本科研业务费专项（项目编号1630072022007、1630072022011、1630072021011-JY）的支持与资助。